ASAHI SENSHO
朝日選書
1025

諜報・謀略の中国現代史

国家安全省の指導者にみる権力闘争

柴田哲雄

朝日新聞出版

目次

終章　習近平政権の動向　253

装幀・加藤光太郎デザイン事務所

本書の構成

第1章から第5章第4節までは書き下ろし、第5章第5節・終章各節の初出は以下の通り。

第5章第5節　「中国における『日本人スパイ狩り』の背景―陳文清氏の国家安全省トップ就任が意味するもの」（2020年1月13日更新『論座』朝日新聞社、https://webronza.asahi.com/politics/articles/2020010800002.html）を加筆修正

終章第1節　「習近平が、独裁者・毛沢東流の「上から」外交でアメリカを激怒させている…！―いったい、何を考えているのか?」（2020年11月3日更新『現代ビジネス』講談社、https://gendai.ismedia.jp/articles/-/76833）を加筆修正

終章第2節　「習近平国家主席の続投への布石　中央政法委員会における反腐敗闘争」（2020年11月24日更新、『論座』朝日新聞社、https://webronza.asahi.com/politics/articles/2020112100004.html）を加筆修正

終章第3節　「新疆ウイグル自治区を『収容所群島』に変えた能吏―陳全国の人物像に迫る」（2019年6月19日更新、『論座』朝日新聞社、https://webronza.asahi.com/politics/articles/2019061700004.html）を加筆修正

なお、文中の外国語文献の引用につき、断りのないものは筆者による邦訳。

諜報・謀略の中国現代史
国家安全省の指導者にみる権力闘争

柴田哲雄

まえがき

本書は中国の情報機関における歴代の代表的な指導者を取り上げる。本書では情報機関を、①秘密裏に敵の情報を収集する諜報《ちょうほう》工作、②敵による情報収集を防御する防諜《ぼうちょう》工作、③敵の行動に影響を与えるために秘密裏にありとあらゆることを実施する謀略《ぼうりゃく》工作、を行なう組織と定義しておく。

さて近年、中国の情報機関に関連した話題がよく目につく。新型コロナウイルスの震源地とされる武漢《ぶかん》が、2020年1月から2カ月半にわたって封鎖された際、フリージャーナリストの李沢華《りたくか》が武漢入りしてスマートフォンで動画を撮った。動画のなかで、李沢華は自動車を運転しながら「さっきから国家安全局らしき人が私を追ってきます。いま武漢にいます。速いスピードで逃げていますが追ってきます」と口走っている（「2020年3月5日（木）最前線ルポ　新型ウイルスに揺れる中国」）。国家安全局とは、中国の中心的な情報機関である国家安全省の地方の出先機関のことだ。その後、李沢華は拘束されたものと見られ、行方不明になった。なお、これまでにも中国共産党（以下、中共）にとって不都合な真実を取材しようとした中国内外のジャーナリストが、たびたび国家安全省などの当局によって尾行されたり拘束されたりしている。

香港では2020年6月より、反体制活動を禁じる「香港国家安全維持法」が施行されることになり、同法を執行する機関として新たに国家安全維持公署が設置された。国家安全維持公署には国家安全省などから出向してきた300人余りが勤務している（『朝日新聞』2021年6月27日付け朝刊）。国家安全維持公署の指導の下、香港警察は、日本で「民主の女神」と呼ばれる周庭《しゅうてい》や、中共に批判的な論調で知られる香港紙『リンゴ日報』創業者の黎智英《れいちえい》らを「香港国家安全維持法」違反で逮捕したのである。

日本人も中国の情報機関に関連した話題に登場してきた。たとえば2019年9月、北海道大学教授が北京出張中に、国家安全省の当局によってスパイ容疑で拘束されている（11月に釈放）。教授が拘束された理由については、情報が交錯している。教授が北京出張中に古書店で中国国民党の関連文書を購入したところ、その文書が「機密資料」と見なされたからだという報道もあれば（『読売新聞』2019年11月16日付け朝刊）、中国が新たに開発した極超音速ミサイル「東風17」に関して情報収集していたからだという報道もある（「中国で拘束された北大教授　嫌疑は新型ミサイルの情報収集か」p. 99）。

さて、こうした話題に接すると、国家安全省といった中国の情報機関に対する関心が自ずと高まり、一体どのような人物が指導しているのか、どのような組織なのか、などといった疑問が浮かんでくるだろう。とりわけ北海道大学教授の拘束が大きく報じられたのを機に、学術界やビジネス界など日本の各界で中国の情報機関への関心がとみに高まっている。本書はこうした疑問に答えることを目的として、中国の情報機関における歴代の代表的な指導者の軌跡を明らかにするのと同時に、その時々の情報機関の組織としてのあり方にも触れることにする。ちなみに日本では、中国の情報機関の指導者を網羅的に扱った書籍はこれまで皆無であり、本書が初めてとなる。

ここで、中国の情報機関の特異な点について、改めて確認しておくことにしよう。米国では、情報機関は原則として、特定の政党・権力者の利益のためではなく、国益のために工作を行なうものとされている。たとえば中央情報局（ＣＩＡ）や連邦捜査局（ＦＢＩ）は、一部で例外があったものの、基本的に共和党にも民主党にも、また特定の政治家にも肩入れすることなく、中立を貫いてきた。そして国益のために、ある時にはソ連・ロシアやイランなどの外国を相手に、またある時には国内に潜むスパイやテロリストなどを相手に、様々な工作を仕掛けてきた(1)。

一方、中国の情報機関も国益のために、米国から核兵器の機密情報や先端産業の秘密情報を盗み取ったり、国内に潜むイスラム過激派のテロリストを摘発したりするなど様々な工作を行なってきた。しかし情報機関は中共の指導下に置かれてきたために、中共という特定の政党、ひいては党内の一部の権力者の利益のために工作を行なう傾向があったと言える。たとえばスパイやテロリストではなく、単なるジャーナリストに過ぎなくても、前述のように中共にとって不都合な真実を取材しようとしたというだけで、工作の対象にしてきた。さらには中共の高位の幹部に対してさえも、党内の一部の権力者にとって政敵というだけで、工作の対象にしてきたのである。本書は、こうした特異な点を踏まえて、情報機関の指導者が中共や党内の一部の権力者の利益のために行なってきた工作に、特に焦点を当てることにする。

また、本書を一読すれば明らかなように、中国の情報機関の指導者はしばしば悲劇的な結末を迎えている。それには様々な要因があるが、総じて言えば、中共や党内の一部の権力者の利益のために行なってきた工作が、党内の権力の行方も左右するほどの影響力をもったことにある。それゆえ、その時々の最高指導者から危険視されて、悲劇的な結末を迎えるに至ったのだ。本書は、こうした悲劇的な結末の要因を踏まえて、情報機関の指導者とその時々の最高指導者との関係性にも注意を払うことにする。そうすることで、中共内の熾烈《しれつ》な権力闘争、ひいては振幅の激しい中国政治の動向についても、より深く理解することができるだろう。

本書の構成についてであるが、2部構成になっている。第1部の歴史編は、毛沢東に尽くした情報機関の指導者である潘漢年《はんかんねん》と康生《こうせい》を取り上げる。潘漢年は主として諜報工作を担い、大物スパイと称されており、日中戦争期には大きな成果をあげた。一方、康生は主として防諜工作を担い、スパイ狩りのスペシャリストを自称しており、延安《えんあん》の整風《せいふう》運動やプロレタリア文化大革命に際して大量粛清を行なった。

第2部の現代編は、情報機関の総元締めとも言うべき中共中央政法委員会トップ（書記）を務めた喬石《きょうせき》と周永康《しゅうえいこう》を取り上げる。喬石は自ら進んで中央政法委員会の巨大な権限を抑制すべきだと唱え、改革派に与《くみ》しようとした。一方、周永康は中央政法委員会の巨大な権限を駆使して、江沢民《こうたくみん》派のみならず自らの権勢も拡大しようとした。国家安全大臣列伝では、1983年の国家安全省創設以来の歴代大臣（凌雲《りょううん》・賈春旺《かしゅんおう》・許永躍《きょえいやく》・耿恵昌《こうけいしょう》・陳文清《ちんぶんせい》）を取り上げる。終章は昨今の習近平政権の動向について取り上げる。

なお、文献についても付言しておこう。情報機関の指導者が中共や党内の一部の権力者の利益のために行なってきた工作については、以下に述べるように、アクセス可能な文献が比較的多くある。それとは対照的に、情報機関の指導者が国益のために行なってきた工作については、アクセス可能な文献がほとんどない。本書が専ら前者の工作に焦点を当てるのは、こうした事情からでもある。

第1部で取り上げる潘漢年や康生のように、死後、数十年以上を経過した人物については、中国内外で発表されてきた回想録などの文献が、中共や党内の一部の権力者の利益のための工作をある程度明らかにしている。また第2部で取り上げる喬石や周永康、及び歴代の国家安全大臣のように、近年死去したりいまだ存命だったりする人物については、香港や台湾、海外で発表された文献が、中共内の対立派閥などによってリークされた情報に基づき、そうした工作の一端を明らかにしている。

もっとも、文献の大半は真偽のほどを確認することができない。そもそも中共や中国政府の内部文書が原則的に公開されていないからである。中共の一党独裁体制が崩壊して、内部文書が一斉に公開されでもしない限り、情報機関の指導者が具体的にどのような工作を、誰の指示を受けて、どのように実施したのか、などといったことについて、史実を確定することは困難だと言ってよいだろう。本書の執筆に当たって、史実に一歩でも近付くために、文献の取り扱い、とりわけ気功集団である法輪《ほうりん》功《こう》サイドの文献の取り扱いには細心の注意を払った。

第1部　歴史編

中国共産党（以下、中共）の情報機関は、第一次国共内戦が始まろうとしていた1927年5月に武漢で設置された特務工作処を嚆矢《こうし》としている。特務工作処は、周恩来がトップを務める中央軍事委員会の傘下に置かれた。[1] 特務工作処は、中共中央の上海移転を無事に成功させたことにより使命を終え、11月に改組されて、中央特科（正式名称は中央特別行動科）になる。中央特科は、やはり周恩来がトップ（書記）を務める中央特別委員会の管轄下に置かれた。

中央特科は総務科、情報科、保衛《ほえい》科から成っている。総務科（一科）は、中国国民党の指導下にある国民政府当局の追及から逃れるために、各種の商店を開設して、中共党員にアジトや偽装身分を提供するといった謀略工作を担っていた。情報科（二科）は、諜報網を構築して、情報を収集し、敵情を掌握するといった諜報工作を担っていた。保衛科（三科）は中共中央の機関や要人の警護のほか、スパイを摘発して始末するといった防諜工作を担っていた。

中央特科では当初、顧順章《こじゅんしょう》が総責任者と保衛科長を兼ね、陳賡《ちんこう》（中華人民共和国成立後、人民解放軍副総参謀長などを歴任）が情報科長を務めるなどしていた。顧順章は労働者出身ながら、モスクワ留学中にソ連の国家政治保安部（ＧＰＵ《ゲーペーウー》）から特務訓練を受けた工作のプロフェッショナルだった。

しかし顧順章が１９３１年４月に国民政府当局によって逮捕され寝返ったのを機に、中央特科は抜本的な人員の入れ替えを余儀なくされ、新たに陳雲《ちんうん》（改革開放期の保守派の長老）のほか、第１部で取り上げる潘漢年と康生によって指導されることになる。陳雲が総責任者と総務科長を兼ね、潘漢年が情報科長を、康生が保衛科長をそれぞれ務めた。後には陳雲の役割を引き継いで、康生が中央特科の総責任者を一時務めている。もっとも中央特科の工作員は、人数が限られていた上に、しばしば絶体絶命の状況下に置かれたため、陳雲や潘漢年、康生の役割分担は必ずしも厳密なものではなかったようだ。

中央特科はその後、国民政府当局によって大打撃を被ったことから、１９３５年８月にコミンテルン（19年にソ連共産党の指導下で結成された世界の革命政党・組織の指導機関）の指示によって廃止され、工作員の大半は上海を離れることになり、弁事処（事務所）を残すのみとなった。しかし弁事処の工作員も11月に国民政府当局によって逮捕されたことから、中央特科は事実上消滅するに至った。

中共中央が長征《ちょうせい》［23頁参照］の末に陝西省《せんせい》延安に移ると、１９３９年２月に新たな情報機関として、中央社会部が設置されることになった。康生が部長に、潘漢年が副部長にそれぞれ就任している。副部長にはその他に葉剣英《ようけんえい》（中華人民共和国成立後、元帥や党中央副主席を歴任）らが就き、後になると李《り》克農《こくのう》（中華人民共和国成立後、情報機関トップを歴任）も名を連ねた。中央社会部は防諜工作や諜報工作、謀略工作のほか、敵側のスパイへの警戒心を高めるための党員教育や、幹部の育成も任務としていた。もっとも中央社会部の活動は、当時中共の組織防衛が重点的な課題になっていたこともあって、防諜工作に偏っていた。そこで1941年9月になると、中央軍事委員会参謀部の一部を合併して、諜報工作を主要任務とする中央情報部が新たに設置されることになる。中央情報部は、康生が部長を、葉剣英や李克農らが副部長をそれぞれ兼ねることになったことからも明らかなように、中央社会部とほぼ一体化した組織だった（翁衍慶、2018: pp. 27–37, 46–47, p. 57）。なお潘漢年は中央華中局情報部長に就任しているが、中央情報部の指揮系統に属しており、日本軍占領下の上海における諜報工作や謀略工作を指導していた(2)（尹騏、2011: p. 162）。

1949年に中華人民共和国が成立すると、中央社会部は中央軍事委員会公安部（後に政府所属の公安省に改組）などに引き継がれ、中央情報部は中央軍事委員会情報部などを経て、55年に設置された党所属の中央調査部に引き継がれた（なお本書では、中国の政府機関とその役職名は、原則として日本に準じて「省」や「大臣」などと表記するが、党に属する機関とその役職名は原文のまま「部」や「部長」などと表記する）。李克農は康生の後を継いで中央社会部長となったほか、中央軍事委員会情報部長に就き、引き続き党中央調査部長も務めている。岩谷将《いわたにのぶ》が述べるように、これらの中華人民共和国の情報機関は、組織形態と人的連続性の両面において、40年代の中央社会部と中央情報部にその起源をもつと言えるだろう（岩谷将、2013a: pp. 78–80）［図1］。

1966年にプロレタリア文化大革命（以下、文化大革命）が発動されると、康生は中央文化革命

中央社会部（1939年設置）
部長：康生
副部長：李克農（その後、部長に就任）、葉剣英、潘漢年、孔原
⇒中央軍事委員会公安部（1949年設置、後に政府所属の公安省に改組）
部長：羅瑞卿

中央情報部（1941年設置）
部長：康生
副部長：李克農、葉剣英、王稼祥
（潘漢年は中央華中局情報部長）
⇒中央軍事委員会情報部（1949年設置）
部長：李克農
⇒党中央調査部（1955年設置）
部長：李克農

図1　中国情報機関の系統

小組顧問などに就任して大権を振るうようになった。康生は造反派に当時党中央調査部長であった孔原《こうげん》らを迫害させて、同部を掌握し、同部を意のままに動かすようになる（閻明復、2005: p. 143）。その後、党中央調査部は一時的に人民解放軍総参謀部に吸収された。また文化大革命期には、康生らに忠実な謝富治《しゃふじ》が公安大臣を務めていた。謝富治も公安省やその関連機関を意のままに操るために、造反派を扇動して、公安・検察・司法の各機関への襲撃や破壊、及び幹部らへの批判闘争を行なわせている。

康生は迫害の標的とした幹部の罪状の「証拠」を集めるために、党中央調査部や公安省などのスタッフを用いていた。特に劉少奇《りゅうしょうき》をはじめとする最高クラスの幹部の罪状の「証拠」を集める際には、中央特捜事件審査小組に出向してきた党中央調査部や公安省、人民解放軍などのスタッフに、それぞれの幹部を担当する専門チームを編成させている。

第1章　潘漢年

第1節　青年期の軌跡

生家の没落

潘漢年は1906年1月に現在の江蘇《こうそ》省宜興《ぎこう》市陸平《りくへい》村において、没落しつつあるエリート家庭に生まれた。潘漢年の曽祖父と祖父は「挙人《きょじん》」であり、父親は「秀才」だった。「挙人」とは、科挙《かきょ》という中国で古くから行なわれていた官吏登用のための資格試験のうち、郷試《きょうし》に合格した者を指し、「秀才」とは、科挙を受験するための府・州・県の学校の在籍生を指している。父親も「挙人」以上を目指していたが、潘漢年が誕生した年に科挙が廃止になったことから、断念せざるを得なくなり、私塾の教師をしたり、宜興県（当時）の議員を務めたりするようになった。

潘漢年の少年時代はどのようなものだったのだろうか。潘漢年は以下のように回想している。

私がまだ故郷の小学校に在籍していた7、8歳の頃のことだ。夏の晩には、いつも床に就くことなく、中庭で涼むことにしていたが、結局、両隣に住む相棒と草原や田野で蛍を追いかけることになったものだ。（中略）私が中庭に戻ってくると、父は椅子の上に横になってブクブクと音を立てて水たばこを吸い、母は包丁で忙しそうに西瓜を切っていた。上の姉は芭蕉《ばしょう》の団扇《うちわ》をあおぎながら、アーウーと小唄を歌っていた。私は額の汗を拭って、上の姉に団扇であおいでほしいとお願いした[1]（張雲、1997: p. 7より引用）。

一見すると、潘漢年は幸せそうな少年時代を送っていたかに思われるが、実は上記の回想には、真実と異なる点がある。父親が吸っていたのは、水たばこではなくアヘンだったのだ。潘漢年は無邪気に遊びながらも、父親がアヘン中毒に陥っていく様を目の当たりにして、子ども心に不安を感じただろう。後に潘漢年の生家では、父親のアヘン代がかさんだために、家産が傾くようになった。そのため潘漢年は初級・高級小学を卒業した後、中学に進学したものの、14歳で退学を余儀なくされている。

潘漢年の父親がアヘン中毒に陥ったのは、当時、中国全土でアヘンが蔓延《まんえん》していたためだが、蔓延が本格化するようになったのは、アヘン戦争（1840－42年）で清《しん》朝が英国に敗北を喫してからである。潘漢年は子ども心に、父親のアヘン中毒や生家の没落を、英国などの帝国主義の侵略と結び付けて、素朴な怒りを抱いたにちがいない。潘漢年は1925年か26年に中国共産党（以下、中共）に入党するが、当時、中共は中国国民党（以下、国民党）と合作しながら（第一次国共合作）、反帝国主義を掲げて、国民革命を遂行していた。潘漢年の入党の動機の根底には、こうした素朴な怒りがあったことだろう。

左翼文学者

潘漢年は中学を退学後、小学校の代用教員をして糊口《ここう》をしのいでいた。潘漢年は経済的に不如意《ふにょい》な生活を送りながらも、文学に目覚めるようになり、19歳になった1925年、ついに故郷を離れて、文壇の中心地である上海に出て、文学者を目指すようになる。潘漢年は、中共党員の有名文学者・郭《かく》

潘漢年（1906-77）1925年か26年、中共に入党。元来、文学者であり、中国左翼作家連盟の結成に寄与する。第一次国共内戦期から日中戦争期にかけて情報機関の要職を歴任する。第二次国共合作に先立って、予備交渉を担う。日中戦争期には、岩井英一や李士群らと協力関係を築き、諜報・謀略工作で顕著な成果をあげる。中華人民共和国成立後、上海市副市長などを歴任するが、55年、戦時中に独断で汪兆銘と面会したことを事後報告したのを機に逮捕される。死後の82年に名誉回復を果たす。

沫若《まつじゃく》の知遇を得て、郭が代表を務める創造社の各種雑誌を編集するかたわら、次々に小説やエッセーを発表するようになった。また潘漢年は政治情勢にも関心を抱いて、同年の五《ご》・三〇《さんじゅう》事件［63－64頁参照］を契機に、上海をはじめとする全国各地で繰り広げられるようになった反帝国主義運動に身を投じ、さらに中共に入党した。

当時の潘漢年の活躍のうち特筆すべきなのは、弱冠23歳にして、日本でもおなじみの文豪・魯迅《ろじん》らを説き伏せて、中国左翼作家連盟の結成に尽力したことである。孫文の死後に国民党の最高指導者となった蔣介石《しょうかいせき》が1927年4月、突如上海クーデターを起こして、中共党員への大弾圧を始めると、それまで国共合作の維持を唱えていた汪兆銘《おうちょうめい》ら国民党左派も、蔣に追随するように反共に踏み切ったことから、第一次国共内戦が始まった。国民党の指導下にある国民政府の攻勢によって、中共は劣勢に陥っていた。そこで中共中央は国民政府に対抗するために、党員か非党員かを問わず、左翼的傾向を有する文学者の大同団結を企図して、29年秋に中国左翼作家連盟の設立準備を潘漢年らに指示することにしたのである。

しかし当時、左翼文学者の大同団結は容易なことではなかった。「文人相軽《かろ》んず」という故事があるが、上海の左翼文壇では、ともに中共の影響下にある創造社と太陽社が、革命文学論をめぐって相互に論難し、また両社の同人は魯迅とも激しく論争していたのである。当時、中央宣伝部文化工作委員会書記の地位にあった潘漢年は、魯迅を含む相対立する文学者のもとを訪れては大同団結すべきだと説得に当たり、ついに1930年3月、中国左翼作家連盟の創立大会にまでこぎつけることができた。[2]

潘漢年は中国左翼作家連盟の結成に当たって、単にコーディネーター役に徹していただけではなかった。自ら筆を執り、中国のプロレタリア文学のあり方についても論じていたのである。ここでその一端を紹介することにしよう。

潘漢年はプロレタリア文学を、貧しい労働者や農民の生活を題材とするものに限るというのは大きな誤解だと主張する。たとえ地主や官僚、資本家などの生活を題材としていても、「プロレタリアの階級意識」に基づいて批判的に描写している限り、プロレタリア文学に含めるべきだとしたのである（潘漢年、1995b: pp. 110–114）。潘漢年のこうした問題提起の背景には、「文芸界の公式主義、セクト主義」への初歩的な批判があった（夏衍、1989、邦訳: p. 33）。要するに潘漢年は、文学者が身をもって経験したことのない労働者や農民の生活を題材にしようと固執するあまり、その文学表現が生硬に陥っていたことを批判したのである。

もっとも、潘漢年は自らのプロレタリア文学論を、創作の上で実践に移すことがかなわなかった。中共中央から突如、文学の世界を離れて、諜報の世界に入るように命じられ、以後、その世界に十数年間もどっぷり浸かることを余儀なくされたからだ。そのため潘漢年は、１９２８年に最初の短編小説集『離婚』を上梓《じょうし》した後、第二の短編小説集『苦杯』の出版を準備し、さらには初の長編小説の連載を始めたものの、中途で断念せざるを得なくなった（朱少偉、2019: p. 31）。

中央特科

潘漢年が中共中央から諜報の世界に入るように命じられた契機は、1931年4月に中央特科の総責任者・顧順章が、国民政府当局により逮捕されて寝返ったことにある。顧順章はその地位ゆえに、中共の重要機密を熟知しており、当時上海などで地下に潜伏していた中共中央の指導者らの住所も把握していた。顧順章の裏切りにより、中共中央の指導者らは一網打尽にされるところだった。しかし国民政府当局に潜入していた工作員がいち早く顧順章の裏切りを報告したことから、間一髪のところで難を逃れることができたのである(3)。

もっとも、顧順章の裏切りの衝撃は甚大だった。当時、中共中央にあって、軍事部門だけでなく、情報部門も取り仕切っていた周恩来は、中央特科の人員を大幅に入れ替えざるを得なくなったのである。こうして顧順章の裏切りの翌月には、中央特科は陳雲、潘漢年、康生の3名によって指導されることとなり、陳が顧に代わって総責任者となった。潘漢年は情報科長を務めている。

潘漢年が着任早々に取り掛かったのは、上海における安全な場所の確保であり、豆炭《まめたん》工場をアジトとすることにした。また潘漢年は報復にも着手している。上海租界の警察当局に中共要人の引き渡しを要求していた淞滬《しょうこ》警備司令部督察長に狙いを定めて、配下の工作員に射殺させたのである。

顧順章の裏切りから2カ月後の1931年6月、今度は中共トップを務めていた(といっても指導力不足のために名目上に過ぎなかった)向忠発《こうちゅうはつ》が、国民政府当局によって逮捕される事態となった(4)。周恩来は早速、向忠発を乗せた護送車を待ち伏せ襲撃して、向を奪還する計画を立てた。一方、潘漢年は、国民政府の当局者の一人を買収して、向忠発の尋問《じんもん》記録を入手し目を通したところ、向が逮捕されるや否や、周恩来の潜伏先の住所などを供述していたことを知るに至る（その時すでに向忠発は銃殺されていた）。周恩来は直ちに全党に対して、向忠発の追悼を停止するように通知し、難を逃れるために同年末、夫人の鄧穎超《とうえいちょう》とともに上海を離れて、江西《こうせい》省の中華ソビエト共和国に向かった。

ここで中華ソビエト共和国について触れておこう。当時、毛沢東ら中共軍の指導者は、上海など都市部での劣勢を受けて、辺境の農村地域に活路を見出すようになる。土地革命によって貧農の支持を得て、いくつもの根拠地を築いていった。そのうちの最大のものが江西省瑞金《ずいきん》を中心とする中央根拠地だ。毛沢東らは1931年11月、大小9つの根拠地を基盤にして、瑞金に中華ソビエト共和国臨時中央政府を設立した。なお毛沢東が臨時中央政府の主席を務めていたが、指揮系統の面から言えば、依然として上海の中共中央の指導に服する立場にあった。

話を元に戻すことにしよう。周恩来が中華ソビエト共和国で活動に従事していた1932年2月、上海の各紙に周の筆名である伍豪《ごごう》の名で「伍豪ら243名の中共脱退の公告（以下、伍豪公告）」が掲載された。これは、国民政府当局による謀略工作の一環だった。国民政府当局は、周恩来が中共の有力な指導者だったことから、顧順章や向忠発の裏切りに続いて、周まで脱党したとなれば、とりわけ国民政府支配地区に潜伏している中共党員の動揺を誘い、ひいては中共を瓦解に追い込むことができるだろうと目論《もくろ》んだのである。当時、中共は様々な方面から「伍豪公告」を否定する声明を出したが、潘漢年もまたフランス人弁護士に依頼して、周恩来のもう一つの筆名である周少山《しゅうしょうざん》の名義で脱党を否定する公告を出している(5)（金冲及、1992、邦訳：上巻 pp. 345–346)。

密使

潘漢年は国民政府当局の目をくらませながら、上海を舞台に各種の工作に従事していたが、1933年5月になると、ついに上海を離れざるを得なくなる。中央特科に所属していた潘漢年の従兄らが国民政府当局によって逮捕されたのである(6)。中共中央は、万一彼らが国民政府に寝返った場合のことを考慮して、潘漢年を中華ソビエト共和国に移動させることにした。潘漢年はそこで密使の役割を担うことになる。

潘漢年が中華ソビエト共和国に到着した当時、同共和国に隣接した福建《ふっけん》省では、福建人民政府（正式名称は中華共和国人民政府）が発足しようとしていた（1933年11月成立）。31年9月の満州事変の勃発《ぼっぱつ》に続いて、32年1月に第一次上海事変が始まると、抗日意識の高かった十九路《じゅうくろ》軍は日本軍を相手に善戦した。一方、蒋介石は「安内攘外《あんないじょうがい》」、すなわち日本軍よりも中共に対する攻撃を優先するという方針を掲げていた。蒋介石は、日本軍との衝突を避けるために、十九路軍を上海から福建省に移駐させただけでなく、中華ソビエト共和国への攻撃も命じた。そこで十九路軍の蔡廷鍇《さいていかい》ら将領は蒋介石と袂《たもと》を分かち、反蒋の立場をとる広西《こうせい》派の李済琛《りさいしん》らとともに福建人民政府を樹立することにしたのである（李済琛が主席に就任）。

蒋介石率いる国民政府を共通の敵とする中共と福建人民政府は、停戦と協力を実現するために秘密裏に交渉を重ねていた。中共側の交渉責任者は周恩来だったが、周の密使として実際に交渉に当たったのは潘漢年である。潘漢年が密使に選ばれたのは、上海で様々な工作に従事していた間に、十九路軍の上層部に工作員を送り込み、十九路軍の内情に通じていただけでなく、緊迫した状況下で、敵勢力と交渉する経験を豊富に積んでいたからでもある（王凡、2011: p. 120）。

潘漢年の交渉が実を結び、中共と福建人民政府との間では、停戦と協力が約束された。しかし当時、中共中央は土壇場になって手のひらを返すように、イデオロギーを異にする政治勢力との協力を否定する極左的方針を再確認して、福建人民政府への援助を拒否するに至る。孤立無援となった福建人民政府は1934年1月、国民政府軍の総攻撃により瓦解した。

国民政府軍は、福建人民政府を瓦解させると、次に中華ソビエト共和国に対して猛烈な包囲攻撃を加えるようになった。中共軍は、国民政府軍の猛攻に耐えかねて、ついに1934年10月に逃走を始める。中共軍は、2年もの歳月を費やして、約1万2500キロメートルもの逃走を敢行した末に、陝西省北部の根拠地にたどり着いた。これを長征と呼ぶ。長征に先立って、中共側は逃走ルートの確保に努めていた。中華ソビエト共和国への包囲攻撃に参加しながら、蒋介石と潜在的に対立関係にあった広東《かんとん》省の軍事実力者・陳済棠《ちんさいとう》を相手に、中共側は秘密裏に交渉を行ない、相互に攻撃しないことを約束したのである。その際、潘漢年が周恩来らにより陳済棠側との交渉に当たる密使に指名されている。

1935年1月、中共軍は貴州省遵義《きしゅうじゅんぎ》に到着すると小休止し、遵義会議（中央政治局拡大会議）を開催したが、同会議を機に、毛沢東の指導権が確立された。当時、秦邦憲《しんほうけん》は、モスクワにいた事実上の中共トップ・王明《おうめい》の代理として、名目上中共トップを務め、コミンテルン軍事顧問とともに国民政府軍との戦闘を指揮していたが、毛沢東らに手痛い敗北の責任を問われて、解任を余儀なくされたのである。一方、潘漢年は遵義会議の後、中共中央から密使となってモスクワに行き、コミンテルンとの連絡を回復するように命じられる。

潘漢年は上海経由でモスクワに行こうとしたが、そのためには国民政府軍の追撃部隊の陣地を通り抜ける必要があった。潘漢年は、中共軍によって拘束されていた本物のアヘン商人一行に目を付けて一芝居打つ。潘漢年は自らアヘン商人に扮《ふん》し、中共軍に捕まって、本物のアヘン商人一行とともに拘束された上で、潘自らの手引きにより、本物のアヘン商人一行を中共軍から脱走させて国民政府軍を欺いたのである（無論のこと、中共軍は本物のアヘン商人一行が脱走しても見て見ぬふりをした）。潘漢年は本物のアヘン商人一行に紛《まぎ》れ込むことにより、国民政府軍の兵士から怪しまれることなく、陣地を通り抜けることができた（王凡、2011: pp. 135–136）。潘漢年は父親がアヘン中毒だったことから、アヘンには詳しく、本物のアヘン商人のように振る舞うことができただろう。潘漢年は無事上海に到着すると、1935年8月に陳雲らとともに航路でウラジオストックに行き、そこから鉄路でモスクワに向かった。

第二次国共合作に向けた予備交渉

蔣介石率いる国民政府は、もとより満州国に対する承認を拒んでいたものの、「安内攘外」の方針を掲げて、日本軍よりも中共に対する攻撃を優先していた。(7) しかし1935年頃より「安内攘外」の方針に変化の兆《きざ》しが表れる。国民政府は、中共に対して攻撃を続けながらも、水面下で接触を試みるようになったのである。

「安内攘外」の方針に変化の兆しが表れるようになったのは、日本軍とコミンテルンの新たな動向のためだ。国民政府は対中共攻撃に専念するために、日本との融和を図ろうとしたことから、一時日本政府との間で「日華親善」の気運が高まった。しかし日本政府とは一線を画して独自行動をとる中国現地の日本軍は、1935年頃より中国本土にまで触手を伸ばし、華北（河北《かほく》、山東《さんとう》、山西《さんせい》、チャハル、綏遠《すいえん》の各省）分離工作を本格化させる。国民政府もさすがに華北分離工作までは座視できなかったのである。

一方、1935年7月から8月にかけて開催されたコミンテルン第7回代表大会は、ナチスの政権獲得と日本の中国侵略に対抗するために、各国の共産党が他の政治勢力と提携して人民戦線を結成すべきだとする方針を打ち出した。コミンテルンの新たな方針は、ソ連がドイツと日本の侵略から自国を防衛するという目的に沿うものだったが、これによって、中共は従来の抗日・反国民政府から抗日・親国民政府へと方針転換を迫られることになったのである。

陳立夫

国民政府と中共は水面下で接触を始めたが、交渉の前提条件からして大きな齟齬《そご》があった。国民政府は中共への攻撃の停止を拒んだまま、交渉に臨もうとしたが、中共は国民政府軍の攻撃の停止を、交渉の大前提としていたのである。こうした齟齬のために、国民政府と中共は正式交渉に入ることができず、予備交渉から始めざるを得なくなった。そこで周恩来よりも格下の立場にあった潘漢年が中共の代表に指名されて、予備交渉に当たることになったのである[8]。

潘漢年は、予備交渉に入るために、1936年4月にモスクワを発《た》つと、8月に中共中央の所在地・陝西省保《ほ》安《あん》県に入った。9月に国民政府代表・陳立夫《ちんりっぷ》宛の周恩来の書簡などを携えて保安を発つと、11月10日に上海で陳との会談に臨んだ。陳立夫は当時、実兄の陳果夫《かふ》とともに蒋介石の側近を務め、国民党中央組織部長としての職権を利用して、党内派閥・CC（中央倶楽部、英語名 The Central Club の略称）系を築いていた。また陳立夫は潘漢年と同様に情報機関を指導する立場にもあり、国民党中央組織部傘下の党務調査科（国民党中央執行委員会調査統計局〈中統〉の前身）を統轄していたのである。

会談に際して、陳立夫は第二次国共合作のための条件として、中共軍を3000人にとどめるといったことを提示していた[9]。こうした条件は、潘漢年が陳立夫に指摘したように「中共討伐の立場に立った中共軍兵士の収容・再編の規定であって、抗日合作の交渉の条件と言えるものではなかった」と見なし得るだろう[10]。

潘漢年は会談の席で「歴史上、外戦と内戦を同時に推進できた事例はないが、陳立夫先生はどのようにお考えになるのか」と述べるなどして、陳に条件について再考を求めた。これに対して陳立夫は「静かに目を閉じて、少し考えてから、軽い声音で「その通りだ、条件は酷過ぎるものだ」」と答えた（潘漢年、1995a: p. 217）。

こうして交渉は物別れに終わったものの、潘漢年は少なくとも陳立夫に再考を約束させることに成功し、二回目の会談に望みをつなぐことができた。もっとも9日後に開催された二度目の会談においても、潘漢年は失望を隠せなかった。陳立夫が再考の末に新たに提示した条件は、中共軍にとどめる人数を３０００人から3万人に増加させただけのものだったからだ。

第二次国共合作に向けた交渉が本格化するには、潘漢年と陳立夫の二度目の会談から20日余りたった12月12日に、西安《せいあん》事件が勃発するのを待たなければならなかった。西安事件とは、中共に対する攻撃に消極的な張学良《ちょうがくりょう》を督促するために、西安に飛来した蔣介石を、逆に張が内戦停止や抗日戦などを要求して監禁したという事件だ。張学良は、東北地方を地盤とする奉天《ほうてん》軍閥の首領・張作霖《ちょうさくりん》の長男である。張学良は、父親の作霖が満州事変に先立って、日本軍により爆殺されたこともあって、日本に対する復讐心が強かったのである。周恩来が自ら西安に乗り込んで、調停を行なったことにより、蔣介石は釈放された。その際、潘漢年も南京と上海で、蔣介石の夫人・宋美齢《そうびれい》や義兄・宋子文《そうしぶん》らと折衝に当たり、周の調停を側面支援している。

西安事件を契機に、第二次国共合作による抗日民族統一戦線の結成の気運が一気に醸成され、蔣介石と周恩来が何度も相見えて会談することになった。なお1937年3月の浙江省杭州《せっこうこうしゅう》での会談には、潘漢年も同席している。7月に盧溝橋《ろこうきょう》事件が勃発して、日中間で全面戦争が始まると、8月に国民政府と、中共の後ろ盾のソ連との間で中ソ不可侵条約が締結され、9月にはついに第二次国共合作が正式に締結されることになった。

第2節　日中戦争時期の課報・謀略工作

袁殊との協力関係

日中戦争後、潘漢年は専ら日本軍政当局や、その影響下にある汪兆銘政権を相手に、課報・謀略工作に従事するようになる。まずは潘漢年の地位の変遷から見ていこう。日中戦争勃発直後の1937年7月に、潘漢年は八路《はちろ》軍上海弁事処の主任に就任した。同年末に上海が、英米仏などによって管理されていた租界を除いて陥落した。そこで潘漢年は12月に英国の植民地であった香港に撤退し、翌38年2月に八路軍・新四《しんし》軍香港弁事処に異動した。ただし潘漢年は香港にとどまっていたわけではなく、課報・謀略工作のために上海との間を往来している。

1938年9月、潘漢年は延安に赴いて、中共第6期6中全会に出席した。第6期6中全会は、コミンテルンの指示を絶対視する王明（李《り》立三《りっさん》に代わって中共のトップに立ち、総書記や駐コミンテルン中共代表団長などを歴任）の指導を明確に否定し、中国の現実に即した毛沢東の指導を全面的に支持する決議を採択した。39年10月に潘漢年は新たに設置された情報機関・中央社会部の副部長に任命される。ただし部長の康生が延安で専ら防諜工作に取り組んだのに対して、潘漢年は再び香港に戻って、上海との間を往来しながら、第一線で諜報・謀略工作に従事した。41年12月に太平洋戦争の勃発に伴って、香港が陥落すると、潘漢年は香港から上海に拠点を移し、43年春には饒漱石《じょうそうせき》がトップ代理（書記代理）を務める中央華中局の情報部長に就任している。

潘漢年は、日本軍政当局や汪兆銘政権に対する諜報・謀略工作に当たって、袁殊《えんしゅ》との関係を何よりも重視していた。[11] 袁殊は有力な対日協力者であり、上海総領事館員の岩井《いわい》英一《えいいち》の配下の一員だった。岩井は、いわゆる「岩井公館」を設立して、袁殊のような対日協力者を用いて、上海を舞台に諜報・謀略工作を繰り広げていた。岩井は特に袁殊には「興亜建国運動」という官製国民運動を一任している。他方で、袁殊は中共や国民政府の工作員などとも半ば公然と連絡をとり合っていたことから（潘漢年もその一人だ）、「五重スパイ」という異名をとっていたのである。

袁殊

元来、諜報の世界では、「五重スパイ」はさておくとしても、二重スパイは珍しいものではない。二重スパイが成功を収めるためには、忠誠を誓っている国家の情報機関の関係者からはもとより、諜報工作の対象である国家の情報機関の関係者からも信任を得ていなければならない。

袁殊は二重スパイとして成功を収めるための条件を兼ね備えていた。袁殊は日本敗戦後の行動を見る限り、事実上中共が日本軍政当局に放った二重スパイだったと言ってよい。袁殊は、潘漢年の信任を得ていたことから、日本の敗戦後、中共の根拠地に行き、中華人民共和国成立後には中央の情報機関に配属されている。一方、袁殊は中共や国民政府の工作員などと半ば公然と連絡をとり合いながらも、岩井英一の信任を長年にわたって博していたのである。１９３５年5月、上海の国民政府当局により、袁殊が中共スパイの容疑で逮捕された際には、岩井は袁の救出のためにわざわざ動いたほどだ。岩井によれば、それを機に袁殊は「一層私を信頼するようになり、私も益々彼を信任し、段々と単に情報の話だけでなく、日中関係の在り方などについても率直に意見を交換する同志的感情が生まれていった」というのである（岩井英一、1983: pp. 81–82）。

岩井英一への接近

潘漢年は、袁殊を通して情報を収集するだけでなく、袁が岩井英一の信任を得ていたことを利用して、袁の紹介で自ら岩井に接近している。潘漢年と岩井の初顔合わせは１９４０年2月以降のことであったと思われる[12]。場所は上海の租界にある「外人経営のチョコレート・ショップ」だった（岩井英一、1983: p. 157）。

潘漢年は、初顔合わせに先立ち袁殊に対して、潘が袁のかつての恩師で、反蔣介石の立場をとる左翼人士であり、中日間の和平を唱え、香港で日本軍政当局のために、重慶《じゅうけい》に遷都した国民政府や、その対米英関係についての情報を収集する用意があると、岩井英一に伝えるように指示した[13]（尹騏、1993: p. 78）。しかし袁殊は、潘漢年の指示に背いて、岩井に潘の正体を打ち明けてしまったのである。岩井は袁殊から、潘漢年は正真正銘の本物だが、胡《こ》という姓を名乗っているので、そのつもりで応対してほしいと言われて、「潘であることを内心知っていながら知らないふりをして話をするという、まことに奇妙な初対面であった」と振り返っている。

岩井英一は、潘漢年が中共の幹部だということを承知しながら、莫大な報酬と引き換えに、潘の情報提供という申し出をあえて受け容れることにした。岩井は端《はな》から自らの政治目的のためには、中共党員さえ利用するつもりだったのである（岩井英一、1983: pp. 104–105, 156–157）。無論のこと後述のように、潘漢年側の情報の価値が極めて高かったことが、その前提としてある。

岩井英一

一方、潘漢年も日本軍政当局を利用するつもりだった。潘漢年は岩井英一側からの莫大な報酬の一部を流用して、香港で中共の勢力を広げようとしたのである。潘漢年は、幅広く情報を収集するという名目で『二十世紀』という親日派でも抗日派でもない中間派の色彩の雑誌を刊行したり、半月ごとに岩井側に情報を提供したりしたが、その報酬額は『二十世紀』の創刊が1万香港ドル、半月ごとの情報提供料が1カ月につき2000香港ドルだった（尹騏、1993: pp. 78–79）。なお2000香港ドルは当時、香港の華人警察官の5年分の給料に相当したということである(14)(遠藤誉、2015: p. 156)。

情報の提供

潘漢年側から半月ごとに提供される情報はどのようなものだったのだろうか。日中戦争当時、香港領事館に勤務し、潘漢年側から提供される情報の受け取り役を務めていた小泉清一によれば、情報は「重慶内部の抗戦能力」や「国共関係」などに関するものだったという。『中央日報』や『大公報』といった新聞の切り抜きの場合もあったが、そうでない場合には「読んだら摑《つか》んで食べてしまえるような物(筆者注:小さな紙きれ)に書いて」寄こした。なお受け取り方法については、曜日と時刻をあらかじめ決めた上で、「ちょっと薄暗いような、谷間の路上」で、ある女性から直接手渡しされた(小泉清一ほか、2003: p. 212, 214)。

ただし、重要な情報は、潘漢年が直々に岩井英一に伝えていたようだ。岩井が回想録のなかで挙げている印象に残った情報は、いずれも潘漢年が直々に伝えたものなのである。そのなかでも出色だったのは日中和平工作の「桐《きり》工作」をめぐるものだった。

日本政府は、重慶に遷都した国民政府において蔣介石に次ぐ地位にあった汪兆銘を担ぎ出し、1940年3月、南京に汪政権を樹立して、汪政権との間で講和条約を結ぼうとしていた。しかし汪兆銘政権は、中国国民の大多数から傀儡《かいらい》政権と見なされていたことから、たとえ日本政府が汪政権との間で講和条約を結んだところで、日中戦争の終結に寄与しないことは火を見るよりも明らかだった。そこで日本軍の一部は、汪兆銘政権の樹立の準備と並行して、重慶の国民政府とも非公式に和平交渉を始めたのだが、その際、国民政府側の窓口になったのが、宋子良《そうしりょう》（蔣介石の義弟にして宋子文の実弟）の自称者だったのである。これが「桐工作」のあらましだ。昭和天皇も「桐工作」を承認していた。

そのような折、岩井英一のところに「香港の潘漢年から話があるから香港までご足労煩わしたい」という連絡が入る。岩井は「どんな話か知らないが、次に上海に来るまでの間が待てないところを見ると、余程急ぎ、かつ重大な用向だろうと思って早速出掛け」ることにした。潘漢年が岩井に折り入って話した内容とは、次のようなものだった。「重慶側代表の宋子良はまっ赤な偽者であり、そうした偽者が代表として出ているようでは会談は始めから眉つばもので、こんな連中の話に乗ってうかうか長沙《ちょうさ》まで板垣《いたがき》（筆者注：征四郎《せいしろう》支那派遣軍総参謀長）が（筆者注：蔣介石と会談するために）出掛けるのは危険ではないか云々……」。

宋子良の自称者が偽者だという情報を得た岩井英一は、すぐさま日本軍当局に報告し、「桐工作」は打ち切りになった。「桐工作」は重慶の国民政府当局が汪兆銘政権の樹立を妨害するために仕掛けた謀略工作だったのである。

また、岩井英一は「普通の情報提供者から情報を書面報告させる方式で軽い気持ちで、彼（筆者注：潘漢年）に中共の内情や今後の動向に関する報告書の作成を依頼した」ことがあった。しばらくたってから提出された潘漢年の報告書に対して、当時、外務省情報部に在籍していたある中国研究者は「中共の三年先きの動向までわかる中共研究の絶好の情報であり資料であると絶賛した(15)」（岩井英一、

1983: p. 159, 161)。ただし潘漢年は、中共の機密情報だけは決して岩井に伝えることはなかったようである。その点については、1955年4月に潘漢年が失脚した際に、潘の査問に当たった羅青長《らせいちょう》（中華人民共和国成立後、党中央調査部長などを歴任）が「組織の機密は一貫して漏洩されていなかった」と請け合っている（羅青長、1996: p. 25）。

このように潘漢年は岩井英一に対して、重慶の国民政府の機密情報に加えて、中共の機密情報とは言えないまでも、重要な情報まで伝えていたのである。裏を返せば、潘漢年がそこまでして初めて、岩井は潘の正体を承知しながら、あえて莫大な報酬を支払い続ける気になったとも言えるだろう。

香港からの脱出劇

1941年12月、太平洋戦争が勃発して、香港が日本軍によって占領されると、潘漢年は自らの指揮下にある工作員の脱出問題に直面した。しかも当時、潘漢年は上海に滞在中で、香港に戻ろうにも、香港行きの船便は戦火のために欠航を余儀なくされていた。潘漢年はこの難局を、岩井英一の手を借りて打開しようと決断する。この頃、潘漢年は岩井との関係を深めており、岩井から上海総領事館発行の身分証明書を付与されていただけでなく、岩井名義で借り上げられたホテルの専用ルームまで提供されていたのである（尹騏、1996: pp. 208–209）。

潘漢年は岩井英一に面会して協力を要請した。岩井は快諾して、自らの部下と潘漢年の部下をともに香港に派遣した上で、香港領事館に便宜を図るように要請した。最終的に香港領事館員の保護の下で、潘漢年の指揮下にある工作員は滞りなく香港を脱出することができ、一部は重慶に遷都した国民政府の支配地域に赴き、残りは上海にいた潘の下に合流した（黄磊、2017: p. 35）。潘漢年による工作員の香港からの脱出劇は、インテリジェンス史上において情報戦のライバルを利用して最も成功を収めた事例であると評価されている（鄭義、1999: p. 232）。

また潘漢年は当時、日中戦争勃発に伴って上海から香港に避難していた文学者の茅盾《ぼうじゅん》や孫文夫人の宋慶齢《そうけいれい》（蔣介石夫人・宋美齢の実姉）ら著名な中共シンパの香港脱出も支援している。潘漢年の支援のおかげで香港を脱出し得たのは、工作員を含めて総計800名以上に上った。日本軍の特務機関が現地の親日派の新聞紙上に、茅盾らを名指しして協力を請う公告を掲載した時には、茅らはすでに香港を後にしていた[16]（黄磊、2017: p. 35）。

なお、岩井英一が、上海から香港に避難していた各界の著名人のうち、特に興味を抱いていたのは、浙江財閥の財界人だった。浙江財閥とは、19世紀末から20世紀前半にかけて、上海を本拠に中国経済界を支配した浙江・江蘇両省出身の資本家集団であり、蔣介石の権力を支える経済的支柱となっていた。

岩井英一によれば、香港占領後、日本軍の特務機関が保護の名目の下で、浙江財閥の財界人をホテルに収容して軟禁し、後に上海に送還したという。岩井はそうした財界人に「何等《なんら》かの形で我方の戦争遂行と汪政府の強化に積極的に協力して貰《もら》う必要がある」と考えていた。そこで「差当《さしあた》って政治目的は表面に出さず、上海在住の日華両国財界有力者相互の親睦をはかるための組織づくりから始める」ことにした（岩井英一、1983: pp. 317–318）。果たして岩井が潘漢年に協力する見返りに、潘から香港に避難していた財界人の情報を得ていたか否かは不明だが、浙江財閥が中共にとって主要な打倒対象であった以上、その可能性はなきにしもあらずというところだろう。

江蘇省党委員会関係者の安全確保

潘漢年が中共党員の安全確保に努めたのは、香港だけではない。太平洋戦争の勃発に伴って、英米仏などが管理していた上海の租界に日本軍が進駐すると、中共中央は、当時上海で地下に潜伏していた江蘇省党委員会トップ（書記）劉暁《りゅうぎょう》らに対して、安徽省《あんきし》淮南《わいなん》の根拠地まで移動するように指示を出した。その際、潘漢年は、1942年2月に知り合った汪兆銘政権の特務機関トップ・李士群《りしぐん》や、その部下の胡均鶴《こきんかく》との協力関係を利用して、劉暁ら江蘇省党委員会関係者の安全確保に努めている。李士群も胡均鶴も元来中共党員だったが、いずれも国民政府当局に逮捕されると国民政府に寝返り、さらに汪兆銘政権に寝返ったという二度も変節した人物だ。なお胡均鶴は後年、潘漢年の失脚に大きく関係することになる。

潘漢年が李士群に、劉暁ら江蘇省党委員会関係者の移動に対して、安全の保証を要請したところ、李は快諾して、胡均鶴を経由地の鎮江《ちんこう》に派遣することにした。1942年11月、潘漢年は江蘇省党委員会関係者とともに上海から南京行きの列車に乗り、鎮江に到着した。鎮江では、胡均鶴が同じく変節者の部下とともに、潘漢年ら一行のために当地の高級ホテルや高級レストランだけでなく観光まで手配していた。
変節者を利用することは、中共中央が諜報・謀略工作に当たって了承した方針にほかならない。しかしそうした工作に長年携わってきた潘漢年はともかくとして、江蘇省党委員会関係者のなかには、変節者の胡均鶴やその部下が堂々と接待に努め、潘もそれを当たり前のように受けているのを目の当たりにして、違和感を禁じ得ない者も出てきた。そのうちの一人は、緊張した面持ちで以下のようにひそひそ話を始めた。

あの背広を着ている者は現在、鎮江の特務機関の責任者だが、彼は中央から通達されていた裏切り者だ。彼は交通工作を行なっていた際に捕まって裏切ったのだ。私たちは用心しないといけない（趙先、1985: p. 126）。

元来中共は、たとえ国民政府当局の拷問が要因だったとしても、一度でも党を裏切った李士群や胡均鶴のような変節者を決して容赦しなかった。変節者からの接待に警戒の声が上がっても、当然だったのである。しかしこれに対して、潘漢年は以下のように諭《さと》している。

彼らは国民党に対して恨みを抱いている。厳しい拷問の下で、裏切るように迫られたのだ。また汪兆銘とともに歩んでいても前途がないことをよく理解しているから、中共のために力を尽くし、党から寛大に扱われたいと思っているのだ（趙先、1985: pp. 126–127）。

潘漢年が李士群や胡均鶴らの心理を熟知して、それを利用するのに長《た》けていたことが読みとれるだろう。このようにして潘漢年は劉暁ら江蘇省党委員会関係者を無事に安徽省淮南の根拠地まで送ることができたのである。(17)

部分的停戦の交渉

潘漢年の謀略工作は、中共軍と日本軍との間の部分的停戦をめぐる秘密交渉にまで及んでいた。岩井英一によれば、1940年11月以降に、潘漢年は影佐《かげさ》禎昭《さだあき》少将を相手に秘密交渉を試みたという。(18)その背景には、41年1月に発生した皖南《かんなん》事件［78－79頁参照］に象徴される国共両党の関係悪化があるだろう。皖南事件とは、安徽省で起こった国民政府軍と中共軍との間の武力衝突事件であり、中共軍は大打撃を被った。岩井によれば、潘漢年と影佐との交渉の経緯は以下のようなものだったという。

ある日、袁殊主幹を通じ潘漢年から華北での日本軍と中共軍との停戦について話合《はなしあい》がしたいが日本側に連絡して欲しいとの要請があった。私は軍事のことは何もわからないが、華北での日本、中共両軍といっても、戦線は極度に入りくみ錯綜《さくそう》している筈《はず》だし、停戦の線引きその他技術的な問題だけでも困難が多く、実現は至難だろうと思ったが、（中略）事の能否は影佐の判断に任せようと考え、影佐に連絡の上、袁殊の案内で南京の最高軍事顧問公館に影佐を訪ねさせた。結果は案の定何の結果もなかったようだ（岩井英一、1983: p. 165）。

太平洋戦争の開戦以前には、日本軍はまだ余裕があったのか、中共軍に対して強硬な姿勢を示していたのである。実際、1941年7月から日本軍当局と汪兆銘政権は、中共や国民政府のゲリラ勢力の拠点となっていた農村地域を対象として、「清郷《せいごう》工作」という名の治安対策を実施に移している。「清郷工作」とは、ゲリラ勢力を掃討《そうとう》するだけでなく、農村の行政の最末端組織を整備・強化して、税収を確保するかたわら、中共や国民政府に対して経済封鎖を実施し、さらには様々なプロパガンダ工作を行なうという複合的な治安対策である(19)。

もっとも、太平洋戦争の開戦から半年もたつと、日本軍は余裕を失っていった。米軍を相手に苦戦を強いられるようになると、大本営は巻き返しを図るために、中国戦線の日本軍を次々に太平洋戦線に投入するようになった。その結果、中国戦線の残存部隊は既存の占領地域を維持することさえままならない状態に陥ったのである。こうした状態は、潘漢年からすれば、日本軍当局との間で部分的停戦を結ぶチャンスが到来したということになるだろう。

1943年4月、潘漢年は汪兆銘政権の特務機関トップ・李士群の紹介により、都甲徠《とこうきたる》大佐と会見することになった。潘漢年研究者の尹騏《いんき》によれば、潘と都甲との間で、以下のような会話が交わされたという。

都甲は次のように述べた。「清郷工作」の目的は社会治安の強化である。日本側の当面の関心事は、津浦《しんぽ》線（筆者注：天津と南京対岸の浦口を結ぶ全長1010キロメートルの鉄道）南区間の鉄道輸送の安全である。新四軍（筆者注：華中・華南の中共軍が第二次国共合作後に国民革命軍新編第四軍と改称した際の略称）がこの区間の鉄道交通を破壊しない限り、日本側は新四軍との間に緩衝地帯を設けることを希望する。

潘漢年は次のように述べた。新四軍の発展は非常に速い。現在、農村根拠地を着実に強化し拡大しており、鉄道交通線やその他の重要な交通拠点を直ちに占領する意志はない。日本軍は新四軍に一定の生存条件を与える必要がある。さもないと、ゲリラ部隊がいつでも鉄道交通線を襲撃したり破壊したりすることになるだろう（尹騏、2011: p. 168）。

実際にこの時、潘漢年と都甲徠との交渉を通して、中共軍と日本軍との間で部分的停戦の合意が成立したか否かについては不明だが、その後も両軍は部分的停戦を求めて、極秘に交渉を重ねている(20)。

中共と日本の協力関係をどう見るか

潘漢年が岩井英一らとの間で築いた協力関係について、私たちはどのように見るべきだろうか。言うまでもなく、潘漢年は毛沢東ら中共中央の了承を得た上で協力関係を築いていた。その点については、一時期中共トップに立ちながら、毛沢東にとって代わられた王明も回想録において証言している。[21]ということで、中共自体が組織を挙げて日本と協力関係を築いていたと見なされるだろう。そうした協力関係の背景には、中共と日本の主要な敵が、国民党の指導下にある国民政府であったということ、すなわち敵の敵は味方という論理があったと言える。

中共側から見ていこう。そもそも中共に最も大きな打撃を与えてきたのは、日本ではなく国民党であったという点が重要だ。日中戦争を受けて、第二次国共合作が成立したものの、当初の熱気が冷めやると、国共両党の対立が再燃した。対立は次第にエスカレートして、１９４１年1月になると、前述のように皖南事件が発生し、中共軍は大打撃を被った。皖南事件後も辛うじて第二次国共合作は維持されたものの、国共両党の対立は水面下で尖鋭化していった。特に12月に太平洋戦争が勃発すると、国共両党はいずれも日本の敗戦を早々に見越して、戦後に予想される第二次国共内戦の勃発に備えるために、戦力の温存に努めるようになり、日本軍との戦闘には消極的になる。このように中共は、第二次国共合作の成立当初を除けば、あくまでも水面下ではあるが、国民党を主要な敵と見なしてきたと言えるだろう。

次いで、日本側について見ることにしよう。満州事変や日中戦争の時期には、国民政府が中国の代表として、中国内外から承認されていた。当時、中共政権はあくまでも中国の地方勢力でしかなかったのである。太平洋戦争が勃発すると、中国が連合国に加わったことから、国民政府は中国の内外でその正統性をさらに強化するに至る。そうしたことから、日本は戦争遂行に当たり、終始一貫して国民政府を主要な敵と見なしてきた。

王明は、毛沢東らの中共中央が潘漢年を通して、日本と協力関係を築こうとしたことを糾弾して「民族裏切り路線」というレッテルを貼っている（王明、1976、邦訳：p. 225）。しかし中共と日本との間のそうした協力関係が常に緊張をはらみ、容易に敵対関係に転じ得るものであったことにも留意すべきだろう。実際、潘漢年が岩井英一らと協力し合っているさなかにも、潘の周辺では「中共諜報団」事件と呼ばれる日本当局との暗闘が起こっていたのである。

ゾルゲ事件［45－46頁参照］の余波を受けて1942年頃に発覚した「中共諜報団」事件では、潘漢年の指揮下の複数の工作員が日本当局によって逮捕されるという事態になった。日本当局は、潘漢年側から重慶の国民政府の機密情報や中共の情報を獲得していても、潘の指揮下の工作員が日本軍政当局や汪兆銘政権の機密情報を収集することを決して許そうとはしなかったのである。潘漢年による岩井英一らとの協力関係の構築は、両者の親密振りとは裏腹に、まさに薄氷を踏むように遂行されていたと言ってよいだろう。

なお、重慶の国民政府は、太平洋戦争開戦後に「連合国共同宣言」に署名して、日本と単独停戦を行なわないと誓約していたために、中共と違って、日本軍と部分的停戦の交渉を行なうことはなかった。しかし国民政府は、戦後に予想される第二次国共内戦の勃発に備えるために、できる限りの手を打つ。戦力の温存を図って、日本軍に対して積極攻勢に出ることを控えただけでなく（そのためなのか、国民政府軍は大戦末期になっても、大陸打通作戦を敢行する日本軍を相手に敗北を喫している）、汪兆

銘政権ナンバー3の周仏海《しゅうふつかい》らを取り込んで、汪政権軍を対中共軍攻撃に利用しようとしたのである。(22)

汪兆銘政権の要人は、日本の敗色が濃厚になるにつれて浮足立ち、戦後の生き残りを図るために、国民政府や中共に密かに秋波を送るようになった。国民政府も中共も表向きは汪兆銘政権の要人を「漢奸《かんかん》」や「売国賊《ばいこくぞく》」などとして激しく糾弾していた。しかしその陰では、中共が潘漢年を通して、元中共党員の李士群や胡均鶴らを、また国民政府も元蔣介石側近の周仏海らを密かに取り込んでいたのである。

情報の収集

日本当局によって警戒されていた潘漢年の諜報網による情報収集活動について見ることにしよう。潘漢年は袁殊を通して、岩井英一や汪兆銘政権の特務機関トップ・李士群らの懐に自ら飛び込んだだけでなく、配下の工作員を「岩井公館」や汪政権に潜入させていた。たとえば汪錦元《おうきんげん》は、母親が日本人だったことから信用されて、汪兆銘の通訳兼秘書となっている（夏継誠、2016: p. 45）。潘漢年が李士群と協力関係を結ぶ以前には、女性作家の関露《かんろ》が李の秘書になった。

また潘漢年は、満鉄で調査業務に従事していた中西功《なかにしつとむ》や、邦字紙の記者を務めていた西里竜夫《にしざとたつお》をはじめとする日本人の中共党員を自らの諜報網に加えていた。ただし潘漢年は日本人工作員に信頼を置いていなかったようである。(23)

こうした潘漢年を含む工作員の手によって収集された機密情報は、大胆にも「岩井公館」に無線通信員として潜り込んでいた者の手によって、一時期延安の中共中央などに伝達されていた[24]（于継増、2014: p. 44)。潘漢年の諜報網には、工作員の入れ替わりが随時あったが、常時30名から40名の工作員が活動し、延べで約100名の工作員が関与してきた（労開准ほか、2014: p. 51)。

潘漢年の諜報網が入手した中国現地の日本軍政当局や汪兆銘政権の機密情報にはどのようなものがあったのだろうか。たとえば1942年、日本軍当局と汪兆銘政権が江蘇省北部の中共の根拠地に対して「清郷工作」という名の治安対策を計画していることを、潘漢年は同工作の実質的な責任者でもあった李士群から直々に伝えられている（尹騏、2011: pp. 151–152)。

また1945年春、蔣介石は密かに汪兆銘政権ナンバー3の周仏海を「京滬《けいこ》保安副総司令」に任命して、終戦と同時に汪政権軍を国民政府軍に編入するようにとの極秘指示を出した。前述のように、重慶の国民政府は、戦後に予想される第二次国共内戦の勃発に備えるために、周仏海らを取り込んで、汪兆銘政権軍を対中共軍攻撃に利用しようとしていたが、蔣介石の極秘指示もその一環だった。しかし蔣介石の極秘指示は、当時、周仏海の身辺に客人として潜り込んでいた者によって、潘漢年に伝えられ、中共側から暴露されたのである[25]（華克之、1995: p. 138)。

潘漢年の諜報網が入手した機密情報は、中国現地の日本軍政当局や汪兆銘政権に関連するものだけではない。潘漢年の逮捕後に査問に当たった羅青長によれば、次のような国際情勢を左右する第一級のものまで含まれていたという。

第一に、潘漢年は1941年6月13日にドイツによるソ連侵攻が間近に迫っているという報告を送り、延安の中共中央は6月20日に受け取っている。独ソ戦が勃発したのは、6月22日未明のことだった。第二に、独ソ戦勃発後、日本が北進政策ではなく、南進政策を決定したという報告を送っている。北進政策とは、ソ連を主敵と見なして外蒙古やシベリアへの進出を目指すものであり、南進政策とは、米英諸国を仮想敵と見なして東南アジアへの進出を目指すものだ。第三に、太平洋戦争の開戦が間近だという報告を送っている（羅青長、1996: p. 25）。特に第一に関しては、潘漢年自身が1941年6月初旬に、香港に滞在していたある要人の口から、米国政府がドイツによるソ連侵攻が間近だと予測しているということを聞き出したのである[26]（尹騏、2011: pp. 137–138）。第二、第三に関しては、中西功や西里竜夫の功績が大きかったと見られている[27]。

一方、ソ連スパイのゾルゲも、駐日ドイツ大使・オットーの私設情報官になりすましながら、近衛《このえ》文麿《ふみまろ》首相のブレーンを務める尾崎秀実《ほつみ》らの協力を得て、ドイツのソ連侵攻の日時や日本の南進政策の決定などを探知していた。ちなみに潘漢年とゾルゲの諜報網は中西功、西里竜夫らと尾崎を接点にしてリンクしている（福本勝清、1996: p. 362, 365, pp. 367–374／西里竜夫、1972: p. 55）。中西や西里はいずれも、岩井英一と同じく上海に開設されていた東亜同文書院の出身であり、在学中から当時朝日新聞の上海特派員だった尾崎と親密な関係を築いていたのである。そもそも中西が満鉄に入社できたのも、尾崎の推薦があったからだ。

ゾルゲ

スターリンは、ゾルゲから独ソ戦に関する情報を受け取ったものの無視したが、中共中央を通して潘漢年から同様の情報を受け取っても無視した。ただし潘漢年からのこうした第一級の機密情報は、少なくとも潘が伝えた時点においては、毛沢東や周恩来らの中共中央から高く評価されている（羅青長、1996: p. 25）。

「中共諜報団」事件

1941年10月にゾルゲ事件が発覚すると、日本当局は、ゾルゲや尾崎秀実の諜報活動の全容を解明するために、両者に対して拷問を伴う厳しい尋問を行なった。尾崎への尋問の過程で、中西功や西里竜夫ら中共の日本人工作員の存在が浮上し、両者は42年6月に逮捕される。さらに中西や西里らの周辺にいた前出の汪兆銘の通訳兼秘書だった汪錦元ら中国人工作員も逮捕されるに至った。中西や西里、汪錦元らは潘漢年の諜報網の一角を形成していたが、日本当局からは当時「中共諜報団」と称されていた。

日本当局による中西功らに対する尋問の過程で、潘漢年の名も挙がっていた。こうしたことから、潘漢年が少なくとも一時期、指導的立場から「中共諜報団」に大きく関与していたことを、日本当局が把握していたのはまちがいないだろう[28]。しかし日本当局が「中共諜報団」を摘発していたさなかにおいても、岩井英一をはじめとする中国現地の日本軍政当局者は、その指導者の潘漢年の身柄を拘束するどころか、潘との協力関係を依然として維持していた。前述のように、潘漢年は、岩井から上海総領事館発行の身分証明書を付与されていただけでなく、岩井名義で借り上げられたホテルの専用ルームまで提供されていたのである。岩井が１９４３年12月に広東領事館に転勤した後も、上海の日本軍政当局者は潘漢年との協力関係を維持していたものと見られる(29)。

こうした状況は、一見すると不可解に思われる。要するに、潘漢年が「情報機関の首脳であっただけでなく、日本側に駐在していた延安の中共中央の連絡員《ママ》でもあった」からこそ（謝幼田、2006、邦訳：p. 145）、中国現地の日本軍政当局は、潘を特別扱いしていたのだろう。またこうした状況は、日本が中共を敵と見なしながらも、主要な敵である重慶の国民政府を屈服させるためには、中共と協力関係を築くことを必要としていたという複雑な戦争力学を反映していたと言えよう。

第3節　失脚

「漢奸裁判」

潘漢年は、日中戦争末期の１９４５年４月に延安で開催された中共第７回全国代表大会（第７回党大会）に参加した。その会期中、潘漢年は毛沢東と面会し、毛からこれまでの諜報・謀略工作に対して称賛の言葉を受けている。戦後、第二次国共内戦が勃発すると、潘漢年は上海や香港で統一戦線工作に従事するなどした。統一戦線工作とは、民主諸党派のリーダーや各界の有力者に中共への支持を働きかけたり、国民政府を指導する国民党の切り崩しを行なったりすることだ。49年10月の中華人民共和国成立の前後になると、潘漢年は上海市副市長や中央華東局委員、党社会部長、党統一戦線部副部長などに任命され、ついに表舞台で華々しく活躍する機会が訪れる。

潘漢年は、毛沢東から直々に称賛され、中国一の経済都市である上海市の副市長に任命されるなど、これまでの危険や試練に満ちた様々な工作が報われるかのように見えた。しかし潘漢年は、戦後の国民政府当局による対日協力者に対するいわゆる「漢奸《かんかん》裁判」において、汪兆銘政権に潜入していた国民政府の工作員が相次いで「漢奸」や「売国賊」といったレッテルを貼られて、有罪判決を受けている状況を見て、一抹の不安を感じたようである。潘漢年は1946年10月に以下のように書き記している。

汪兆銘

地下に潜って敵に抵抗した者は忠で、奴隷になって敵に仕えた者は奸《かん》（筆者注：忠実でないこと）とされている。しかし我々工作員は、しばしば傀儡政権の要職を兼ねていたことから、忠と奸は混乱し、弁別し難いのである。（中略）最近、華北のなにがしという最高位の漢奸が「×中央委員の命令を奉じていた」「×将軍と不断に連絡をとっていた」ということを持ち出している。彼の供述に基づく限り、確かに「漢奸のようではあるが、反共を忘れなかった」工作員ということになるだろう。もし私が裁判官ならば、きっと思わず手を差し出して、次のように叫ぶにちがいない。「同志、お疲れ様でした。論功行賞に当たっては、特に優遇することにします！」と。（中略）だが経験から、こうした「役に立つ証拠書類」を持ち出して、自ら「工作員」をもって任じていたとしても、別の方面の公文書類によって（筆者注：国民政府当局から）「利用」されていたに過ぎないことが証明されてしまえば、効力はないと言ってよい（潘漢年、1986: p. 116）。

潘漢年やその配下の工作員による日本軍政当局や汪兆銘政権に対する諜報・謀略工作は、中共中央の了承を得た上で遂行されてきた。しかし中共中央の了承を否定するような文書なり証言なりがどこからか出てきさえすれば、潘漢年もその配下の工作員も「漢奸裁判」に臨んだ国民政府の工作員と同様に「漢奸」や「売国賊」扱いされかねないのではないだろうか。上記の文章から、潘漢年が、中共は国民党とは違うと信じつつも、そうした一抹の不安を抱いていたことが読みとれるだろう。

報告されなかった汪兆銘との面会

潘漢年は、上記の文章を発表してから約9年後の1955年4月に突如逮捕された。不安は杞憂《きゆう》に終わることなく、ついに的中してしまったのである。潘漢年が逮捕されるに至った直接的な契機とは何だったのだろうか。それは、日中戦争のさなかの1943年4月に、潘漢年が中共中央の了承なしに独断で汪兆銘と面会した挙句《あげく》、事後報告しなかったことだ。

当時、潘漢年は、日本軍当局と汪兆銘政権による中共の根拠地に対する「清郷工作」［39頁参照］という名の治安対策の計画を探るために、同工作の実質的な責任者であった特務機関トップ・李士群に会っていた。すると突然、李士群から汪兆銘が潘漢年に会いたがっている、ついてはこれから汪に会いに行こうと切り出されたのである。

当時、李士群が微妙な立場に置かれていたことを潘漢年は理解していた。李士群は汪兆銘政権のナンバー3・周仏海と対立していたのである。汪兆銘のために中共の代表者とも言うべき潘漢年との面会を手配することができれば、周仏海に対して巻き返していく上で欠かせない汪の信任を勝ちとることができるだろう。しかし潘漢年が汪兆銘との面会を断れば、李士群は汪の前で面子《メンツ》を失うことになり、以後、李との協力関係が破綻《はたん》して、「清郷工作」の計画の情報も李から聞き出せなくなるかもしれない。そこで潘漢年はあえて李士群の誘いに乗ることにしたのである。なお潘漢年と汪兆銘の面会には、李士群だけでなく、李の部下である胡均鶴も立ち会っている。

潘漢年と汪兆銘の面会そのものには、政治的意義など全くなかった。汪兆銘は潘漢年を前にして、蔣介石の独裁政治を批判する一方で、ゆくゆくは議会政治を行なって連合政府をつくりたいと考えているから、中共にもぜひ参加してほしいと述べた。それに対して、潘漢年は中共中央に汪兆銘の言葉を伝えておくと約束する一方で、潘個人の意見として、中共中央が汪の構想に乗ることはないだろうと答えたのである。

潘漢年が中共の上層部に汪兆銘との面会の件を事後報告しなかった背景には、どのような事情があったのだろうか。当時、潘漢年の直属の上司だった饒漱石は、整風運動〔73－74頁参照〕という中共党員の思想改造を目指した政治キャンペーンに際して、新参の一般党員か古参の幹部かを問わず、次々にスパイではないかと疑って査問にかけており、陳毅《ちんき》（中華人民共和国成立後、人民解放軍元帥となる）でさえ例外扱いしなかった[30]。潘漢年は饒漱石に事後報告すれば、自らも査問にかけられるのではないかと危惧して、あえてそうしなかったのである。なおその後、汪兆銘政権や国民政府から前後して、潘漢年と汪の面会の件が、誇張されたり歪曲されたりした上で漏れ伝えられるようになったが、中共中央は潘から報告を受け取っていなかったこともあって否認している。

潘漢年は延安に行った折に、直接毛沢東に汪兆銘との面会の件を事後報告するつもりだった。前述のように、1945年4月に延安で開催された第7回党大会の会期中に、潘漢年は毛沢東と面会することになり、ついにその機会が到来する。しかし潘漢年は毛沢東からこれまでの諜報・謀略工作に対して称賛の言葉を受けているうちに、事後報告しそびれてしまったのである[31]（尹騏、1993: p. 81）。

逮捕

潘漢年が汪兆銘との面会の件をようやく事後報告できたのは、1955年3月のことだった[32]。潘漢年が汪兆銘との面会から12年の歳月を経て、今更のように事後報告に及んだ背景には、①胡均鶴の逮捕、②揚帆《ようはん》の失脚、③饒漱石の失脚がある。

①について見ることにしよう。前述のように、胡均鶴は、元来中共党員でありながら、国民政府当局に逮捕されると国民政府に寝返り、さらに汪兆銘政権に寝返って、汪政権の特務機関トップ・李士

群の部下となり、李とともに潘漢年に協力していた人物だ。胡均鶴は潘漢年と汪兆銘との面会に、李士群とともに立ち会っていた。胡均鶴は中華人民共和国成立後、上海市公安局の幹部に取り立てられた。しかし1950年2月に上海が国民党の軍用機によって爆撃されたのを機に、胡均鶴は国民党スパイとして爆撃を誘導したという容疑をかけられ、54年9月に逮捕される。それ以来、潘漢年は、胡均鶴が尋問に際して潘と汪兆銘の面会の件について話すのではないかと憂慮するようになったのである。

②についてであるが、揚帆は中華人民共和国成立後、上海市公安局副局長や局長を務めていた。1943年10月に揚帆は、整風運動という中共党員の思想改造を目指した政治キャンペーンに際して、国民政府のスパイという嫌疑をかけられて拘束された。揚帆によれば、饒漱石は揚に対して「もとより君はスパイだ」と頭から決めてかかっていたという（揚帆、1989: p. 31）。しかし潘漢年が査問に加わったことにより、揚帆の嫌疑はすぐに晴れる。それを機に揚帆は潘漢年に信頼を寄せるようになり、上海市公安局副局長や局長の時分には、同市副市長の潘漢年の直属の部下となった（揚帆、1985: p. 107）。

胡均鶴が国民党スパイとされたことにより、胡を上海市公安局で重用していた揚帆は、潘漢年よりも一足早く1954年12月に失脚を余儀なくされる。ちなみに揚帆に胡均鶴を紹介したのは、ほかならぬ潘漢年だった。潘漢年と揚帆の失脚は、いずれも胡均鶴が絡み、かつ両者は直属の上司と部下の関係にあったことから、しばしばひとまとめにされて「潘漢年・揚帆事件」と称される。無論のこと、胡均鶴の上海市公安局での重用は、当時の党中央の政策に沿った措置だった。胡均鶴のような人物が上海に潜む国民党スパイの摘発に大いに貢献すると見込まれたからである。[33]

③について見ることにしよう。饒漱石の失脚の要因となる「高崗《こうこう》・饒漱石事件」が１９５４年２月に明るみに出た。「高崗・饒漱石事件」は、高崗と饒漱石という東北と華東の大行政区の実力者が、中央の権力強化を目指していた党内序列第２位の劉少奇や第３位の周恩来を追い落とそうとした挙句、返り討ちに遭って失脚したものだと一般的に説明されている。「高崗・饒漱石事件」は中華人民共和国成立後に最初に起こった大規模な党内闘争だと言える。

潘漢年も出席していた１９５５年３月の北京での会議で、毛沢東は高崗と饒漱石を厳しく批判しただけでなく、両者と関係の深かった幹部に対しても自己批判を求めた。潘漢年も中央華中局情報部長や上海市副市長を歴任していた間、饒漱石の部下だったことから（饒は中央華中局トップ代理だけでなく、上海市トップ〈党委員会第一書記〉にも就任している）、自己批判を求められていたのである。

饒漱石

こうした諸状況の重圧を受けて、潘漢年は１９５５年３月の上記の会議の終了直後に、12年来心に引っ掛かっていた汪兆銘との面会の件を、当時直属の上司だった陳毅に報告することにした。陳毅は汪兆銘との面会の件を重大事と考え、毛沢東に報告し、毛の判断を仰いだ。この時、毛沢東は陳毅から送られてきた公文書類に「この人物は今後信用してはならない」と書き込んだ。こうして潘漢年は４月に北京のホテルで突如逮捕されることになったのである。

潘漢年が逮捕されると、情報機関全体がスパイや反革命の巣窟《そうくつ》ではないかという噂《うわさ》が飛び交い、スタッフの間で大きな動揺が起こった。そのため周恩来が直々に情報機関のスタッフを前にして、「私と潘漢年との交流の時間は最も長く、関係は最も深いが、私は（筆者注：潘の罪に連座して失脚するのではないかと恐れて）緊張などしていない」などと言って、動揺を鎮めなければならないほどであった（羅青長、1996: pp. 24–25）。

1963年1月、最高人民法院は潘漢年に対してスパイ罪により、15年の有期刑と政治的権利の終身剝奪の判決を下した。なおスパイ罪としては、具体的に次の三つの行為を認定している。①36年の中共と国民党との協議に際して、秘密裏に国民党に投降した。②日中戦争期に秘密裏に日本の特務機関に投降して、汪兆銘と結託した。③胡均鶴をはじめとする国民党スパイを匿《かくま》った挙句、50年2月に国民党の軍用機による上海への爆撃を招いた(34)（「中華人民共和国最高人民法院　刑事判決書　一九六二年度刑一字第一号」pp. 55–58）。潘漢年は逮捕後、監獄や労働改造所で過ごすことを余儀なくされ、82年8月の名誉回復を見ぬまま、77年4月に死去した。

冤罪の要因

潘漢年は死後に名誉回復を遂げたことで、今日では潘のスパイ罪は濡《ぬ》れ衣《ぎぬ》だったということになっている。潘漢年が冤罪《えんざい》に陥れられた要因とは何だったのだろうか。一時期中共トップに立ちながら、毛沢東にとって代わられた王明は、それに関して次のように指摘している。毛沢東が「高崗・饒漱石事件」を奇貨《きか》として、饒だけでなく「潘漢年、胡鈞和《こきんわ》（筆者注：胡均鶴）その他すなわち１９４０年来彼の行なった「日本および汪精衛《おうせいえい》（筆者注：汪兆銘）との同盟による蒋介石への対抗」という民族裏切り路線の生《いき》証人」を粛清しようとしたことにある、と（王明、1976、邦訳：p. 225）。先行研究も王明のこうした見解を踏襲して、毛沢東は、日中戦争期の日本や汪兆銘政権との協力といった「マイナスイメージが白日の下に曝《さら》されることを恐れ」て「口封じのため、潘の逮捕をみずから決定した」としている（謝幼田、2006、邦訳：p. 147）。

　では、毛沢東が潘漢年ら「民族裏切り路線の生証人」を粛清した背景には何があったのだろうか。１９４５年４月の第７回党大会で毛沢東思想が党規約に盛り込まれてから、毛に対する個人崇拝が本格化したが、それでも潘漢年の逮捕前後の頃には、毛への個人崇拝はまだ抑制的だったと言える。56年９月の中共第８回全国代表大会では、２月にソ連でスターリンへの個人崇拝が批判されたことを受けて、毛沢東思想に関する条項が削除されたほどだったのである。

　しかし、プロレタリア文化大革命に際して如実《にょじつ》に見られたように、毛沢東は自らへの個人崇拝を政治手段として利用する志向をもっていたことから、自らへの個人崇拝の抑制的傾向に対して不満を抱いていたことはまちがいない。またその際、毛沢東の目には、潘漢年ら「民族裏切り路線の生証人」が、抗日戦争の指導者としての自らのイメージを傷付け、ひいては自らへの個人崇拝の強化を邪魔立てする存在として映ったことだろう。そうであれば、毛沢東が密かに潘漢年らの粛清の機会を狙っていたとしても不思議ではない。潘漢年が中共中央の了承なしに独断で汪兆銘と面会した挙句、事後報告しなかったという事案が発覚したのは、毛沢東からすれば、格好の粛清の機会が到来したということになるだろう。

もっとも、潘漢年が冤罪に陥れられた要因は一つだけではないだろう。潘漢年の査問に当たった羅青長は、「当時の階級闘争の情勢に対する誤った評価」が潘漢年の冤罪を引き起こしたとしている（羅青長、1996: p. 24）。羅青長は「当時の階級闘争の情勢に対する誤った評価」の具体的内容には触れていないが、要するに「三反《さんはん》運動」と「五反《ごはん》運動」、及び「新三反運動」といった政治運動の行き過ぎを指しているものと思われる。

「三反運動」と「五反運動」は1951年から52年にかけて発動され、「新三反運動」は53年に発動された。「三反運動」は党幹部の汚職、浪費、官僚主義に反対し、「五反運動」は中共を支持する資本家の贈賄《ぞうわい》、脱税、国家資材の横領、手抜き仕事と材料のごまかし、国家経済情報の窃取《せっしゅ》に反対するものである。また「新三反運動」は党幹部の官僚主義、命令主義、違法行為・規律違反に反対するものである。特に「五反運動」の発動を機に、民営企業と国営企業の併存という当初の方針が撤回されて、中共を支持する資本家が所有する民営企業は、矢継《やつ》ぎ早《ばや》に国営企業に改組されることになった。「三反運動」と「五反運動」、及び「新三反運動」は、朝鮮戦争への参戦に伴う社会的緊張状態のなかで発動されたこともあって、党幹部、及び中共を支持する資本家に対する批判や摘発は、しばしば行き過ぎの様相を呈するようになり、しばらく尾を引いた。羅青長は、潘漢年がそうした批判や摘発の行き過ぎの犠牲者になったと言わんとしているのだろう。

ただ皮肉なことに、潘漢年自身も上海市副市長在任時には、批判や摘発の行き過ぎを煽《あお》る側に回っている。潘漢年は当時、上海市副市長として同市法院（裁判所）の整備を行なっていたが、「五反運動」を受けて、たとえ中共を支持していようとも、資本家に対してはより厳しい判決を下すように指示していたのである。その上、被告となった資本家が判決に不服で上訴しようものなら、罪を認めていないと見なして、量刑をさらに重くせよと指示する有様《ありさま》だった。

たとえば、重婚罪について見ると、被告が労働者ならば、過ちを教え諭して釈放するだけだったが、被告が資本家ならば、3年から5年の懲役刑を科し、労働改造所に送り込む。被告の労働者が不服を漏らせば、2週間ほど拘禁するだけだったが、被告の資本家が判決に不服で上訴しようものなら、8年から10年の懲役刑を科し、重罪犯を収容する監獄に送り込むのである（呉越、2012: p. 47）。このように見ると、潘漢年は自らが煽った批判や摘発の行き過ぎに、自らもまた呑み込まれてしまったと言えるだろう。

第2章　康生

第1節　彷徨

生い立ちから青年期まで

康生は1898年冬に、山東省青島市《チンタオ》の旧市街地から約80キロ離れた現在の同市黄島区《こうとう》大台村《だいたい》において、大地主のエリート家庭に生まれた。田畑は2000畝《ムー》（約133ヘクタール）もあり、彫刻や彩色が施された豪邸には何十もの部屋があった。康生の曽祖父は「貢生《こうせい》（北京の国子監《こくしかん》、すなわち官吏養成を旨とした国家経営の学校の在籍者）」であり、父親は「秀才」だった。康生の本名は張宗可《ちょうそうか》だが、1925年に中国共産党（以下、中共）に入党した後、様々な変名を用いるようになった。康生が最も知られている変名だ。

康生が生まれたばかりの頃、女中が父親に向かって以下のようなお愛想《あいそ》を言ったそうである。

「目が大きくて、色白で綺麗で、旦那様にそっくりです。将来、まちがいなくお利口さんになって、富貴におなりになるでしょう」(林青山、1996: p. 3)。

女中のお愛想通り、康生は後年、悪名の高さと引き換えではあるが、富貴を極めた。

康生が誕生した当時の山東省、ひいては中国の状況を見ていこう。ドイツは、宣教師の殺害を口実にして、1897年に青島の膠州湾《こうしゅう》を占領し、翌98年に99年間の期限で清朝政府に租借を認めさせた。ドイツは、青島港を建設して東洋艦隊を駐留させただけでなく、青島と済南《さいなん》を結ぶ膠済《こうさい》鉄道の敷設《ふせつ》権を認めさせて、山東省一帯を勢力圏とした。

一方、1898年に山東省では、白蓮教《びゃくれんきょう》系の秘密結社である義和団《ぎわだん》の武装蜂起が勃発している。義和団は困窮した農民を結集し、勢力を拡大しながら、各地でキリスト教会や外国人を襲撃したり、鉄道や電信を破壊したりした。義和団は清朝政府の支持を得て、1900年に北京入りすると、列国公使館区域を包囲攻撃したものの、日本を含む八カ国の連合軍によってあっけなく鎮圧されてしまう。その結果、列強諸国による中国分割にいっそうの拍車がかかり、清朝の命運は風前の灯火《ともしび》となったのである。

こうしたドイツによる植民地化や義和団による武装蜂起といった歴史的事件は、大台村で暮らす張家一族にも衝撃を与えたにちがいない。また康生の精神形成にも少なからぬ影響を及ぼしただろう。しかし康生は山東省にいた四半世紀の歳月を概《おおむ》ね平穏のうちに過ごしており、その間の行状《ぎょうじょう》から歴史的事件の影響を見出すことはできない。

康生の教育歴を見ていこう。康生は1906年、張家一族がその子弟のために開設した私塾で学び始めた。11年、辛亥《しんがい》革命が勃発すると、翌12年に清朝が崩壊し、中華民国が成立したが、その頃私塾が閉鎖されたため、康生は豪邸で暇をもてあますようになった。小人閑居《しょうじんかんきょ》して不善《ふぜん》をなす、ということわざ通りに、康生は14年、郷里で殴《なぐ》り合いの喧嘩をしたために、父親によって蟄居《ちっきょ》を命じられた。しかし兄弟の契《ちぎ》りを結んだ友人が請け合ってくれたおかげで、康生は青島の礼賢《れいけん》中学で、ドイツ語を含む近代的な教育を受ける機会を得る。

康生（1898-1975）本名は張宗可。1925年、中共に入党。第一次国共内戦期から日中戦争期にかけて情報機関の要職を歴任。モスクワや延安でトロツキストやスパイを摘発するという名目の下で、党員を粛清する。延安では毛沢東の党内における絶対的権威の確立に寄与する。土地改革では現場クラスの幹部を迫害する。66年より文化大革命を指導して、劉少奇をはじめとする幹部や民衆を迫害し、毛沢東への個人崇拝の確立に寄与する。死後の80年に批判され、弔辞と党籍を剝奪される。

礼賢中学はドイツの教会によって1901年に設立された。高名な中国古代文化の研究者のドイツ人校長をはじめ、清朝最後の皇帝・溥儀《ふぎ》の元家庭教師といった名立たる碩学《せきがく》が教鞭《きょうべん》を執っていた[1]（ジョン・バイロンほか、2011: 上巻 pp. 36–38）。土地改革に際して康生の部下だった曽彦修《そうげんしゅう》は、康が「中国古代の文学や芸術にはほぼ精通していた」と述べ、多忙を極めていたにもかかわらず、「どこでどれくらいの時間をとってこうしたことを学んだのだろうか」と感服している（曽彦修、2009: p. 38）。康生は礼賢中学在学中に、近代的な教育を受けただけでなく、こうした碩学の薫陶《くんとう》により、中国の伝統文化全般についても造詣《ぞうけい》を深めたにちがいない。

なお、康生は1915年、父親の命により結婚して一女一男をもうけている。娘の方は長じると地主に嫁いだが、後に離婚し煙草工場の従業員になった。一方、息子の張子石《ちょうしせき》は長じると、青島の中国国民党（以下、国民党）当局の職員になったが、中華人民共和国成立後、康生の庇護《ひご》によって、国民党に関係していた過去を問われることなく中共に入党し、最終的には杭州市トップ（党委員会第一書記）にまで昇進している。（ジョン・バイロンほか、2011: 上巻 p. 34, 73, 247）

康生は1917年夏に礼賢中学を卒業すると、官界でのポストを希望したが、果たせず、大台村に戻ることにした。同年秋、生家に強盗が押し入り、康生の兄が撃ち殺されている。これを機に、一家を挙げて、県政府の所在地で比較的安全な諸城《しょじょう》に移ることにした。康生は諸城の教師講習所に入って勉学を続け、翌18年に諸城の高等小学校で不承不承ながら教鞭を執ることにし、上海大学に入学するまで続けた（林青山、1996: pp. 7–8）。

上海クーデター前後

1919年5月4日、北京で反帝国主義を掲げた五・四《ごし》運動が起こると、諸城で教鞭を執っていた康生も同運動のバックボーンとなった新文化運動の影響を受けるようになる。新文化運動とは、当時北京大学教授だった陳独秀《ちんどくしゅう》や文豪の魯迅《ろじん》らによって担われ、科学と民主主義をスローガンにして、中国の伝統的な制度・文化の刷新と近代化を目指したものだ。陳独秀が中共の初代トップになったことに象徴されるように、新文化運動は中共創設のバックボーンにもなっている。

康生は1924年に故郷に妻子を残して、上海大学社会科学部に入学した。上海大学は、中共の影響下にあった大学であり、後に陳独秀の後任として中共トップに就任した瞿秋白《くしゅうはく》も当時、同大学で教鞭を執っていた。康生が故郷を離れて、上海に出てきた動機については、康自身の不品行が取り沙汰されているが（ジョン・バイロンほか、2011: 上巻 p. 46）、上海大学社会科学部を選択したのは、新文化運動の影響があったものと思われる。

康生はすでに1924年に諸城で国民党に入党していたが、上海大学に入学した翌25年に中共にも入党している。当時はまだ第一次国共合作が維持されていたのである。康生は中共に入党して早々に五・三〇事件に深く関与する。五・三〇事件とは、日本資本経営の紡績工場の解雇とロックアウトに抗議して、1925年5月30日に労働者や学生がデモを敢行したところ、上海租界の英国警官がデモ隊に発砲して多数の死傷者を出したことを機に、反帝国主義運動が上海から全国諸都市に波及していったというものだ。上海では、上海総工会（工会は労働組合の意）がゼネストを指令したところ、租界当局が英国や米国、日本などの軍隊を上陸させて弾圧する事態となった。康生は7月に上海総工会の幹事に任命されており、まさにゼネストの中枢にいたのである。

1926年7月より蔣介石を国民革命軍総司令として、北京政府を牛耳っていた軍閥勢力を打倒する北上軍事作戦（北伐《ほくばつ》）が進められた。北伐に呼応して、上海では10月から翌27年3月にかけて、労働者が三度にわたり武装蜂起したが、康生はそのいずれにも参加している。

しかし1927年4月、蔣介石が突如上海クーデターを起こして、中共党員への大弾圧を始めた。第一次国共内戦の勃発である。国民党の指導下にある国民政府と、それに協力的な租界当局が支配する上海で、康生は地下に潜ることを余儀なくされる。当時、上海で地下に潜っていた中共幹部は、国民政府当局の追及から逃れるために、表向きの身分を色々偽装していた。康生の場合、表向きの身分は浙江財閥を代表する実業家・虞洽卿《ぐこうけい》の秘書だ。(2) 康生は虞洽卿に代わって筆をふるっていた。康生は前述のように、中国の伝統文化全般について深い造詣があったが、書道の腕前も一流だったのである。なお康生は同年末に、故郷で暮らす妻子を顧みることなく、生涯の伴侶となる同志の曹軼欧《そういつおう》と再婚している。

李立三と王明

国民政府当局の大弾圧によって、中共の組織が壊滅状態に陥ると、中共中央ではトップが目まぐるしく交代する事態となる。初代トップの陳独秀は、上海クーデターを許した上に、武装蜂起に消極的だったために批判され解任された。1927年8月、後任のトップには上海大学で教鞭を執っていた瞿秋白が就く。瞿秋白は南昌蜂起や秋収蜂起などの武装蜂起を指導したが、いずれも失敗に終わると、責任を問われて、翌28年にトップの座から追われ、モスクワへ赴くことになった。

その後、労働者出身の向忠発が中共トップに就任したが、指導力不足のために、労働運動指導者の李立三が1928年に事実上のトップとなる。李立三は30年6月に「新たな革命の高潮と1省または数省における先駆的勝利」という都市奪取の方針を中央政治局で決議させた。しかしこの方針に基づく長沙《ちょうさ》暴動が、大きな犠牲を払っただけで失敗に終わると、同年秋に李立三は過ちを犯したと批判されて、トップの座から追われ、査問のためにモスクワに召喚されることになった。李立三に代わって、モスクワ留学から帰国した王明が、コミンテルンから派遣されたミフ（ウクライナのユダヤ系の中国問題専門家であり、一時モスクワ中山大学学長を務める）の絶大な支持の下、31年1月の第6期4中全会で中共の指導権を掌握する。王明は、毛沢東によって指導権を奪われる30年代後半まで、党内に大きな影響力を及ぼした。

王明

王明が中共の指導権を掌握すると、中共中央では派閥争いが深刻化して、分裂の事態にまで至る。中華全国総工会トップ（委員長）の羅章龍《らしょうりゅう》や、江蘇省党委員会（党中央の所在地の上海をカバーする）の何孟雄《かもうゆう》らは、李立三のみならず王明にも反対していた。

特に王明に対して、羅章龍は、王が当時中央委員でも中央委員候補でもなかったことから「中共中央の工作を主宰する条件も資格も備えていない」として強く反対していた（曹仲彬、2009: p. 70）。第6期4中全会の後、羅章龍や何孟雄らは中共から除名処分を受けると、羅を事実上のトップとする「中共中央非常委員会」、いわゆる「第二中央」を組織している[3]。

一方、王明は1932年3月、新たな方針となる文書『中共のさらなるボリシェヴィキ化のための闘争』（31年2月に発表した『二つの路線』の増補版）を発表した。王明はその文書において、中共をさらにボリシェヴィキ化する（コミンテルンの意志を代行する王自身が中共を完全掌握する、という意にほかならない）ためには、右と左の日和見主義的傾向との徹底的な闘争が必要だとした。右と左の日和見主義的傾向とはそれぞれ、羅章龍や何孟雄らの「中共中央非常委員会」の設立、及び李立三の「新たな革命の高潮と1省または数省における先駆的勝利」という方針を指している[4]（田中仁、2002: pp. 170–173）。

康生に話を戻すことにしよう。

康生は1928年、江蘇省党委員会組織部長に就任すると、折から中共の事実上のトップとなった李立三に接近し始める。康生は李立三を熱心に支持しただけでなく、何孟雄ら李への反対者を放逐するために、江蘇省党委員会を改組することにも賛同したのである。康生はこうした働きを李立三から評価されて、30年に中央組織部秘書長に任命された。

康生は李立三を擁護する立場から、再三にわたって王明に睨《にら》みをきかせていた。しかし康生は李立三の失脚を見てとるや、即座に王明に接近し始める。1932年には多忙の合間を縫って、毎月のように王明擁護の論説を発表したほどであった。

また康生は第6期4中全会の直後に、王明の指導権掌握を助けるために、何孟雄ら反対派を国民政府当局に売り渡して、逮捕させたのではないかと言われている(5)（羅章龍は逮捕を免れた）。何孟雄を含む二十数名はほどなくして上海の龍華《りゅうか》監獄で銃殺刑に処された。ちなみにそのなかには、複数の若手左翼作家も含まれており、魯迅は彼らを哀悼して、その2年後に「忘却のための記念」というエッセーを発表している(6)。

康生は王明の権力掌握を熱心に支持したことで、第6期4中全会で初めて中央委員に選ばれ、中央組織部長に任命された。また1931年4月に中共の情報機関である中央特科の総責任者・顧順章が、国民政府当局に逮捕されて寝返ったのを機に、康生は初めて防諜工作に携わることになる。周恩来の手配によって、康生は陳雲や潘漢年とともに中央特科を指導することとなり、国民政府に寝返った者やスパイの始末を担う保衛科長に就任したのである。さらに32年1月から翌33年2月にかけて、陳雲の後を受けて、中央特科の総責任者にもなっている（維克托・烏索夫、2013: p. 289）。

なお、1930年に康生は国民政府当局に逮捕され、獄中で寝返ったのではないかと噂されている。しかし康生自身が逮捕そのものを否定している上に、国民政府当局の公文書も散逸しているために、事実か否か確認することができない。

モスクワ時代

康生は1933年7月に夫人の曹軼欧らとともに上海を離れてソ連に赴いた。なおこれ以降、康生という変名を用いるようになる。康生がソ連に赴いたのは、中央特科の総責任者・顧順章の裏切りを機に、上海での中共中央の活動が著しく困難になったからである。顧順章の裏切りから2カ月後の31年6月には、名目上中共トップの地位にあった向忠発が、国民政府当局により逮捕されて寝返ったものの、即座に銃殺されるという事態が起こっている。

王明は、向忠発のポストを引き継いで、名実ともに中共トップの座に就いたものの、こうした事態を受けて、1931年秋に上海を離れてモスクワに赴くことにする。王明は駐コミンテルン中共代表団長に就任し、側近の秦邦憲に中共トップのポストを委ねて、モスクワから秦に指示を出すことにしたのである。王明とともに中共中央を指導していた周恩来も、同年末に江西省の中華ソビエト共和国【21頁参照】への移動を余儀なくされた。中共中央自体も33年初めに中華ソビエト共和国に移転した。

康生はモスクワにやって来ると、王明の側近中の側近として急速に地位を上昇させている。駐コミンテルン中共代表団副団長に就任したほか、1934年1月に瑞金《ずいきん》で開催された第6期5中全会で、不在のまま中央政治局委員に選出されたのである。また35年7月、8月にモスクワで開催されたコミンテルン第7回大会に出席し、コミンテルン執行委員会主席団委員候補にも選出された。

康生のモスクワ滞在期間は、まさにスターリンによる大粛清の時代に当たっていた。大粛清の契機は1934年12月のキーロフ暗殺事件だ。この事件を機に、スターリンの意向を受けた内務人民委員（当初はヤゴダが就任し、ヤゴダが36年に粛清されると、エジョフがその後任となり、エジョフが38年に粛清されると、ベリヤがその後任となった）が中心となって、大粛清が実施に移された。37年から38年がその絶頂だとされている。ジノビエフやカーメネフをはじめとするスターリン反対派の政治家だけでなく、トゥハチェフスキー元帥ら赤軍の首脳も大粛清の対象となった。さらにはスターリンに忠実な要人や、中国人を含む外国人共産主義者にまで大粛清の手が及ぶようになる。

　内務人民委員のベリヤらは大粛清に当たって、客観的な証拠を全く重視することなく、拷問によってでっち上げの罪状を無理やり自白させた上で、銃殺に処したり強制収容所に送ったりした。ちなみに罪状の多くはトロツキストというものだ。トロツキストとは、スターリンの一国社会主義論を批判して永久革命論を唱えた末に、ソ連共産党から除名されたトロツキーの追随者のことであり、ソ連共産党やコミンテルンにとって最大の内なる敵とされていた。またトロツキストに加えて、右翼やドイツのスパイなどが罪状とされた。

ベリヤ

　なお、大粛清によってソ連社会に恐慌状態が引き起こされると、スターリンへの個人崇拝も頂点に達するようになる。スターリンへの個人崇拝は、中共の関係者を含む世界の共産主義者の間でも広まった。

　さて、前述のようにスターリンによる大粛清の対象は、中国人を含む外国人共産主義者にまで拡大されたが、対象となる中共党員のリストを作成したのは、ほかならぬ王明と康生だった。李立三夫人のロシア人女性は、康生が平素から王明に付き従って、懸命にご機嫌をとっていたと述べている(7)（周海濱、2015: p. 43）。康生は王明へのご機嫌取りの一環として、王に反対する中共党員に対して次々にトロツキストやスパイといったレッテルを貼り、ソ連当局に突き出しては、処刑場や強制収容所に送り込んだのである(8)。

たとえば、中共中央が上海から江西省の中華ソビエト共和国に移転する前後に、上海で臨時中央軍事委員会トップ（書記）を務め、康生の後任として中央特科の総責任者となった武胡景《ぶこけい》のような最高クラスの幹部も犠牲になっている(9)。また中国共産主義青年団の前身となる組織を創設した兪秀松《ゆしゅうしょう》や周達文《しゅうたつぶん》、及び江蘇省無錫《むしゃく》で中共支部を創設した董亦湘《とうえきしょう》も犠牲となった(10)。さらには李立三さえ犠牲になりかけている。李立三は、１９３７年11月に王明や康生とともに帰国することを許されず、38年２月に突如ソ連当局によって逮捕され、２年近く拘禁されて拷問を受けたのである。

康生はモスクワでスターリンによる大粛清に自ら加担しながら、「政治的に意見の対立する相手を抑圧するためにどのように恐慌状態を利用するか、ばかげた偽の自白をいかにして有効な道具に変えるか」ということを学びとった（ジョン・バイロンほか、2011: 上巻 p. 144）。康生は帰国後、王明派から毛沢東派に早変わりすると、モスクワで学んだことを早速実行に移すようになる。

毛沢東の側近

康生は1937年11月に王明らとともに帰国し、延安に到着した。当時、延安では毛沢東が最高指導者としての権威を確立しつつあった。長征【23頁参照】の途上の35年1月に開催された遵義会議で、王明側近の秦邦憲やコミンテルンの軍事顧問らが軍事的失敗を追及されて失墜すると、彼らに代わって毛沢東が指導権を握るようになったのである。毛沢東はコミンテルンと、そのバックにいるソ連に対して不信感を抱くようになっていた。一方、王明はコミンテルンから中共の事実上のトップとして遇されてきたことから、当時、依然として党内に大きな影響力を及ぼしていた。こうして王明の帰国と同時に、毛沢東と王との間で主導権争いが始まるようになる。主導権争いの焦点は、37年9月に正式に成立した第二次国共合作のあり方についてだった。

王明はコミンテルンの意向を受けて、国民政府を指導する国民党との提携を強化すべきだと主張していた。コミンテルンとソ連政府は、日本軍の対ソ侵攻を阻止するためには、中共が国民党との提携を強化して、対日戦を徹底的に遂行し、日本軍を中国領内に釘付《くぎづ》けにしておく必要があると認識していたのである。これに対して、毛沢東は国民党に対する不信感から、国民党とは一線を画して、独立自主を保つべきだと主張している。

一方、毛沢東は王明の帰国以前から、中共軍の指導者たちと対日戦の方針をめぐって対立し、孤立を余儀なくされていた。中共軍の指導者たちが国民政府軍とともに、日本軍に対して正面戦を遂行すべきだと主張していたのに対して、毛沢東は中共軍の生存と発展を図るために、日本軍に対して独自に遊撃戦を展開すべきだと主張していたのである。中共軍の指導者たちの主張が王明のそれに近かったこともあって、王は帰国後、毛沢東に対して一時優位に立つことができた。しかし1938年8月に当時駐コミンテルン中共代表団長を務めていた王稼祥《おうかしょう》がモスクワから帰国して、毛沢東を中心に団結しなければならないというコミンテルンの指示を伝えたことから、コミンテルンをバックにしていた王明の立場は一気に弱くなる（田中仁、2002: pp. 233–236／鄒燦、2013: p. 53）。

王明を熱心に支持していた康生は、王が毛沢東に対して一時優位に立っていた時に、王の計らいで、中央党校校長という要職をあてがわれた。しかし康生は、王明が毛沢東に圧倒されるのを目の当たりにすると、王を見限り毛に接近し始める。王明が、毛沢東はアメとムチを使って康生を自派に引き寄せたと述べているように（王明、1976、邦訳：p. 69）、毛から康へのアプローチもあっただろう。王明派の筆頭とも言うべき康生を毛沢東派に引き寄せることに成功すれば、毛は王との主導権争いで完全な勝利を手にすることができるからだ。

毛沢東派に鞍替《くらが》えしたばかりの康生が、毛の信頼を得て毛の側近になるに当たって、重要な契機になったのは、毛と江青《こうせい》の結婚をめぐる悶着《もんちゃく》だった。江青は1914年に山東省諸城で生まれ、33年に青島で中共に入党すると、上海に移り、藍蘋《らんぴん》という芸名で女優として活躍するようになった。その間、数々のスキャンダルをマスコミに書き立てられた挙句、34年には国民政府当局によって一時逮捕される有様だった。江青は37年に日本軍占領下の上海を脱出して延安に赴くと、毛沢東から見初められて求婚された。ちなみに毛沢東も江青も婚姻歴があった。

中共の最高幹部は、江青は最高指導者である毛沢東の夫人にはふさわしくないとして、こぞって結婚に反対した。一方、康生だけは、自らが校長を務める中央党校の学生だった江青の人物保証を行なって、結婚を積極的に後押ししたのである。こうして康生は毛沢東の信頼を得ることに成功する。[11]なお、康生と江青の関係については様々な噂がある。康生にとって江青は小学校での教え子ではないか、友人の愛人ではないか、生家の女中の娘ではないか、また二人は性的関係を結んでいたのではないか、などと取り沙汰されてきた[12]（ジョン・バイロンほか、2011: 上巻 pp. 43–45）。

確実に言えることは、中央党校で出会ってから、康生と江青が同郷ということもあって、結び付きを急速に強めたことである。その象徴は1938年7月に延安で上演された京劇「打魚殺家《だぎょさつか》」だ。康生の元部下・曽彦修は観衆の一人だったが、康が小鼓《しょうこ》を打って京劇の楽隊を指揮するなかで、美貌の江青が父親とともに土豪一家を皆殺しにする娘役を好演したと回想している（曽彦修、2009: p. 38）。康生と江青の強い結び付きは、康が死去する1年前に江を中共の裏切り者だと告発するまで続いた。

第2節　整風運動から土地改革

整風運動

毛沢東は王明派の筆頭とも言うべき康生を側近に加えると、1942年2月に整風運動という中共党員の思想改造を目指した政治キャンペーンを発動した。康生は毛沢東と並んで整風運動を指導することとなり、毛が中央総学習委員会主任に就任すると、康は副主任に就任している。

整風運動には大きく二つの目的があった。その一つは、中共内において毛沢東の絶対的権威を確立する一方、王明の権威のみならず、その後ろ盾であるコミンテルンの権威も失墜させることだ。整風運動では、全ての中共党員が上から指定された文書を学習するだけでなく、名指しは避けながらも、王明を批判することも求められた（ピョートル・ウラジミロフ、1975: 上巻 p. 55）。王明の側近・秦邦憲は一時、名目上中共トップの座にあり（1934年1月－35年1月）、当時は『解放日報』編集長を務めていたが、秦でさえも例外扱いされなかった。秦邦憲は「自己を罵《ののし》り、王明を罵り、ロシア人（筆者注：コミンテルンとソ連を指す）を罵る」ように求められたのである。秦邦憲は夜通し拒んで、号泣するばかりだったが、いよいよ連行される間際になって、ようやく同意した。なお毛沢東や康生は王明の権威を失墜させる際に、王の肉体への危害も企てたと見られている。王明やソ連側は、医師が毒薬の投与を命じられていたと主張しているのである[13]（王明、1976、邦訳：p. 169, 185）。

整風運動のもう一つの目的は、中共に対する批判にまで踏み込んでいた延安の知識人に対して統制を行なうことだ。元来、中国の知識人は、五・四運動のバックボーンとなった新文化運動の影響を受けて、儒教道徳に基づく封建的な家族制度の打破と、個人の解放を唱え、自由主義や民主主義、科学の重視などの西欧思想を受容していた。中共初代トップの陳独秀が新文化運動の旗手だったことに象徴されるように、中共も元来そうした知識人によって結成された政党だった。そのため当時もそうした知識人が中共を支持して、続々と延安に集まっていたのである。

もっとも中共は、国民党と血みどろの内戦を戦い、さらに知識人でもあった陳独秀や瞿秋白のトップ解任に伴って、結成当時とは大きく変質するようになる。個人の解放や自由主義などに代えて、鉄の規律や意思の統一が強調されるようになったのである。しかし一部の知識人はそうした変質をよしとはしなかった。悲劇はそこから始まる。

もとより延安の中共にも重慶の国民政府と同様に様々な矛盾があった。一部の知識人は中共を支持しながらも、否、支持しているからこそ、勇《ゆう》を振るって中共に対する批判の筆を執り始める。特に翻訳家の王実味《おうじつみ》が1942年3月に「山百合《やまゆり》の花」などのエッセーを発表して、中共幹部の特権や官僚主義を厳しく批判すると、延安社会に大きな反響を呼び起こした。

こうした事態に対して、毛沢東は1942年5月に「文芸講話」を発表し、知識人による表現活動は、中共の政策の宣伝に徹すべきだとする方針を立てる。知識人による中共への批判を「ブルジョア思想」に基づくものだと決め付けたのである。

康生は直々に王実味の問題に介入し、王がかつてトロツキストの知識人と交流があったことから、王をトロツキストのスパイだと決め付けた。さらに王実味と交流のあった4名の知識人を加えて「五人反党集団」をでっち上げたのである。王実味は1942年10月に中共から除名され、翌43年4月に逮捕され、最終的に47年6月に処刑された。なお「五人反党集団」とされた王実味らは毛沢東の死後、濡れ衣を着せられたと認められ、名誉回復がなされている。

延安の知識人は、王実味らが「五人反党集団」とされるのを目の当たりにしたからか、整風運動に際して求められるままに「五人反党集団」を批判するだけでなく、自らの「ブルジョア思想」に対しても自己批判を行ない、「文芸講話」の方針を受容するようになった。しかしそうした知識人にもやがてスパイというレッテルが貼られるようになる。康生が王実味らを「五人反党集団」の摘発を奇貨として、知識人の「ブルジョア思想」をスパイの破壊活動と結び付けるようになり、1943年7月から整風運動の一環として「搶救運動《そうきゅう》」を推進したからである（王珺、2003: pp. 25–26）。後述するように「搶救運動」とは大規模なスパイ狩りを実質的な目的とする政治キャンペーンにほかならない。

「防諜工作のスペシャリスト」の失態

時期は前後するが、毛沢東の側近となった康生は1939年に中央社会部長、41年に中央情報部長に相次いで就任し、防諜・諜報工作を統轄する立場になったが、特に力を入れたのは防諜工作だった。その背景には、中共が日中戦争勃発後に党員の量的拡大に努めた結果、37年7月に党員数4万人だったのが、40年には20倍の80万人にまで増加したことがある。中共中央は膨大な人数に上る新規入党者のなかには、必ずやスパイも紛れ込んでいると睨んでいたのだ（岩谷將、2013b: pp. 53–54）。

康生が中共内で「防諜工作のスペシャリスト」と広く認められるようになったきっかけは、1939年頃に「三大スパイ事件」を摘発したことだ。「三大スパイ事件」で逮捕されたのは、華北における対日協力者の大物・王克敏《おうこくびん》の姪《めい》の王遵及《おうじゅんきゅう》、陝甘寧《せいかんねい》辺区道路局長、及び東北地方のある女性地下党員だった。

ここでは、王遵及の事例を見ることにしよう。王遵及は王克敏の対日協力に反発し、理想に燃えて延安にやって来た。しかし王遵及は聡明で美しく、節度ある対応をし、優雅な物腰だったために、その出自とあいまって、スパイの訓練を受けてきたのではないかと疑われたのである。当時、拷問を伴う尋問は禁止されていた。ところが康生は、王遵及が通常の尋問では、日本のスパイだと自白しないのを見てとると、毒蛇を王の部屋に放つことにする。王遵及は恐慌状態に陥り、かつて読んだことがあるスパイ小説をもとに、ありもしないスパイ活動の自白を始めた。こうして王遵及は後に「中国の川島芳子《かわしまよしこ》（清朝の王族出身で日本軍のスパイとなった女性）」と呼ばれるようになったのである。

康生は王遵及だけでなく、「三大スパイ事件」の他の二人の容疑者に対しても、客観的な証拠がないにもかかわらず、拷問の末にスパイだという自白を引き出した。「三大スパイ事件」は後年、冤罪事件だったと認定されている。康生は中央社会部長に着任して早々、自らの手腕を示し、自らの価値と威信を高めるために、故意に「三大スパイ事件」をでっち上げたと言えるだろう（王珺、2003: p. 22）。

沈之岳

一方、前述のように中共中央が睨んでいた通り、新規入党者のなかには国民政府当局の正真正銘のスパイが紛れ込んでおり、毛沢東や康生のそば近くにまで忍び寄っていた。その代表的人物こそ沈之《ちんし》岳《がく》だ。沈之岳は1913年に浙江省仙居《せんきょ》県で生まれ、33年に上海の名門校・復旦《ふくたん》大学に入学した後、中共党員のクラスメートの影響を受けて、労働運動に従事するようになり、国民政府当局によって逮捕された。

沈之岳は獄中で戴笠《たいりゅう》から見込まれて、直々に説得を受けるようになる。戴笠は蒋介石の側近にして、情報機関・国民政府軍事委員会調査統計局（軍統）の副局長を務め、実質的な責任者となっていた。沈之岳は戴笠の説得を受け容れて、国民政府に寝返り、軍統のスパイとなる決意を固めた。沈之岳は戴笠の命令の下、上海で中共への潜入を始めるが、41年冬に発覚しかねない状況に直面したために潜入を中止し、軍統本部に復帰している（于健ほか、2011: pp. 148–150）。なお国民政府の情報機関は大きく党と軍の二つの系統に分かれており、前者は国民党内の派閥・CC系を率いる陳立夫の指導下にある国民党中央執行委員会調査統計局（中統）であり、後者は戴笠の指導下にある軍統である。(14)

沈之岳は1938年春から1年弱ほど延安に滞在していた間、中共幹部を養成する抗日軍政大学で学んでいた。沈之岳は在学中、模範的な学生だったこともあり、康生から直々に称賛を受けている（盧荻、2015: p. 23）。このように「防諜工作のスペシャリスト」をもってしても、沈之岳の正体を見破ることができなかったのである。沈之岳は康生から称賛されるほどだっただけに、抗日軍政大学の課程修了後には、中共中央の機密部門に配属され、毛沢東から直々に命令を受ける立場になる。沈之岳は、当時毛沢東の秘書を務めていた江青とも友人付き合いをしており、江を通しても情報収集を行なっていた（于健ほか、2011: p. 90）。

沈之岳による中共への潜入工作の最大の功績は、皖南《かんなん》事件で国民政府軍に大勝利をもたらしたことだろう。沈之岳は1939年になると、毛沢東の命令により、郷里の浙江省などに展開する新四軍の再編のために現地へ派遣された。沈之岳は新四軍の極秘作戦計画の情報を軍統当局に伝えるチャンスを手にしたのである。41年1月、約7万の国民政府軍は沈之岳側の情報に基づいて、長江以北へ移動中の新四軍の部隊約9000に包囲攻撃を仕掛けた。そして9日間の激戦の末に、中央東南局トップ（書記）の項英《こうえい》を含む6000人余りを戦死させ、軍長の葉挺《ようてい》を捕虜にしたのである(15)（国防部情報局、1979: 上巻 p. 213）。康生が沈之岳の正体を見破れなかった代償は、あまりにも大きかったと言えるだろう。

「戴笠事件」

もっとも康生は、情報機関・国民政府軍事委員会調査統計局（軍統）のスパイによる延安への組織的な潜入工作を摘発することには成功している(16)。組織的な潜入工作を行なったのは、延安からほど遠からぬ陝西省漢中《かんちゅう》に設置されたスパイ養成所「漢中特訓班」の出身者だった。彼らは軍統副局長・戴笠の配下だったことから、一連の経緯は「戴笠事件」と呼ばれている。

戴笠

「漢中特訓班」の設置のあらましについて見ていこう。「漢中特訓班」の設置を戴笠に進言したのは張国燾《ちょうこくとう》だった。張国燾は中共の創立者の一人であり、中華ソビエト共和国臨時政府副主席などを歴任したが、長征［23頁参照］に際して毛沢東らと対立した挙句、1938年4月に除名処分を受けた。張国燾は戴笠に対して、中共が一定程度の教育を受けた青年を重点的に獲得しようとしていることから、そうした青年をスパイとして訓練すれば、容易に延安に潜入させられると伝えたのである。戴笠は張国燾の進言を聞き入れて、39年に「漢中特訓班」を設置し、抗日ゲリラ部隊の幹部を養成するという名目で、現地周辺の一定程度の教育を受けた青年を募集することにした。なお沈之岳も変名を用いて「漢中特訓班」に出入りし、政治指導室主任として、スパイの養成に携わっている。

「漢中特訓班」で訓練を受けたスパイは、いったん自らの故郷に戻った上で、抗日軍政大学などの中共の各種学校に出願した。こうしたルートによって、スパイは容易に延安に潜入することが可能となり、1941年までに各機関に配属されて潜伏するようになったのである。

「漢中特訓班」出身者のスパイ網が破れるきっかけになったのは、陝西省慶陽《けいよう》県教育局長の地位に就いたスパイが秘密裏に中共に寝返ったことだ。陝甘寧辺区当局は、その教育局長に引き続き軍統スパイとして活動するように指示を出して、彼を起点に芋《いも》づる式にその他の潜伏しているスパイを摘発することにしたのである。こうして1942年末までに「漢中特訓班」出身者のスパイ計32名が摘発されるに至った。今日でも「戴笠事件」は冤罪事件ではなく、延安における防諜工作の輝かしい成果とされている（盧荻、2015: pp. 24–25）。

「戴笠事件」が成功裏に解決した要因とは何だったのだろうか。康生の直属の部下に当たる中央社会部副部長の李克農の指示が適切だったからだと言える。捜査や尋問に当たるスタッフに対して、拷問を禁じ、自白ではなく、あくまでも客観的な証拠を重んじるようにという指示を出していたのである。

要するに拷問の末に虚偽の自白を引き出そうものなら、かえって混乱を招いて、正真正銘のスパイを捕り逃しかねないというわけだ（郝在今、2004: p. 41）。無論のこと、李克農がそうした指示を出すに当たって、康生の同意を得ていたことは言うまでもない。

康生の元部下・曽彦修は、康が頭脳明晰であり、「真実の状況」について伝えられても「我慢強く聞き入れる」ことができたと指摘している（曽彦修、2009: p. 40）。康生は、陳雲によって「鬼であって人間ではない」と評され、林青山《りんせいざん》やジョン・バイロンら伝記作者によって「迫害狂」や「地獄の王」などと称されているように、確かに常軌を逸《いっ》したサディストの一面がある。曽彦修の指摘を踏まえるのなら、康生は、李克農から拷問の禁止と客観的な証拠の重視という指示を出すべきだと進言された際、そうした進言を「真実の状況」に合致していると判断して、サディスティックな欲望を抑え、「我慢強く聞き入れる」ことにしたと言えるだろう。

このように康生は、真の意味でのスパイの摘発に際しては、目的達成のために合理的な選択を行なうことができた。ソ連タス通信延安特派員にして、コミンテルン連絡員でもあったウラジミロフも、康生の強みの一つとして「いかなる状況をも彼の実利的な目的のために利用する能力」を挙げている[17]（ピョートル・ウラジミロフ、1975: 上巻 p. 77）。

「搶救運動」

康生は、前述のように「五人反党集団」の摘発を奇貨として、知識人の「ブルジョア思想」をスパイの破壊活動と結び付けていた。さらに康生は「戴笠事件」を受けて「スパイは無数にいる」と喧伝《けんでん》するようになり、胡宗南《こそうなん》率いる国民政府軍の延安侵攻の情報が伝えられるようになると、侵攻される前に、スパイを一掃すべきだと力説するようになる（王珺、2003: p. 26）。

こうして1943年7月に康生が前面に出る形で、整風運動の一環として「搶救運動」を発動することになったのである。「搶救運動」とは敵のスパイになるという過ちを犯した者への救済を大義名分としながらも、事実上大規模なスパイ狩りを目的とした政治キャンペーンだ。もっとも康生が前面に出ようとも、「搶救運動」の発動が毛沢東自身の意向によるものだったことは言うまでもない。前出のソ連タス通信特派員のウラジミロフは「康生の勝利は彼が毛沢東の本当の望みを見分け、毛沢東の影となり、意志となり、望みとなり切ったことにある」と日記に書き記しているが（ピョートル・ウラジミロフ、1975: 上巻 p. 110）、まさにその通りだったのである。

「搶救運動」の前触れとなったのが、1942年11月に起こった張克勤《ちょうこくきん》事件だ。国民政府支配下の甘粛《かんしゅく》省の中共地下党員であった張克勤が、拷問の末に自らが国民政府のスパイだと自白しただけでなく、同省の中共地下組織まで国民政府のスパイ組織だと供述するに至った。これにより国民政府支配下の中共地下組織は全て国民政府のスパイ組織だと認定されることになったのである。無論のこと、張克勤も中共地下組織も濡れ衣を着せられたに過ぎない。

「搶救運動」が発動されると、康生の「スパイは無数にいる」という言葉を反映して、中共の各機関においてスパイとして摘発される者が続々と出てきた。たとえば中央秘書処60名余りのうち10名余りが、新華社100名余りのうち十数名が、陝甘寧辺区教育庁十数名のうち3名が摘発されたのである。

しかし、こうした事例はまだ序の口だった。「漢中特訓班」の出身者が延安への潜入ルートとして利用した各種の学校では、知識人への不信感とあいまって、教職員や学生の大半がスパイとして摘発されたのである。たとえば、行政学院（辺区政府の幹部養成校）では1000名余りのうち691名が、自然科学院では100名余りのうち68名が、中央軍事委員会第三局の通信学校では200名余りのうち170名が摘発されている（鄭義、1999: p. 67）。無論のこと、摘発された者の大半は、客観的な証拠もないまま、拷問によってスパイだという虚偽の自白を強いられたに過ぎない。

なぜ、康生はかくも大量のスパイ犯をでっち上げたのだろうか。康生の元部下・曽彦修は、康が「ソ連から学んできた」ためだと指摘している（曽彦修、2009: p. 40）。康生のモスクワ滞在前後に、内務人民委員のベリヤらは無数のトロツキストやスパイ犯をでっち上げ、大粛清を実行して、社会を恐慌状態に陥れることにより、スターリンの絶対的権威の確立、ひいては個人崇拝の高潮に寄与していた。康生もベリヤらに倣って、中共内で大量のスパイ犯をでっち上げ、中共内を恐慌状態に陥れて、中共内における毛沢東の絶対的権威の確立という整風運動の究極的目的を実現しようとしたのである。無論のこと康生は、そうしたことを熱望する毛沢東の歓心を得ることによって、自らの党内序列の上昇や権勢の拡大も狙っていた。

もっとも「搶救運動」を現場で指導していた幹部の間では、康生の意図を理解することができずに、困惑が広がっている。

習近平国家主席の父親の習仲勲《しゅうちゅうくん》は当時、綏徳《すいとく》地区党委員会書記として、同地区で「搶救運動」を指導する立場にあった。習仲勲は当初こそ康生の指示に従っていた。康生から直々に敵情を十分に重視していないなどと批判を受けていたからだ。習仲勲は、作家・韋君宜《いくんぎ》の夫にスパイだと自白させて、夫妻もろとも摘発した。さらに韋君宜の夫が教員として勤務していた綏徳師範学校で、全校の教職員や学生約400名のうち、18名を除く全員をスパイとして摘発したのである（鄭義、1999: p. 67）。女子生徒に至っては、そのほぼ全員を美人局《つつもたせ》のスパイと認定する有様だった。

しかし、さすがに習仲勲もこうした事態を異常だと感じるようになる。習仲勲は自ら進んで拷問による自白の強要を抑制する措置をとっただけでなく、摘発された人々に対して改めて査問を行なって、濡れ衣を着せたことを謝罪し、自らの指導責任も認めた。さらに習仲勲は中共中央に電報を送り、拷問による自白の強要の禁止などを要望したのである。

もっとも、習仲勲の中共中央宛の電報は、康生の怒りを買っただけだろう。当時、中共中央では中央書記処トップ（書記）の任弼時《じんひつじ》や周恩来らが「搶救運動」に強く反対していたことから、中共中央から自白の強要の禁止という通達が出され、さらに任に至っては、康生を直々に批判するまでになっていた。しかし康生は毛沢東という後ろ盾もあって、こうした通達や批判を平然と無視し得るほどの権勢を振るうようになっていたのである（柴田哲雄、2016: pp. 139–141）。

毛沢東の豹変

康生が我が世の春を謳歌《おうか》する一方で、スパイという濡れ衣を着せられた数多《あまた》の人々の間からは怨嗟《えんさ》の声が沸き起こり、康の後ろ盾である毛沢東の耳にも入るようになった。もっとも毛沢東は、当初から「搶救運動」の一時的な行き過ぎを容認していただけに（丸田孝志、1993: pp. 100–101）、怨嗟の声が沸き起こるのは想定内のことだっただろう。しかし康生の直属の部下である李克農までもが、毛沢東に対して直々に「搶救運動」の是正を訴えるようになる。李克農は、毛沢東から「君はスパイがどれくらいいると思うのか？」と尋ねられた際に、李は「いるにはいますが、こんなに多くはないはずです」と答えたのである（王琚、1999: p. 11）。

毛沢東にとって決定的だったのは、コミンテルンの最後の書記長・ディミトロフから1943年12月に以下のような密電が届いたことだ（コミンテルンは同年5月に解散した）。

> 私は康生の役割に対しても懐疑的である。敵対分子の一掃と党の団結の強化といった正しい措置を、康生とその機関は問題のあるやり方で実施している。こうしたやり方は、相互の猜疑心《さいぎしん》をもたらし、一般の党員大衆の強い不満を引き起こして、敵による党の瓦解を手助けするだけだろう（欒景河、2004: p. 311より引用）。

コミンテルンを実質的に操っていたソ連は、独ソ戦の緒戦で大敗北を喫したため、中共への影響力を低下させていた。しかし1943年2月にスターリングラード攻防戦で大勝利を収めてから、ドイツ軍に対して攻勢に転じるようになり、勝利の可能性も見え始めていたために、毛沢東とてもソ連をバックにしているディミトロフの密電を無視することができなくなっていた。こうして毛沢東はついに44年1月になると「搶救運動」の過ちを認める決断を下す。スパイとして摘発された人々に対する再度の査問を布告し、45年10月には9割以上もの人々の名誉回復を行なったのである。

もっとも、毛沢東は「搶救運動」の過ちを認めたものの、整風運動の究極的目的については実現している。毛沢東は、1945年4月に開催された中共第7回全国代表大会（第7回党大会）に先立って、濡れ衣を着せられた人々を前にして、帽子を脱ぎ、頭を下げて謝罪した。すると、人々は毛沢東の最高指導者としての責任を追及するどころか、毛に感動し感謝さえしたのである（井上久士、1999: pp. 29–30）。こうした倒錯《とうさく》した現象こそ、まさに整風運動の究極的目的、すなわち中共内における毛沢東の絶対的権威の確立、ひいては毛への個人崇拝の本格化、が現実のものになったことの証左だと言ってよいだろう。

一方、濡れ衣を着せられた人々の非難は全て、毛沢東に次ぐ責任者であった康生の一身に集中した。しかし康生は第7回党大会の演説で「搶救運動」の過ちには一言も触れようとはしなかった。康生の演説直後、大会議長団は、康の演説に批判が殺到したことを受けて、康に対し過ちの釈明を行なうように求めた。康生は「私は毛沢東路線を遂行している」と述べて、この求めを拒否したが、その時の態度をソ連タス通信特派員のウラジミロフは日記に次のように描いている。

その時の康生の態度といったらなかった。罪に問われたインテリそのままで、眼鏡の奥の眉をつり上げ、派手なゼスチュアをし、口をすぼめ、ぬれぎぬを着せられて青天のへきれきだといった態度だった（ピョートル・ウラジミロフ、1975: 下巻 p. 435）。

康生は毛沢東のとりなしで、何とか第7回党大会を乗り切り、中央政治局委員のポストを保つことができたものの、中央社会部長と中央情報部長の座から退かざるを得なくなった上に、直属の部下だった李克農よりも党内の序列が下位になった。

さらに、康生は戦後になると、毛沢東の身辺から遠ざけられて、地方に送られ、土地改革の指導に携わることを命じられた。その背景には、第二次世界大戦末期の1945年8月にソ連軍が対日参戦して、中国領内に進駐したことがある。毛沢東は第二次国共内戦の勃発に備えて、ソ連による中共への大規模な支援を当て込み、ソ連との関係強化を図ろうとしていた。そこで「モスクワではその反ソ主義のため、あまりにも悪名が高すぎる」康生を「解放区の政治舞台の正面から退場させ」ざるを得なくなったのである（ピョートル・ウラジミロフ、1975: 下巻 pp. 453–454）。

土地改革

康生が第二次国共内戦のさなかに携わった土地改革の概要について見ていこう(18)。第二次世界大戦が終結すると、中共は第二次国共内戦の勃発に備えて、解放区農村の支持基盤を強化するために、19

46年5月に土地の分配を認める「五・四指示」を出した。同年夏に第二次国共内戦の勃発を受けて、さらに土地改革が急進化した結果、翌47年3月までに地主・富農の土地の没収と分配はほぼ終わった。

しかし、まだ多くの貧農が中農となるには至らず、不満が噴出するようになった。中共は劣勢を跳ね返して、国民党に最終的な勝利を収めるためには、人口の圧倒的多数を占める貧農の支持を必要としていた。そこで、すでに土地を分配されて中農となっていた現場クラスの幹部が元地主・富農と結託して、土地改革を阻んでいるものと見なし、土地の絶対均分と貧農団の権力掌握といった新たな方針に舵を切ることにしたのである。新たな方針は1947年7月の全国土地会議で採択された「中国土地法大綱」に結実した。新たな方針の下で、貧農団は元地主・富農のみならず、現場クラスの幹部に対しても迫害を加えるようになる。

康生は1946年から48年にかけて、甘粛省や山西省、山東省に赴任して、土地改革を指導していたが、まさに新たな方針の急先鋒となっていた。たとえば、当時山西省臨《りん》県党委員会副書記だった人物の回想によると、康生は47年3月に同県に赴任するや、貧・中農出身の現場クラスの幹部に対して「地主の立場に立ち、富農の感情を抱いている」というレッテルを、地主・富農出身の現場クラスの幹部に対して「地主一家をかばっている」などというレッテルをそれぞれ貼って、粛清を行なった。こうして土地改革が始まって一年足らずで、臨県全体の元地主・富農の死者は190人余りであったのに対して、現場クラスの幹部など党員の粛清による死者は約3倍の580人余りにまで達したのである。

康生は、元地主・富農よりもはるかに多くの現場クラスの幹部を粛清によって死に追いやったという臨県での「成果」を引っ提げて、全国土地会議に臨んだ。康生は会議の場で毛沢東の信頼厚い腹心のように振る舞って、議論をリードし、前出の「中国土地法大綱」を採択させたのである（柴田哲雄、2016: pp. 142–143）。

康生は、すでに土地を分配されて中農となった現場クラスの幹部が元地主・富農と結託して、土地改革を阻んでいると本当に信じていたのだろうか。曽彦修は当時、康生の部下として土地改革に携わっていたが、自らの康とのやりとりを通して、康がそのようなことを全く信じていなかったと証言している。実際、貧農が中農となるに至らなかった真の要因は、東北地方を除けば、人口に比して土地が圧倒的に不足していたことにある。要するに、康生はこうした「客観的な状況について理解した上で、なおも是が非でも「左（筆者注：土地などの絶対均分と貧農団の権力掌握）」を行なわなければならないとした」のである。全ては自らの党内序列の再上昇と権勢の拡大のためだった（曽彦修、2009: pp. 41–42）。

一方、当時中央西北局の要職を歴任していた習仲勲は、現場クラスの幹部への迫害によって混乱が発生すると、1948年初頭に率先してその是正に向けて動き出している。習仲勲は中共中央に宛てた報告書において「晋綏《しんすい》（筆者注：山西省西北部と綏遠《すいえん》省東南部）」における土地改革の悪影響について言及した。すなわち習仲勲は、康生が山西省臨県などで行なった土地改革の悪影響によって混乱が引き起こされたとしており、間接的ながらも康を批判したのである。中共中央において習仲勲に呼応して是正を働きかけたのは任弼時だった。毛沢東も両者による是正の提言に即座に応えることにした。康生は自らを批判した習仲勲に対して、怒りを抱いたにちがいない。こうした康生の怒りは、「搶救運動」に際しての怒りとあいまって、後年、習仲勲の失脚の引き金となる小説『劉志丹《りゅうしたん》』事件〔97－98頁参照〕を引き起こすことになる（柴田哲雄、2016: pp. 138-139, 143-145）。

康生は、曽彦修の述べる通り土地の絶対均分と貧農団の権力掌握といった新たな方針の急先鋒となることにより、自らの党内序列の再上昇と権勢の拡大を企てた。しかしその結果は期待外れに終わる。中華人民共和国が成立した1949年、康生は、同じく新たな方針を積極的に支持する饒漱石と、6大行政区の一つである中央華東局トップ（第一書記）のポストをめぐって争ったが、敗れてしまい、饒の部下の第二書記にして山東分局トップ（第一書記）や山東省人民政府主席などに甘んじることになったのである。

さらに康生は饒漱石によって精神的にも追い詰められる。前述のように、康生が1930年に国民政府当局によって逮捕され、獄中で寝返ったのではないかと噂されるようになると、饒漱石が噂について詳細に調査した上で、毛沢東への報告に及んだのである。康生は饒漱石のこうした動きをある程度つかんでいた。

噂の詳しい内容について触れておこう。康生とともに逮捕された者のなかに国民政府の元老・丁惟汾《ていいふん》（孫文による中国同盟会の創立に参与する）の親族がいたことから、丁のとりなしで親族が釈放されると、康生もすぐに釈放された。ただし康生は釈放の条件として、国民政府に寝返ることを誓わされたというのである。噂の出所となったのは盧《ろ》福坦《ふくたん》の供述だった。盧福坦は、元来中共中央政治局委員でありながら、1932年12月に国民政府当局によって逮捕されると寝返り、情報機関・国民党中央執行委員会調査統計局（中統）の要職に就くようになった。盧福坦は中華人民共和国成立後の50年5月に逮捕され、尋問の際、前述のような趣旨の供述を行なっていたのである。一方、毛沢東は饒漱石の報告を受け取ったものの、回答を保留している（王学亮、2015: p. 76）。

康生は、毛沢東によって事実上不問に付されたとはいえ、「搶救運動」に際して、大量の党員をでっち上げのスパイ罪によって迫害してきたこともあって、気が気ではなかっただろう。実際、康生は饒漱石だけでなく、秘書の沙韜《さとう》に対してまで、四六時中くどくどと「私はスパイではない」と訴えていたというのである(19)（魏小蘭、2007: p. 53）。康生は饒漱石との権力闘争に敗れ、さらに饒により精神的に追い詰められたこともあって、ついに療養と称して、北京の病院の一室にこもり、政治の舞台から姿を消すようになった。その期間は5年以上にもなった。なお康生は悩みの元凶を絶つために、1969年11月に盧福坦の処刑を秘密裏に命じている（王学亮、2015: p. 75）。

第3節　大躍進運動からプロレタリア文化大革命

大躍進運動と「教育革命」

康生は1956年に政治の舞台に再登場する。54年2月に「高崗・饒漱石事件」〔53頁参照〕が明るみに出て、康生を精神的に追い詰めていた饒漱石が失脚し、56年9月には再登場の舞台としてふさわしい中共第8回全国代表大会（第8回党大会）の開催が予定されていたのである。しかし第8回党大会では、康生は長期療養が響いて、政治局委員から政治局委員候補に降格となり、それに伴って党内序列もかつての部下たちの後塵《こうじん》を拝するようになった。

康生は1957年に文教政策を担う中央文教小組副組長に任命された。翌58年に毛沢東直々の号令の下で、大規模な生産増強運動である大躍進運動が発動された。大躍進運動の特徴の一つは、近代的な科学の知見に基づく合理的手段が軽視され、中国の膨大な人口に頼る人海戦術方式が重視されたことだ（石川忠雄ほか、1979: p. 4）。こうした特徴を具現化したものとして、全国民を動員し、昔ながらのレンガ造りの溶鉱炉を用いて鉄鋼を大増産しようとした「土法高炉運動」を挙げることができる。

康生は積極的に大躍進運動を支持し、文教政策と関連付けて「教育革命」を提唱するようになる。康生は、近代的な科学の知見に基づく合理的な手段への軽視に合わせるように、授業時間を大幅に減らすように提唱した。その上で、人海戦術方式への重視に合わせるように、全国の児童や学生が「土法高炉運動」に参加したり、全国の大学や高校が独自に工場を設置したりすることを奨励したのである。当時の児童や学生の「教育革命」への熱狂ぶりは、康生の視察を受けたある小学校の児童の次のような作文にも表れているだろう。「康おじさんが帰った後、私たち全ての児童は3日以内に生産大隊に行き勤労奉仕を半日間行ない、託児所の小さな子どもたちのために奉仕を半日間行ないたいと要求した」(劉習文、1958: p. 27)。

しかし、大躍進運動は次第に破局の色を濃くしていく。「土法高炉運動」によって生産された鉄鋼の大半が使い物にならなかった上に、人民公社化の進んだ農村部を中心に多くの国民が飢餓に直面するようになったのである。康生が提唱した「教育革命」も、大学や高校が設置した工場の多くが閉鎖されるなどして行き詰まった。意外かもしれないが、康生は当時、大躍進運動や「教育革命」がもたらしたこうした事態を踏まえて、是正に乗り出していたのである。たとえば康生は1958年末に三つの医科大学からの報告を聴いた際、以下のように注意している。

「「左」の気分があるようだ。(筆者注:「土法高炉運動」への参加といった)専門と直結しない労働を減らすべきだ」(中略)「今学期は勉学が少ないようだ。一時的なら良いが、長期的にはダメだ。現在、制限なく休講しているのもダメだ」(陳徒手、2011: p. 49)。

前述のように、康生の元部下・曽彦修は、康生が頭脳明晰であり、「真実の状況」について伝えられても、「我慢強く聞き入れる」ことができたと指摘している。おそらく部下から「教育革命」の行き過ぎを是正すべきだと進言された際、康生はそうした進言を「真実の状況」に合致していると判断して、「教育革命」を鼓吹してきた当事者としてのプライドを押し殺し、「我慢強く聞き入れる」ことにしたのだろう。

もっとも、康生は毛沢東の注視する場面では、態度を一変させている。1959年7月、8月に開催された廬山《ろざん》会議（政治局拡大会議と第8期8中全会）に際して、当時国防大臣だった彭徳懐《ほうとくかい》が大躍進運動を厳しく批判する書簡を毛沢東に送り、外交省次官だった張聞天《ちょうぶんてん》らが彭に同調すると、毛の怒りを買った。康生は、元来彭徳懐らと同様に大躍進運動がもたらした事態を憂慮していたはずだが、毛沢東の歓心を得るために、彭らが「クラブをつくって、陰謀活動を行ない、反党グループを組織している」などと率先して糾弾したのである（林青山、1996: p. 156）。

その後、彭徳懐ら以外にも、大躍進運動に批判的な幹部が次々に「右派」や「右翼日和見主義者」というレッテルを貼られて批判されるようになった。大躍進運動の是正の機会はみすみす失われてしまったのである。こうして経済状況は悪化の一途をたどるようになり、ついには数千万もの餓死者を出すまでになった。

一方、驚くべきことに、康生は少なくとも文教政策の場では、知識人への「右派」や「右翼日和見主義者」といったレッテル貼りや批判を抑制しようとしていたのである。たとえば1960年5月に北京市の大学関係者は会議の場で、康生の指示を以下のように伝えている。

「かつては一般的に吊るし上げが少なからずあり、批判が多過ぎた。今後は二度と批判闘争を行なうべきではない」。（中略）「労働者階級の知識分子の隊伍はすでに基本的に形成されている。知識分子の社会では国際修正主義（筆者注：ソ連共産党による西側諸国との平和共存、及び階級闘争の放棄を指す）の思潮の影響が小さいので、批判が多過ぎることがあってはならない」（陳徒手、2011: p. 49）。

曽彦修は、康生について「『両面派（筆者注：裏表のある人物）』であって、凶悪な部分を見るだけではダメだ」「人目のあるなしで行なうことが変わっているだけだ」と指摘している（曽彦修、2009: p. 42）。要するに、康生は人目のある場面では、自らの党内序列の上昇や権勢の拡大のために迫害を行なうけれども、人目のない場面では、必ずしもそうではないというのである。曽彦修のこうした指摘を踏まえれば、文教政策という人目のない場面、すなわち毛沢東の注視のない場面では、康生は客観的に問題を把握し、解決に向けて必要かつ合理的な手段を選択できていたということになるだろう。康生は単なるサディストではなかったのである。

小説『劉志丹』事件

大躍進運動によって数千万もの餓死者が発生したために、ついに毛沢東自身も1962年1月の七千人大会（党中央工作会議）の席で、同運動の過ちの一部について自己批判を行ない、政治の第一線から暫時引き下がらざるを得なくなった。こうして59年4月に党内序列第2位の劉少奇が毛沢東に代わって国家主席に就任し、序列第6位の鄧小平《とうしょうへい》らとともに実権を掌握して、経済調整政策、すなわち自由市場や農業生産の請負制などを一部認める政策を推進していくことになる。経済調整政策のおかげで、全国の飢餓状態は解消に向かった。

毛沢東は政治の第一線から引き下がったものの、虎視眈々《こしたんたん》と劉少奇や鄧小平ら実権派の失墜と自らの復権を目論んでいた。この毛沢東の目論見にいち早く応えたのが康生だ。康生が最初に標的にしたのは、前述のように「搶救運動」や土地改革に際して自らを怒らせる行動をとった習仲勳だった。

ここで習仲勳の人脈について見ていこう。第一次国共内戦期（1927－37年）に、習仲勳は上司である高崗や劉志丹に付き従って、陝西省を中心とする中国西北部の根拠地の発展のために尽力していた。劉志丹は戦死したが、生き残った高崗は中華人民共和国の成立前後より、中央東北局トップ（書記）や国家副主席などを歴任するようになった。しかし高崗が饒漱石と「反党連盟」を結んで、党と国家の指導権を奪おうとしたとされる事件、すなわち「高崗・饒漱石事件」［53頁参照］が1954年2月に明るみに出ると、高は失脚して自死に追い込まれた。習仲勳は当時、高崗の直属の部下ではなかったこともあり、「高崗・饒漱石事件」に連座することを免れたとはいえ、元来、高の人脈に連なっていたために、毛沢東からマークされるようになる。

中華人民共和国の成立当初、習仲勳は中央西北局トップ（書記）彭徳懐の直属の部下だった。習仲勲は、前出の廬山会議では彭徳懐と同じ西北組に属しており、彭のように行動に移すことこそなかったものの、大躍進運動に対して批判的な見解を抱いていた。しかし彭徳懐が毛沢東の反撃によって失脚に追い込まれると、習仲勲は我が身に累が及ぶのを恐れて、彭への批判に唱和せざるを得なくなる。こうして習仲勲は失脚こそ免れたものの、高崗に加えて、彭徳懐の人脈にも連なっていたために、毛沢東からのマークはよりいっそう厳しくなったにちがいない。それだけに康生としても標的にしやすかったのだろう。

習仲勲は、立場が危うかったにもかかわらず、河南省《かなん》長葛《ちょうかつ》県における実地調査に基づいて、1961年春に大躍進運動の過ちを是正すべきだと建議する。一方、七千人大会後、毛沢東は巻き返しを図り、62年9月の第8期10中全会で、プロレタリア文化大革命（以下、文化大革命）の出発点とされる「絶対に階級と階級闘争を忘れてはならない」という指示を出すことにした。こうして習仲勲の建議は「右傾」の「単幹風（個人経営の風潮）」とされて、習の失脚の一因となったのである。

もっとも、習仲勲が失脚した直接的な要因は、小説『劉志丹』事件に関与したことにある。小説『劉志丹』事件のあらましについて見ることにしよう。高崗の死後、劉志丹の義妹が小説『劉志丹』の執筆を計画して、習仲勲に相談を持ち掛けた。小説『劉志丹』の一部が各紙に掲載されると、当時、雲南《うんなん》省トップ（党委員会第一書記）を務めていた閻紅彦《えんこうげん》は、劉志丹を描くことを通して、高崗の名誉回復を目論んでいると見なし、康生への報告に及んだ。閻紅彦のグループはかつて中国西北部の根拠地で、劉志丹や高崗、習仲勲らのグループと革命路線をめぐって対立した挙句、彼らに対して拷問を伴う粛清まで行なっていたのである。康生が閻紅彦の報告に飛びついたのは言うまでもない。習仲勲の建議が「右傾」の「単幹風」と批判された第8期10中全会の席で、康生は畳みかけるように小説『劉志丹』を持ち出した。そして習仲勲が高崗の名誉回復のために「先頭に立って采配を振るっている人物」にして「反党の大陰謀家・大野心家」であると決め付け、執筆の相談を持ち掛けられただけの習の責任が最も重大だとしたのである。最終的に毛沢東が康生のメモに基づき「小説を利用して反党活動を行なうとは一大発明である」と言明したことにより、習仲勲の失脚は決定的なものになる（柴田哲雄、2016: pp. 133–138, 187–188）。習仲勲の「反党活動」に連座して、失脚や迫害を余儀なくされた者は、最終的に数千名にまで上った（ジョン・バイロンほか、2011: 下巻 pp. 95–96）。他方、康生は小説『劉志丹』事件を摘発するなどの功績により、1962年に中央書記処トップ（書記）に昇進している[20]。

なお、習仲勲は1966年に文化大革命が始まると、様々な迫害を被るようになった。息子の習近平も父親の巻き添えを食って同様の目に遭っている。もっとも習近平は文化大革命に対して、一部の現象を除くと、概ね肯定的な態度をとってきた。そのためだろうか、習近平政権によるウイグル族に対する昨今の「ジェノサイド」などに文化大革命の影響を認めることができる。

プロレタリア文化大革命の発動と組織

劉少奇や鄧小平は七千人大会後、実権を掌握して経済調整政策を推進した。しかしこれに不満を抱く毛沢東は、虎視眈々と劉少奇や鄧小平ら実権派の失墜と自らの復権を目論んでいた。その目論見を本格化させたものこそが文化大革命だ。

前述のように、文化大革命の出発点は、1962年9月の第8期10中全会での「絶対に階級と階級闘争を忘れてはならない」という毛沢東の指示だった。次いで64年から65年にかけて、学術・文芸界で文化大革命の狼煙《のろし》が上がる。中央高級党校校長などを歴任した楊献珍《ようけんちん》の哲学が、階級闘争を強調する毛沢東思想とは相容れないとして批判されたのである。

また当時、北京市副市長を務めていた歴史家・呉晗《ごがん》の『海瑞免官《かいずいめんかん》』という新作京劇が、前出の廬山会議で失脚した彭徳懐の名誉回復を図っているとして批判されたのである。ちなみに康生は楊献珍と呉晗に対する批判に積極的に関与している。毛沢東は満を持したように66年より文化大革命の本格的な発動に踏み切った。

文化大革命を実質的に指導していたのは、1966年5月に設置された中央文化革命小組だ。中央文化革命小組は毛沢東夫人・江青らによって掌握され、康生はその顧問となっている。康生は文化大革命が発動された当時、日本人の訪問客の目には、尋常ならざる精神力がみなぎっているように映っていた。(21) 康生はこうした精神力によって、劉少奇や鄧小平らの実権派を含む数多の幹部を迫害したが、それに比例するように権勢を拡大している。康生は66年、造反派に情報機関の党中央調査部の部長・孔原《こうげん》らを迫害させて、同部を掌握した。(22) さらに69年4月に政治局常務委員に選出され、70年9月には中央組織宣伝組長に就任して、組織と宣伝という二つの権力を掌握するようになったのである。

もっとも康生がどれだけ権勢を拡大しようと、標的は一定以上の地位にある幹部なだけに、迫害に当たっては、中共を裏切ったりスパイを働いたりしたという「証拠」を示さなければならなかった。そうした「証拠」を集める役割を主として担ったのが、康生の掌握する党中央調査部や、康らに忠実な謝富治の掌握する公安省だった[23]。

特に劉少奇をはじめとする最高クラスの幹部の「証拠」を集める役割を担ったのは、1966年5月に設置された中央特捜事件審査小組だ。中央特捜事件審査小組の下では、個々の幹部を担当する専門チームが編成されていた。

中央特捜事件審査小組について見ていこう。中央特捜事件審査小組には、党中央調査部や、公安省、人民解放軍などから出向したスタッフが配属されていた。スタッフの正確な総人数については不明だが、少なくとも700から800人は下らないだろうと見積もられている[24]（胡治安、2014: p. 28）。中央特捜事件審査小組には三つの特捜事件弁公室が設けられており、それぞれ党・政府の幹部、人民解放軍の将校、公安・検察・司法機関の幹部を担当していた（張嵩山、1994a: p. 23）。中央特捜事件審査小組のトップは周恩来だったが、康生や江青、謝富治らが個々の幹部を担当する専門チームを直接指揮していた。そのため周恩来が、拷問によってでっち上げの罪を自白させて「証拠」とすることを中止するようにという指示を出しても、効力に限界があったのである（金冲及、2001、邦訳：下巻 p. 254）。

劉少奇と鄧小平をめぐって

最高クラスの幹部への迫害の号砲となったのは、1966年5月に北京大学哲学部総支部書記らによって作成された壁新聞だ。[25] 壁新聞は「あらゆる牛鬼蛇神《ぎゅうきじゃしん》(筆者注：妖怪)、あらゆるフルシチョフ風の反革命修正主義分子を断固として、徹底的に、きれいさっぱり、全て殲滅《せんめつ》すべきである」といった趣旨を訴えていた。壁新聞は、康生が背後で画策し、夫人の曹軼欧が直接支持したことで世に現れるに至ったのである(「中共中央批転中央紀律検査委員会関於康生・謝富治問題的両個審査報告〈1980・10・16〉」p.427)。

毛沢東の最大の打倒対象は、国家主席で党内序列第2位の劉少奇だった。当時、康生の秘書だった黄宗漢《こうそうかん》によると、少なくとも文化大革命の発動直後の段階では、康は劉少奇が迫害されるとは思いもよらなかったようである。[26] しかし毛沢東が劉少奇を徹底的に打倒する意向をもっていることが判明するや、康生は劉の罪状の「証拠」集めに奔走する。康生は劉少奇の外堀を埋めるために、1966年に「六十一人裏切り者事件」をでっち上げた。「六十一人裏切り者事件」で標的になったのは、当時、国務院副総理だった薄一波《はくいっぱ》や党中央組織部長だった安子文《あんしぶん》らだ。

薄一波

「六十一人裏切り者事件」の背景について見ていくことにしよう。第一次国共内戦期に、薄一波や安子文ら中共党員61名が国民政府当局によって天津で逮捕され投獄された。薄一波ら61名は、1936年から37年にかけて、当時中央北方局トップ(書記)だった劉少奇の指示に基づき、偽装転向、すなわち中共を裏切り国民政府に寝返るという趣旨の偽りの声明文を新聞紙上に発表して、出獄を勝ちとった。

無論のこと劉少奇は薄一波らに偽装転向を指示するに当たって、当時名目上中共トップの地位にあった張聞天の承諾を得ていた。康生もそれについてはよく承知している[27]。しかし康生は、薄一波らの裏切りは偽装などではなく、本物であったという筋書きをつくることによって、薄らに指示を与えていた劉少奇も中共の裏切り者にちがいないという類推を可能にしようとしたのである。

なお、文化大革命に際して、薄一波の息子の薄熙来《はくきらい》も習近平と同様に、父親の巻き添えを食って様々な迫害を被った。ただし薄熙来も習近平と同様に文化大革命期を含む毛沢東時代に対して、概ね肯定的な態度をとってきたためだろうか、2007年に重慶市トップ（党委員会書記）に就任すると、毛沢東時代に回帰したかのような政治キャンペーン、すなわち「唱紅」と「打黒」を展開している〔180頁参照〕。薄熙来は習近平とは幼い頃から知り合いだったが、数十年の歳月をへて習の政敵になった。薄熙来は、当時中央政法委員会トップ（書記）を務めていた周永康と組んで、習近平に対してクーデターを企てようとしたのである。もっとも2012年2月の王立軍《おうりつぐん》事件〔182―183頁参照〕を機に、薄は周永康とともに失脚を余儀なくされている。

話を元に戻すことにしよう。

康生は、劉少奇が中共の裏切り者であるという決定的な「証拠」をでっち上げるために、劉が1929年8月に瀋陽《しんよう》で逮捕されたことに着目して、その際、劉が中共を裏切り国民政府に寝返ったという筋書きをつくる。筋書き通りに関係者から供述をとるのは、中央特捜事件審査小組のスタッフの役目だ。

中央特捜事件審査小組のスタッフは1967年4月、劉少奇と密接な関係を保ってきた安子文に、劉が中共を裏切ったことを供述するように迫った。しかし安子文から拒否されたために、康生は安を失脚に追い込んで投獄した。その後もスタッフは安子文に対して、再三にわたり釈放と公職への復帰を餌に供述を迫ったものの、拒否される。そこで康生はスタッフに劉少奇のかつての部下らを拷問させて、かつての部下らに劉の裏切りを供述させることにした（林青山、1996: pp. 306-310）。こうして劉少奇は、68年10月に開催された第8期12中全会で「裏切り者・敵の回し者・労働者階級の裏切り者」と正式に断罪されて、党籍を永久に剝奪され、翌69年11月に虐待の末に病死するに至る(28)。

なお、文化大革命に際して、劉少奇の息子の劉源《りゅうげん》も習近平や薄熙来と同様に、父親の巻き添えを食って様々な迫害を被った。劉源と習近平は幼馴染であり、両者の密接な交流は今日まで続いている。劉源は人民解放軍の最高位である上将になったが、昨今の習近平政権の日米に対する強硬な姿勢などは、劉の影響によるものと見られている（『朝日新聞』2013年2月4日付け朝刊）。

一方、毛沢東は、劉少奇に次ぐ打倒対象だった鄧小平に対しては、劉と違って最低限の庇護を与えている。鄧小平は紅衛兵から劉少奇ほどひどい扱いを受けることがなく、夫人とともに1967年から約2年間、中南海の自宅で軟禁処分に付されていたのである。また前出の第8期12中全会では、劉少奇だけでなく鄧小平からも党籍を剝奪すべきだという声が上がったが、毛沢東直々のとりなしによって、党籍だけは保留されていた。

康生は1950年代前半に5年以上もの間、政治の舞台から退いていたが、黄宗漢によると、56年に再登場した際に頼りにしたのが、第一に毛沢東であり、第二に鄧小平だった（閻長貴、2013: p. 46）。実際、康生は鄧小平と一時行動を共にしている。康生は63年7月に鄧小平を団長とする中共代表団の一員としてモスクワに赴き、ソ連側とイデオロギー問題をめぐる交渉に当たった。また中ソ論争が始まると、康生は鄧小平とともに中国側の執筆集団に対する指導を担っていたのである。しかし康生は鄧小平とのこうした緊密な関係を顧みることなく、鄧も標的にする。

ただし、毛沢東が鄧小平に対して最低限の庇護を与えていただけに、康生は鄧に対しては、中共を裏切ったという事件をでっち上げることができなかった。そこで康生の指示の下、中央特捜事件審査小組のスタッフは、鄧小平の裏切りの確たる証拠をつかむために、鄧の足跡をたどって全国に散らばり、関係者から聞き取り調査を行なうなどしたのである。しかし無駄足を重ねているうちに、鄧小平は1969年10月、江西省新建《しんけん》県に送られて、トラクター修理工場での労働を命じられることになった（張嵩山、1994b: pp. 8–9）。そうしたことから、康生は鄧小平に対しては、単に資本主義の復活を図ったことを意味するだけの「フルシチョフのような人物」というレッテルを貼ることしかできなかったのである（「中共中央批転中央紀律検査委員会関於康生・謝富治問題的両個審査報告〈1980・10・16〉」p. 431）。

その後、鄧小平は1973年3月に周恩来の計らいで劇的な復活を遂げた。それでも康生は鄧小平への迫害を諦めようとはしなかった。康生は死去直前の75年10月、毛沢東との最後の面談に際し、鄧小平が文化大革命を否定しているとして、鄧の失脚を求めたのである（ジョン・バイロンほか、2011: 下巻

pp. 267–268)。

迫害の規模

さて、康生は最終的にどれくらいの人数の最高クラスの幹部を迫害したのだろうか。陳雲によると、その人数は総計で600名以上に上った（徐行、2014: pp. 54–55)。党中央の中核とも言うべき中央委員や中央委員候補を取り上げても（政治局委員や政治局常務委員はいずれも中央委員のなかから選出される）、康生によって迫害された幹部は驚くべき比率に上っている。康生が1968年7月に江青宛に送った極秘書簡には、中共第8期中央委員、及び中央委員候補の失脚リストが記載されていた。そのうち裏切り者・スパイ・外国との内通者などは89名、過ちを犯した者・経歴を考査すべき者は29名、「靠辺站《カオビエンチャン》（職務解任）」の者は7名となっている。病気療養者や死亡者の31名を除くと、中共第8期中央委員、及び中央委員候補全体の実に71パーセントがリストアップされていたことになる。康生や江青、林彪《りんぴょう》（劉少奇に代わって党内序列第2位となる）らは実際にこのリストに基づいて、中央委員や中央委員候補を次々に迫害したのである[29]（「中共中央批転中央紀律検査委員会関於康生・謝富治問題的両個審査報告〈1980・10・16〉」pp. 433–434）。

康生が主導した最高クラスの幹部への迫害のなかには、広範な大衆の犠牲を伴うものもあった。1968年に引き起こされた「趙健民《ちょうけんみん》特務事件」や「内モンゴル人民革命党事件」がそれに該当する[30]。「趙健民特務事件」では、康生らの画策によって、当時、雲南省党委員会書記処書記の趙健民が失脚を余儀なくされた（雲南省トップの閻紅彦は迫害に耐えかねて自死している）。雲南省では造反派が「趙健民国民党雲南特務グループの計画」を追及する過程で、造反派同士の対立もあいまって、幹部のみならず広範な大衆も巻き込んで大規模な粛清を行なうに至った。

雲南省党委員会の公式発表によると、最終的に査問を受けた者は約138万7000人（巻き添えを食った直系親族は除く）、起訴された者は約17万6000人、拷問による死者は約1万7000人に及んだ。雲南省統計局によると、同省の全人口は1970年の時点で約2500万人だったことから、およそ同省の全人口のうち最低でも約7パーセントもの人々が迫害されたことになる。

「内モンゴル人民革命党事件」では、康生らの画策によって、内モンゴル自治区トップ（党委員会第一書記）などを歴任したウランフが、モンゴル民族主義の立場に立って、中国の分裂を図ったとして失脚を余儀なくされた。その際、ウランフの主要な活動母体とされたのが内モンゴル人民革命党である。内モンゴル人民革命党そのものは、かつて実在したモンゴル民族主義に基づく政党だ。コミンテルンとモンゴル人民共和国の援助の下で創設され、休眠状態を経て、第二次世界大戦の終了直後に再結成された。ただし中華人民共和国成立の直前に、ウランフの働きによって解党に追い込まれ、中共に吸収されている。にもかかわらず、造反派は、内モンゴル人民革命党がなおも秘密裏に存続しているとするでっち上げに基づき、同党員と見なした人々に対して大規模な粛清を行なったのである。

最終的に約34万6000人が内モンゴル人民革命党員と見なされ、そのうち約2万7900人が殺害され、約12万人が身体に障害を負うに至った。被害者のほとんどはモンゴル族だった。当時の内モンゴル自治区の総人口約1300万人中、モンゴル族は約150万人に過ぎなかったことから、実に5人に1人以上のモンゴル族が迫害されることになったのである。

毛沢東との関係

さて、康生が文化大革命に際して、最高クラスの幹部から大衆に至るまで大規模な迫害を手掛けたのは、康の元部下・曽彦修が指摘するように「ソ連から学んできた」ためにほかならないだろう。康生がモスクワに滞在していた前後、内務人民委員のベリヤらは政府要人から大衆に至るまで大粛清を実行して、社会を恐慌状態に陥れることにより、スターリンへの個人崇拝の高潮に寄与した。康生は「搶救運動」に際しては、あくまでも中共内で迫害を行なって、中共内で恐慌状態を引き起こし、中共内で毛沢東の絶対的権威を確立しただけだった。一方、文化大革命に際しては、中共内外で大規模な迫害を行なって、中共内のみならず、社会全体も恐慌状態に陥れることにより、毛沢東への個人崇拝を絶頂にまで推し進めようとしたのである。

無論のこと康生は、そうしたことを熱望する毛沢東の歓心を得ることによって、自らの党内序列の上昇や権勢の拡大も狙っていた。毛沢東への個人崇拝が絶頂に達した頃、康生はついに毛の寵臣《ちょうしん》となるに至る。それは以下のような光景からも明らかだろう。

その時、康生が立ち上がって、トイレに小便しに行った。毛沢東は「李《り》作鵬《さくほう》（筆者注：林彪側近の海軍軍人であり、当時政治局委員を務める）、おまえはちょっと康老（筆者注：老は老人に対する敬意と親しみを表すための呼称）を手伝ってあげなさい」と言った。こうして李作鵬は言い付け通りに康生の小便を手伝わざるを得なくなった。政治局委員に康生の小便を手伝わせるという光景は、そう多く見かけるものではない。

康生が席を離れている間、毛沢東は突然、康を褒め始めた。毛沢東は次のように言った。「康生はソ連にいた時、王明に反対していた。断固とした反王明分子だ。延安に戻ると、王明と闘い……」。ここまで話すと、康生が戻ってきた。毛沢東は康生に対して次のように言った。「君はモスクワにいた時、王明に反対していた。君は正しい側に立っていた」[31]（呉法憲、2008: 下巻 p. 836）。

康生がモスクワにいた時分、王明を熱心に支持していたことを、毛沢東が知らないはずはない。毛沢東があえてそのように言ったのは、康生が王明を支持した過去を公的に抹消するためだろう。当時の毛沢東の発言は絶対だったために、客観的な証拠よりもはるかに重みがあったのだ。

康生は毛沢東の寵臣となることによって、1973年8月の第10期1中全会で、癌《がん》に侵されながらも、ついに党中央副主席に選出され、毛、周恩来に次ぐ党内序列第3位となる。康生はそれから2年余りたった75年12月に死去したが、葬儀に際して「中国人民の偉大なプロレタリア階級革命家」などと称える最高級の弔辞が捧げられている。

「人間」らしい側面

ところが、康生の死後から数年たつと、事態は一変する。毛沢東の死後、毛の後継者として中共トップに立った華国鋒《かこくほう》に代わって、鄧小平が実権を掌握すると、文化大革命は全面的に否定されるようになった。さらに康生についても、1980年10月に正式に弔辞が取り消され、党籍まで剝奪されるに至ったのである。

また前述のように、康生は陳雲によって「鬼であって人間ではない」と評され、林青山やジョン・バイロンら伝記作者によって「迫害狂」や「地獄の王」などと称されるようになった。こうして今日、康生は常軌を逸したサディストとしてのイメージだけが定着するようになったのである（そうした一面があるのは事実だが）。

しかし、康生は文化大革命に際して、一部の最高クラスの幹部への迫害を抑止しようと尽力したこともあった。たとえば、山東省トップ（党委員会第一書記）だった譚啓龍《たんけいりゅう》が造反派による迫害に耐えかねて、1967年12月に党中央に救いを求める手紙を送ったところ、康生は関係者に次のような指示を出している。「ジェット式（筆者注：腰をかがめて頭を下げ、両腕を後ろに伸ばす姿勢）や土下座を強要したり、殴打したりするなどの方針に違反する行動を厳しく禁じ、忍耐心をもって大衆を教育すべきだ」と。譚啓龍は文化大革命後に手記を発表した際、康生が死後に党籍を剝奪されたせいだろうか、自らに救いの手を差し伸べたのは周恩来だったとしているが、事実はそうではなかったのである。

また最高人民法院副院長だった呉徳峰《ごとくほう》は、造反派によって批判闘争に引き出されたものの、当時すでに70歳を超え、持病もあったことから、造反派のなかからも中止すべきだという声が上がっていた。そこで呉徳峰に対してどうすべきか党中央の判断を仰ぐことにしたところ、康生は以下のような指示を出している。

呉徳峰同志は思想や態度に多くの欠点、甚だしきに至っては多くの過ちがある。解放後の彼の工作については承知していないが、表面的には役人風をたっぷり吹かせているように見える。しかし彼が上海や西安の国民党支配地域で行なった秘密工作には、有益なものもあったし、党に忠実なものもあった。そこで私は彼に対しては批判しつつ保護すべきだと考える。（中略）彼の病気は重いということなので、適切に世話をすべきである。

康生は中央社会部長を務めていた際、呉徳峰の秘密工作について把握していたことだろう。上記の指示からは、康生が呉徳峰に対して同志としての感情、換言すれば「人間」らしい感情をある程度抱いていたことが見てとれるだろう（余汝信、2011）。

前述のように、康生の元部下・曽彦修は、康は人目のある場面では、自らの党内序列の上昇や権勢の拡大のために迫害を行なうけれども、人目のない場面では、必ずしもそうではないと指摘している。曽彦修のこうした指摘を踏まえるのなら、譚啓龍や呉徳峰の場合には人目がなかった、すなわち毛沢東や林彪、江青らの注視がなかったために、康生も「人間」らしい感情を示し得たということになるのだろう。こうした推測が的を射ているかどうか定かではないが、いずれにせよ、康生を客観的に分析するためには、曽彦修が指摘するように、「鬼」や「迫害狂」「地獄の王」が象徴するような「凶悪な部分を見るだけではダメだ」と言えるだろう。(32) もう少し康生の「人間」らしい側面にも注目する必要があるのではないだろうか。

江青を告発

文化大革命が発動されると、康生は中央文化革命小組顧問となって江青グループを支えたが、1974年末、康は江を中共の裏切り者として告発する。康生と江青の関係性とは一体どのようなものだったのだろうか。両者の文化大革命期における関係性の変遷を見ることにしよう。

江青

江青の秘書だった楊銀禄《ようぎんろく》によれば、康生は江に用事があってもなくても、頻繁に江のもとを訪れ、江から映画鑑賞に招待されると、事情が許す限り必ず出向いていたという（楊銀禄、2012: p. 20）。こうしたことからも明らかなように、康生は当初、江青に熱心に取り入っていたと言ってよいだろう。一方、江青は康生について、常々以下のように評していたという。

康生同志は優れた見通しと高い見識があり、工作に際しては度胸もある。彼はよく勉強し、理論のレベルも高く、問題を見る目も確かだ。しかし実践経験が少なく、指導工作には精通していない（呉法憲、2008: 下巻 p. 754）。

江青にとって、康生は優れた知恵袋のような存在だったことがうかがえるだろう。

しかし、楊銀禄によると、1970年8月、9月に開催された「第9期2中全会以降、康生の江青に対する態度は（中略）明らかに変化するようになった」（楊銀禄、2012: p. 20）。69年4月の中共第9回全国代表大会で、毛沢東は林彪を後継者に指名したものの、毛は急速に勢力を増す林彪グループから潜在的な脅威を覚えるようになった。そこで第9期2中全会で、毛沢東は林彪グループへの批判に踏み切り、康生や江青グループも毛に同調した。もっとも康生はその直後に、毛沢東が林彪グループと最終的に和解して、江青グループを見限るのではないかという疑心暗鬼に駆り立てられたことから、江と距離を置こうとしたのである[33]。

1971年9月、林彪事件、すなわち林が毛沢東の暗殺に失敗して、逃亡途中にモンゴルで墜落死するという一大事件が起こった。林彪事件の後、党中央では江青グループと周恩来グループとの間で確執が深まるようになった。74年初め、康生は病身を顧みないで、江青グループによる周恩来失脚の画策を密かに手伝うようになる。当時、江青グループは孔子批判にかこつけて周恩来を批判していたが、康生はそれを支持しただけでなく、自らの執筆集団の責任者を江青に紹介するなどしたのである。

しかし同年後半以降、情勢が大きく変わる。7月の政治局会議の席で、毛沢東が江青を批判して、「彼女は私の代理ではない、彼女は彼女自身の代理なのだ」「江青には野心がある、王洪文《おうこうぶん》を委員長にして、自らは党の主席になるつもりなのだ」と言ったのである（梁紅伍、2009: p. 45）。

楊銀禄によれば、康生は「毛主席が江青に対して繰り返し厳しく批判したのを見て、江への態度を急激に変化させた」という。康生は当時、癌治療のために入院していたが、「江青の見舞いを拒絶し、たとえ会うことになっても、江によい顔をしなかった」（楊銀禄、2012: p. 20）。こうしてついに康生は、死去する1年前の1974年12月、周恩来が長沙に滞在中の毛沢東のもとへ報告に行くのに先立って、担架《たんか》に乗って周を訪ね、江青と張春橋《ちょうしゅんきょう》が裏切り者だと告発するに至ったのである。さらに毛沢東に仕える二人の若い女性を呼び出し、江青と張春橋が裏切り者だということを毛に伝えてほしいと依頼している（梁紅伍、2009: p. 45）。

もっとも、康生が周恩来に江青の裏切りを告発したからといって、江青グループから周恩来グループに鞍替えしたと解釈するのはまちがいだろう。前述のように、康生は死去直前の1975年10月の毛沢東との最後の面談に際して、周恩来の片腕であった鄧小平が文化大革命を否定していると忠告し、鄧の失脚を求めていたからだ。

遺志を継いだ李鑫

康生が1975年12月に死去すると、翌76年1月には周恩来が、9月には毛沢東が相次いで死去した。毛沢東が死去すると、江青グループは毛沢東の「既定方針通り事を運ぶ」という「遺訓」を振りかざして、自分たちへの権力の移行を主張した。しかし当時、国務院総理だった華国鋒らによって機先を制せられ、江青グループの主要メンバーである「四人組（江青のほか、政治局常務委員などを歴任した張春橋と王洪文、政治局委員などを歴任した姚文元《ようぶんげん》）」は10月に逮捕されてしまったのである。

華国鋒が「四人組」逮捕を決断する上で、康生の元秘書・李鑫《りきん》が大きな役割を果たしたと言われている。李鑫が最初に華国鋒に「四人組」逮捕を進言したとされているのである。[34]「四人組」逮捕後、康生の元秘書・黄宗漢は、李鑫が康生の遺志を継いだことを強調して「康生が「四人組」打倒に当たって影響を及ぼした」などと触れ回っていた（李伝俊ほか、2012: p. 6）。党中央宣伝部長などを歴任した保守派のイデオローグ・鄧力群《とうりきぐん》も、文化大革命に際して迫害を被ったにもかかわらず、黄宗漢のこうした見方を肯定して、以下のように述べている。

華国鋒の面前で最初に「四人組」逮捕を進言したのは、確かに李鑫である。（中略）李鑫の「四人組」との闘争は断固たるものだった。李鑫は李を保証してきた康生そのものだった（鄧力群、2006: p. 70）。

もっとも、康生の死後、康が党籍を剝奪されたことに加えて、華国鋒と鄧小平との権力争いに際して、李鑫が華を支持したこともあいまって、李に対する批判の声が上がるようになり、ひいては李が最初に進言したことまで否定する動きが出るようになる。[35]そのため李鑫は康生の死後、康の生前の計らいにより、党内調整を取り仕切る中央弁公庁の副主任にまで昇進していたが、解任は必至となった。それどころか党籍まで剝奪されかねない事態となる。そうした李鑫の窮地を救ったのが鄧力群らだった。その間の経緯について、鄧力群は以下のように述べている。

「四人組」打倒の後、私は胡耀邦《こようほう》に次のように言った。李鑫が華国鋒に付き従って「二つの全て（筆者注：毛沢東の意思決定と指示を断固擁護すること、要するに文化大革命の是正と古参幹部の名誉回復に消極的な路線）」を支持したことは宜《よろ》しくないが、「四人組」の問題では、李が（筆者注：最初に華に逮捕を）進言したのだ。李鑫が中央弁公庁副主任にとどまることは許されなくても、李鑫がこのような素晴らしい進言を行なったことを、我々は忘れてはならないだろう！　と。その後、李鑫は中国社会科学院で工作を行なうことになったが、胡耀邦同志の計らいによるものだった。中国社会科学院は前述の事情（筆者注：李鑫が最初に華国鋒に「四人組」逮捕を進言したこと）について知らなかったので、「整党（筆者注：文化大革命期にのし上った人物への粛清）」に際して、李鑫に党員再登録を許さなかった。私は李鑫の所属先の党委員会書記（女性の同志）にこうしたことを話し、次のように言った。我々が今日あるのは、李鑫が進言したことと関係がある。このことは無視してでも忘れてもいけないことだ！　と（鄧力群、2006: p. 70）。

こうした記述から、当時、鄧力群や胡耀邦、ひいては両者の背後にいた鄧小平が、いかに「四人組」逮捕に際しての李鑫の貢献を、非公式ながら評価していたかがうかがえるだろう[36]。また鄧力群のように「四人組」逮捕に際しての康生の間接的な貢献を、非公式ながら評価する者も党中央に一定数いたものと思われる[37]。

なお、李鑫は中央弁公庁副主任を解任されたものの、中国社会科学院に異動させられただけで済んだように、黄宗漢もまた康生の死後に就任した中央軍事委員会弁公庁副主任を解任されたものの、国防大学に異動させられるだけで済んだ。黄宗漢の場合には、康生が晩年、癌に侵されて病床にあり、署名しかできなかったことをよいことに、康の中央組織宣伝組長の職権を利用して、劉少奇や鄧小平に連なる実権派の最高クラスの幹部を監獄から解放したり、職務に復帰させたりしたのである。黄宗漢の自宅を訪れた者は「客間にいくつもの掛け軸が掛かっており、どれも高級幹部や名士が黄宗漢を称賛するものだった」と述べている（李伝俊ほか、2012: p. 6）。一方、同じ秘書でも康生とともに迫害しかしてこなかった斎景和《さいけいわ》は、康の死後に党中央組織部で要職に就いたものの、懲役17年、政治的権利剥奪4年の刑を受けている（「斎景和反革命案北京市中級人民法院刑事判決書〈１９８３〉中刑字第１０１号」）。

第2部　現代編

今日、中国において米国の中央情報局（ＣＩＡ）や英国の情報局秘密情報部（ＭＩ６）、旧ソ連の国家保安委員会（ＫＧＢ）に匹敵する代表的な情報機関として名を馳《は》せているのは国家安全省だ。英語名は、Ministry of State Security of the People's Republic of China、略称はＭＳＳ。国家安全省は機構上、政府に属しているが、実際には党が政府を指導するという原則の下で、中国共産党中央政法委員会の指導下に置かれている。そこで中央政法委員会のトップである書記が国家安全省の総元締めということになるだろう。

では、中央政法委員会とはどのような組織なのだろうか。中央政法委員会は、中華人民共和国の成立以来、その前身組織が様々な変遷を経てきた上で、１９８０年1月に正式に設置された。中央政法委員会が管轄するのは政府の情報機関だけではない。そのほかにも政府の治安・司法・検察機関なども管轄している。中央政法委員会のメンバーには国家安全大臣、公安大臣、司法大臣、最高人民法院長（最高裁判所長官に相当）、最高人民検察院検察長（検事総長に相当）らが含まれている。中央政法委員会トップには彭真《ほうしん》、陳丕顕《ちんぴけん》、喬石、任建新《じんけんしん》、羅幹《らかん》、周永康、孟建柱《もうけんちゅう》が就き、今日では郭声琨《かくせいこん》がその任に就いている。中央政法委員会トップは巨大な権力を握っているが、なかでも喬石と周永康（それに羅幹）は、党のトップ数名の政治局常務委員も兼ねていたことから、絶大な権力を握っていた（高強、2013: p. 356)。第3章と第4章で、喬石と周永康という二人の中央政法委員会トップについて見ていくことにしよう。

人名	任期	兼務している役職
彭真	1980 − 82年	政治局委員
陳丕顕	1982 − 85年	中央委員
喬石	1985 − 92年	政治局委員、政治局常務委員
任建新	1992 − 98年	中央委員
羅幹	1998 − 2007年	政治局委員、政治局常務委員
周永康	2007 − 12年	政治局常務委員
孟建柱	2012 − 17年	政治局委員
郭声琨	2017 −	政治局委員

図2　歴代の中央政法委員会トップ（書記）一覧

次いで、国家安全省について見ていこう。国家安全省の設置は意外に新しく、1983年7月だ。党に属する中央調査部と政府に属する公安省政治保衛局などが合併して、国家安全省が設置された。国家安全省の設置に至った理由については、様々な説がある。一説によると、鄧小平がプロレタリア文化大革命中、康生の指導下にあった党中央調査部に不満を抱いたためだと言われている。党中央調査部は鄧小平や劉少奇《りゅうしょうき》ら党幹部を陥れるための材料を収集するようになったのである。国家安全省が少なくとも機構上、党ではなく政府に属することになったのは、党内の政争から距離を置くための措置だとされている。

その他の理由としては、鄧小平が党中央調査部の国外での諜報能力に対して疑問を抱いたためだとも、また効率的に二重スパイを操るためだとも言われている。逮捕したばかりの台湾（中華民国）や外国のスパイを、本国の情報機関に悟られる前に、脅したりすかしたりして二重スパイとして取り込み、その本国の情報機関に潜入させるためには、国内での防諜工作と海外での諜報工作を同一の組織の下で管轄した方が、効率的に目的を達成できるだろう（翁衍慶、2018: pp. 106–107）。

欧米諸国の情報機関と同様に、国家安全省も、諸外国にスパイを派遣したり、外国のスパイを摘発したりするのは無論のことだが、そのほかにも中共による一党独裁体制に敵対的とされる勢力（民主化運動や法輪功《ほうりんこう》）、及び中国の分裂を画策するとされる勢力（チベット族やウイグル族の民族運動）などへの弾圧の一端も担っている。また中国各地の国家安全庁・局に膨大な数の工作員を配置して、国内に滞在する外国や台湾の記者、及び外交官などの活動を厳しく監視している。近年、北海道大学教授をはじめとする十数名の日本人がスパイ容疑で次々に拘束されてきたが、いずれも国家安全省当局によるものである。

こうした中国内外の様々な工作を直接監督してきた国家安全大臣には、どのような人物が就任してきたのだろうか。第5章では、国家安全省の歴代大臣、すなわち凌雲・賈春旺《かしゅんおう》・許永躍・耿恵昌《こうけいしょう》・陳文清の人物像について見ていくことにする。

第3章　喬石

第1節　学生運動と党中央対外連絡部

生い立ち

喬石は1924年12月に上海の一般家庭に生まれた。喬石は筆名であり、本名は蔣志彤《しょうしとう》である。喬石の原籍は現在の浙江《せっこう》省舟山《しゅうざん》市定海《ていかい》区だ。定海区は舟山群島の128の島から成っている。舟山群島は古来、海上交通の要衝であり、唐（618－907年）や宋（960－1279年）の時代から日中間を往来する船の寄港地として知られていた。喬石の祖父は島の街中で露店商をして生計を立てていた。祖父には三人の子どもがいて、二番目の子どもが喬石の父親になる。父親は少年時代に島を出て、上海に赴き、新式の教育を受けた後、家具店で会計係を務めていた。

喬石の人生に決定的な影響を及ぼしたのは、父親よりもむしろ母親だった。喬石によると「母親は私にとって最良の教師だった」。母親はわずか8歳の時から上海の紡績工場で働いてきたが、貧しさ

喬石（1924－2015）本名は蔣志彤。1940年、中共に入党。日本軍占領下・国民政府支配下の上海で学生運動に従事する。中華人民共和国成立後、国有企業での勤務を経て、党中央対外連絡部に勤務する。文化大革命期に迫害される。文化大革命終了後、85年に中央政法委員会トップ（書記）に就任し、中央規律検査委員会トップ（書記）、政治局常務委員などを兼職する。天安門事件に際しては、血の弾圧の回避を模索する。93年に全国人民代表大会トップ（常務委員会委員長）に就任すると、政府のチェック機能の強化に努める。（写真・朝日新聞社提供）

のあまり教育を受けられなくても、労働者としての誇りを抱き、正義を求めて立ち上がるような人物だった。たとえば喬石が生まれて間もなく、五・三〇事件〔63－64頁参照〕、すなわち1925年5月30日に上海で反帝国主義運動が起こったが、母親もそうした運動に参加している。

母親は当時、喬石を含めて4人の子どもを養うために、紡績工場で毎日十数時間も働かなければならなかった。それでも母親は、自らの衣食よりも、喬石ら子どもの学業の方を優先させていた。母親の影響からか、喬石は早熟な少年となり、貧富の格差などの社会矛盾に目覚めるようになる。喬石がわずか15歳で中国共産党（以下、中共）に入党した背景には、母親の影響があったと見てよいだろう

（趙天驕、2017: p. 43）。

抗日戦争下の潜伏

喬石は1937年に上海の名門・南方《なんぽう》中学（現在は敬業《けいぎょう》中学）に入学したが、ちょうどその直後の7月に盧溝橋《ろこうきょう》事件が勃発した[1]。中国国民党（以下、国民党）の指導下にある国民政府は、日本軍の侵略に正面から立ち向かう決意をし、長年にわたって第一次国共内戦を戦ってきた中共との間で、9月に第二次国共合作を正式に成立させた。こうしておよそ8年に及ぶ日中戦争が始まったのである。

喬石は教師に引率されて、毎日街頭に立って募金活動をしたり、傷病兵《しょうびょうへい》が収容された病院でボランティア活動をしたりした。しかし、そうした活動も空しく、上海防衛のために奮戦していた国民政府軍が力尽きて、ついに潰走を始めた。喬石はその知らせを耳にすると、走って自宅に戻り、泣き叫んだという。戦火は喬石一家も巻き込み、父親は失業してしまった。そのため喬石は学業を続けるかたわら、自活を強いられるようになる。

南方中学は当時、戦火を避けて、英米仏諸国が管轄する上海租界に移転していた。租界は当時、国民党や中共の抗日運動の舞台でもあった。喬石は国家の危機に直面すると、居ても立ってもいられず、中共の地下組織によって指導されていた「上海学生界救亡協会（以下、上海学協）」の活動にのめり込むようになる。喬石は、難民の冬着のための募金活動を装いながら、実際には中共軍を支援する活動などに携わった。こうした活動が評価されて、1940年8月に喬石はわずか15歳ながら、正式に中

共への入党が認められたのである。(2)

もっとも、喬石が中共の正式な党員になったといっても、それまで以上に積極的に活動に従事できたわけではない。日本軍政当局の圧力を受けて、租界当局が抗日活動の取り締まりを強めていた上に、1941年12月に太平洋戦争が勃発すると、租界も日本軍の占領下に置かれたからである。特に喬石は党員になる以前、上海学協の活動に積極的に参加していたために、マークされていた。

そこで喬石は当局のマークを避けるために、南方中学から光華《こうか》大学附属中学に転入して、二度と公然活動には参加せず、政治に対して無関心な態度を装うようになる。要するに潜伏して時機が来るのをひたすら待つことにしたのである。そうした状態のまま、喬石は中学を卒業して、華東聯合《かとうれんごう》大学文学部に進学した。また喬石は当局のマークを避けるために、蔣喬石という筆名を使うようになったが、国民党トップの蔣介石と同じ姓であることを嫌ってか、後に「蔣」の字を取り去って、喬石と名乗るようになった。

なお、喬石は時間的余裕があった学生時代と中華人民共和国成立後の地方での勤務時代に、レーニンの著作を読破した。しかもなんと3000枚余りものカードを作成し、各カードには達筆な字でタイトル、頁番号、内容の要旨、分類番号を詳細に記入していたのである。こうしたカードの作成は、書籍についての理解を深めさせるものだが、喬石もおそらくレーニン思想を深く理解するに至ったことだろう。またひいては独自のマルクス・レーニン主義観を育んでいったものと思われる。喬石のインテリぶりがうかがわれるエピソードだと言えよう。

第二次国共内戦下の地下工作

喬石は1944年9月に上海を離れて、安徽省淮南《あんきわいなん》の中共軍の根拠地に赴き、来るべき日本軍に対する武装蜂起に備えて、地下工作のための訓練を受けていたが、武装蜂起する前に、日本は降伏した(3)。しかし日本の降伏は中国にとって、平和の到来を意味したわけではなかった。日本という共通の敵を失った国民党と中共が対立を深め、第二次国共内戦が勃発したからである。

当時、上海は国民政府の支配下に置かれていたが、喬石は上海で八面六臂《はちめんろっぴ》の活躍を見せ、中共の勝利に大きく貢献している。戦後、上海の名門大学が疎開先の国民政府の戦時首都・重慶などから次々に上海に戻ってきたが、喬石はそうした名門大学の一つである同済《どうさい》大学の中共地下組織の責任者を務めていた。もっとも喬石は同済大学の正規の学生ではなく、聴講生に過ぎなかった(「喬石同志與同済大学」)。

喬石が同済大学の学生を扇動して起こした運動は、国民政府当局の弾圧を避けるために、一見すると非政治的な装いをしていたが、優れた政治的効果を発揮する。1947年冬、経済崩壊に寒波襲来が重なったために、上海では数百人の死者が出るに至り、同済大学のキリスト教学生団体が貧しい人々に冬着を贈るための募金活動を始め、校内で大きな反響を呼んだ。これに目を付けた喬石は、中共地下組織傘下の学生自治会に、キリスト教学生団体に合流して、積極的に募金活動を展開するように指示したところ、校内のみならず、社会にも大きな反響を呼んだ。募金活動は結果的に、市民の目に国民政府の無能ぶりを突きつけ、市民の抗議活動に火をつける役割を果たしたことから、延安にいた毛沢東からも注目されるようになる。

国民政府当局も手をこまぬいていたわけではない。国民政府当局は学生自治会が中共地下組織によって操られていることを把握していたことから、各校に学生自治会を規制するように要求した。同済大学当局もそれに従って、自治会の規制に乗り出し、中共シンパの学生を除籍などの処分に付した。

そこで喬石は「民主主義を勝ちとれ、迫害に反対せよ」をスローガンにして、学生を扇動し、授業ボイコットなどの抗議運動を展開することにした。同済大学学生の抗議運動に、上海学協も各校の学生を動員して全面的な支援に乗り出した。

こうしたさなかに「一・二九同済流血事件」が起こる。「一・二九同済流血事件」とは、１９４８年1月29日、喬石や呉学謙《ごがくけん》らの指示の下で、同済大学などの数千人の学生が、国民政府当局に請願デモを行なうために南京に行こうとしたところ、軍や警察と衝突して、数十人が負傷し、２００人余りが逮捕されたという事件である。ただし当時、学生を説得するために現場に駆け付けた上海市長が、学生に殴打されても発砲を固く禁じたために、死者は出ていない。しかし中共は負傷者や逮捕者が出たというだけで、大々的に「流血事件」として取り上げ、全国各地の党傘下の学生組織を通して、多数の学生を抗議運動に動員した。さらに「一・二九同済流血事件」を機に、上海の労働者まで国民政府当局に対して、大規模な抗議活動を行なうようになった。国民政府の支配は足元から崩れ出したのである。

なお、喬石夫人の郁文《いくぶん》（本名は翁《おう》郁文）についても触れておこう。郁文は１９２６年10月に現在の浙江省慈渓《じけい》市で生まれた。郁文は、喬石のような一般家庭の出身ではなく、蔣介石側近の陳布雷《ちんふらい》を叔父にもつ国民政府エリートの家庭の出身だ。郁文の母親は陳布雷の妹に当たり、父親は義兄・陳の重要な秘書を務めていたのである。陳布雷は元々ジャーナリストだったが、蔣介石にその才能を認められて抜擢され、20年以上にわたり蔣のブレーンとして重要な文書を代筆するなどしてきた。しかし48年11月、国民党が中共との内戦に敗れつつある状況のなかで、陳布雷は自死を遂げる。

郁文は、国民政府エリートの家庭の出身にもかかわらず、18歳になると家族に別れを告げて、日本軍の占領地域を経て、浙江省余姚《よよう》の中共の根拠地に向かい、党幹部を養成する魯迅学院に入学した。日中戦争当時の中共は国民政府よりも劣勢だったとはいえ、すでにそのプロパガンダ力は国民政府を凌駕《りょうが》しており、国民政府エリートの子どもにさえ、親族関係を断ち切らせて入党を決意させるほどのものになっていたのである。

陳布雷

喬石と郁文が知り合ったのは、第二次国共内戦のさなかのことだ。郁文は１９４６年5月から上海で、中共地下組織の指導下にある『聯合晩報』の記者を務めていた。『聯合晩報』を発行している新聞社は当時、喬石が中共の上層部と密かに連絡を取り合う際の拠点の一つだったことから、喬石はそこで郁文と知り合い、やがて恋愛関係に発展し、結婚することになったのである（呉興唐、2015b: p. 23）。

学生運動の指導者への処遇

　喬石は、１９４９年の中華人民共和国成立の前後から、浙江省杭州市党委員会青年委員会書記、中央華東局青年委員会統一戦線部副部長（上海で勤務）を歴任すると、54年に左遷と見紛《みまが》うような異動を命じられる。全く畑違いの国有企業での勤務を命じられたのである。遼寧《りょうねい》省に派遣されて、鞍山《あんざん》鋼鉄建設公司《こんす》工程技術処長（工程はテクノロジーの意）に任じられ、さらに甘粛《かんしゅく》省に派遣されて、酒泉《しゅせん》鋼鉄公司設計院長兼鋼鉄研究院院長などに任じられた。

　異動の背景には、何があったのだろうか。第一に、上海で活躍していた喬石ら学生運動の指導者は、中華人民共和国が成立すると、毛沢東をはじめとする党の主流派から、一転して胡《う》散臭《さんくさ》がられるようになったことが挙げられる。彼らは、その多くが労働者・農民階級の出身ではない上に（喬石の場合も、夫人の郁文がそうではない）、根拠地でみすぼらしい軍服を着て戦闘に加わった経験もなかったために、プチ・ブルジョワ階級の気風に染まっていると見なされたのである。それに加えて、彼らは、根拠地で整風運動〔73－74頁参照〕という中共党員の思想改造を目指した政治キャンペーンの洗礼を受けることがなかったために、いまだに「ブルジョワ階級の世界観」を引きずっているとされたのである。

　第二に、喬石は中華人民共和国の成立前後に、中央華東局に異動して、饒漱石《じょうそうせき》や潘漢年《はんかんねん》の指揮下に置かれたことが挙げられる。１９５４年から55年にかけて「高崗《こうこう》・饒漱石事件」〔53頁参照〕と「潘漢年・揚帆《ようはん》事件」［51－53頁参照］が相次いで起こり、喬石の上司に当たる饒漱石と潘漢年が失脚したのである。ただし喬石は高位ではなかったために、巻き添えを食って失脚するところまではいかずに、左遷に等しい異動だけで済んだ。仮に饒漱石や潘漢年が失脚していなければ、喬石も全く畑違いの国有企業に飛ばされることはなかっただろう。

喬石は1963年4月になって、ようやく自らの能力や経歴に相応《ふさわ》しいポジションに就くことができた。党中央対外連絡部の研究員になったのである。党中央対外連絡部は51年に設置され、各国の共産党や社会主義政党との連絡工作を担っていたが、70年代後半以降になると、改革開放の要請に応えるために、共産党や社会主義政党以外の政党との連絡工作にも当たるようになった。また党中央対外連絡部は一種の情報機関としての役割も担っている。

喬石が異動した当時、党中央対外連絡部には、かつて上海で地下工作に従事していた学生運動の指導者が集まっていた。そうした元学生運動の指導者は、租界があった上海で高等教育を受けられたおかげで、語学に堪能な者が多かったのである。なお喬石は英語に加えて、遼寧省や甘粛省での国有企業勤務の間にロシア語もマスターしていた（高新、1995: p. 105, 128, 131, 149）。喬石は1年間の研修の後、西アジア・アフリカ地域を担当する五処に配属された。処長は「一・二九同済流血事件」に際してともに活動した呉学謙だった。

プロレタリア文化大革命

喬石は党中央対外連絡部で充実した日々を過ごしていた。しかし1966年にプロレタリア文化大革命（以下、文化大革命）が発動されると、喬石もその嵐に巻き込まれてしまう。党中央対外連絡部長の王稼祥《おうかしょう》が失脚すると、前述のように、もとより胡散臭がられていた喬石や呉学謙らが迫害されるのも時間の問題となった。五処では、まず呉学謙が、上海の中共地下組織は腐敗している、その指導者は裏切り者だ、というレッテルを貼られた上で、紅衛兵《こうえいへい》によってジープで連れ去られた。紅衛兵は、上海の中共地下組織が弾圧を避けるために、中共の看板を掲げることなく、時に日本軍政当局や国民政府当局との妥協を余儀なくされていたことを取り上げて、二重スパイだった証拠だと一方的に決め付けたのである。

次いで、喬石と夫人の郁文も、紅衛兵によって迫害されるようになった（郁文も当時、党中央対外連絡部で勤務）。その時の情景を、当時の部下が以下のように記している。

　1967年初頭になると、「文化大革命」が盛り上がるようになった。ある日、私は党中央対外連絡部の大きな中庭で、喬石と郁文を「告発する」壁新聞を目にした。その内容とは、喬石の元来の姓は蔣であり、蔣介石と同郷であって、同じく「石」という字もある。郁文は蔣介石の「文胆《ぶんたん》（筆者注：政治指導者の演説や文章の執筆者）」である陳布雷の姪だ。結論とは、喬石と郁文の両者は国民党反動派の「孝子《こうし》賢孫《けんそん》」というものだった。読み終わると、私は、これはどういうことだ、党中央対外連絡部の多くの幹部は「出身がよくない」が、自らの家庭に反逆してまで、革命を行なってきたのではなかったのかと思った。喬石の元来の姓は蔣であるが、蔣介石とは全く関係がなかった。しかし陳布雷があまりにも有名だったことから、この壁新聞は党中央対外連絡部内でセンセーショナルなニュースとなった。その後、喬石は「隔離審査」を受け、郁文は「靠辺審査《カオビエン》（筆者注：職務解任の上での査問）」を受けることになった（呉興唐、2015b: p. 23）。

その後、喬石は前後二回にわたって「下放《かほう》（右傾化したと見なされた党の幹部や知識人を地方に送ること）」を強いられている。行き先は「五七幹部学校」だった。「五七幹部学校」とは、1966年5月7日付けの毛沢東の林彪《りんぴょう》宛の書簡を機に、幹部が重労働に従事して、政治意識を高め、官僚主義的・教条主義的作風を改めることを目的にして、全国各地に開設された農場だ(4)。

1971年1月、中華人民共和国成立後に外交官として活躍していた耿飈《こうひょう》が党中央対外連絡部長に就任すると、失脚したスタッフを復職させるために尽力した。そのおかげで喬石も「五七幹部学校」を出て、再び職務に就くことができるようになった（呉興唐、2015a: p. 22）。ちなみに79年1月に耿飈が中央軍事委員会常務委員兼秘書長に就任すると、若き日の習近平も秘書として耿に仕えている。

海外情報の収集と分析

喬石は復職すると、スピード昇進する。1978年2月に党中央対外連絡部副部長、82年4月に部長に就任した。さらに9月には中央書記処書記候補にも就任して、党中央の指導者の一人に名を連ねるようになったが、そのなかでは最年少だった。なお喬石は党中央対外連絡部副部長の時に、伊《い》藤律《とうりつ》（戦前のゾルゲ事件［45－46頁参照］で、摘発の端緒となる供述をしたとされ、スパイ疑惑のために中国で二十数年間も監禁されていた）の問題を担当していたが、伊藤の病状が悪化したために、80年9月に釈放・帰国させる決断を下している。

喬石の昇進を後押ししたのは、党中央対外連絡部で直属の上司だった李《り》一氓《いっぽう》だ。李一氓は中華人民共和国成立後、主として外交畑を歩んだが、第一次国共合作期（1924－27年）に蒋介石の身近にいたことから、陳布雷のことも知っており、陳の人となりや文章を高く評価していた。李一氓は鄧小平や陳雲と親しく、前後して総書記を務めた胡耀邦《こようほう》や趙紫《ちょうし》陽《よう》からも一目置かれていた。李一氓が喬石に目をかけて、鄧小平や胡耀邦らに強く推薦したからこそ、喬のスピード昇進も可能だったのである（徐長発ほか、2013: p. 387, 389）。

さて、周知のように、中共の支配下では、マス・メディアはあくまでも党の宣伝手段に過ぎない。そのためマス・メディアが伝える中国内外の情報は、原事実に近いものではなく、原事実を党のイデオロギーや公式見解に沿って加工したものとなっている。特にインターネットが普及する前までは、民衆や一般党員はもとより党幹部でさえも、そうした加工済みの情報しか得られなかったことから、極端なまでの「疑似環境（マス・メディアの不確実な情報に基づいて構築された環境）」の下に置かれてきたと言ってよい。

一方、喬石は党中央対外連絡部での職務を通して、海外の原事実に近い情報に触れられるという得難い立場にあった。そしてそうした情報を独自に分析・評価して、中国政府の政策形成に影響を及ぼしてきた。その例を二、三見ていこう。

1978年3月、喬石はユーゴスラビアへ視察に赴き、実地調査を行なった後、党内部で報告した。戦後、ユーゴスラビアはチトーの指導下で独自路線をとっており、労働者自主管理を標榜《ひょうぼう》して、非同盟主義の外交政策を展開していた。中国政府は従来、労働者自主管理を、党の指導から逸脱した修正主義だとして厳しく批判していた。また非同盟主義の下での西側諸国からの借款の導入を、帝国主義に従属している証左だと見なしていた。しかし喬石はそうした党の従来の公式見解にとらわれることなく、実地調査を通して、労働者自主管理はマルクス主義に合致しており、西側諸国からの借款の導入は経済発展に有利に働いていると評価したのである。当時はまだ改革開放が正式に提起される直前の極めて微妙な時期だったが、喬石の報告は改革開放を側面支援するものになったと言えるだろう（呉興唐、2015b: p. 24）。

喬石が後年大きく関与することになる社会主義市場経済確立のための立法化も、党中央対外連絡部時代に海外の原事実に近い情報に触れることなしには、成し遂げられなかっただろう。喬石は、19

93年3月から98年3月まで国会に相当する全国人民代表大会トップ（常務委員会委員長）を務めたが、その間、社会主義市場経済を確立するための法整備に取り組んでいた。元部下によれば、喬石は党中央対外連絡部時代に、西ドイツをはじめとする西側諸国の企業制度に強い関心を示しており、「一連の重要な経済立法はまさにその当時に確定された」という（呉興唐、2015a: p. 23）。

また時期が前後するが、喬石が中央政法委員会トップ（書記）を務めていた1992年12月に、ソ連が解体された際、党内では鄧小平を筆頭に、米国の「和平演変（社会主義諸国の反体制派を使って社会主義体制の内部崩壊を狙う西側諸国の陰謀）」によって、ソ連・東欧諸国の社会主義体制が崩壊したという論がまかり通っていた。しかし喬石は、ソ連の原事実に近い情報に基づいて、独自に分析・評価を試みている。喬石が元部下に語った内容は、以下の通りだ。

ソ連の激変には複雑な要因があり、対内的な要因と対外的な要因があるが、対内的な要因が主たるものだ。毛主席は『矛盾論』において、対内的な要因と対外的な要因について明確に語っており、対外的な要因は対内的な要因を通して影響を及ぼすとしている。ソ連の激変に対しても、こうした観点をもつべきだ。帝国主義が「和平演変」を推進するという要因があるにしても、私は主としてソ連内部の要因によるものだと見ている。すなわち社会主義制度は、経済が発展せず、民主が欠乏していて、民衆が信用しなくなっていたのである。そうしたことが激変の主たる要因なのだ。

喬石は、当時総書記だった江沢民《こうたくみん》にもこうした分析・評価を伝えたところ、江の同意を得るに至った（呉興唐、2015b: p. 25）。その後、江沢民政権は対米外交において、「和平演変」のトーンを次第に落としていくが、その背景には喬石の分析・評価の影響があったのはまちがいないだろう。

喬石は党中央対外連絡部での職務を通して、内外の政策の策定に当たって、海外の原事実に近い情報を収集し分析・評価することの重要性を、改めて認識するようになったにちがいない。こうしたことは西側諸国ではごく常識的なことだが、中共のイデオロギー優位の政治文化においては、決してそうではなかったのである。

第2節　民主化運動への対応

中央政法委員会トップ

喬石は1983年7月に党中央対外連絡部長の任を解かれると、中央弁公庁主任や党中央組織部長に就任した。85年7月に中央政法委員会トップに就任し、それとほぼ同時に政治局委員、中央書記処トップ（書記）にも就任している。87年11月には党トップ5の政治局常務委員に昇格したほか、党員の腐敗を取り締まる中央規律検査委員会トップ（書記）も兼務することになった。また86年4月には国務院副総理に就任し、政府の役職にも就いた。

　喬石が中央政法委員会トップに就任した経緯について見ることにしよう。1985年4月、兪強声《ゆきょうせい》亡命事件〔210―211頁参照〕、すなわち国家安全省北米情報局長の兪強声（習近平政権の前政治局常務委員・兪《ゆ》正声《せいせい》の実兄）が香港を経て、米国に亡命するという事件が起こった。その際、兪強声は海外に潜伏するスパイのリストを含む機密情報を中央情報局（CIA）に渡す。その結果、海外のスパイ網は大打撃を被ったが、なかでも大きな痛手となったのは、大物スパイのラリー・ウタイ・チン（中国名は金無《きんむ》怠《たい》）の逮捕だった。チンはCIAに勤務しながら、30年近くにわたって中国政府に機密情報を提供していたのである。チンは最終的に獄中で自死した。

　事態を重く見た鄧小平は、当時、兪強声の直属の上司だった国家安全大臣の凌雲を免職しただけでなく、凌の上司に当たる中央政法委員会トップの陳丕顕の責任も追及して、辞職させることにした。鄧小平は胡耀邦に対し、陳丕顕の後任として、働き盛りの年齢で、政治的に信頼できる幹部を起用することを求めた。胡耀邦が白羽の矢を立てたのは党中央組織部長の喬石だった。喬石は、胡耀邦と同様に青年工作に携わったことがある上に（浙江省杭州市党委員会青年委員会書記などを務めていた）、情報機関の一つである党中央対外連絡部に20年近く在職し、さらには党内の調整を取り仕切る中央弁公庁主任を務めていたことから、情報、治安、司法、検察などの各機関を統轄するには最良の人選だと見なされたのである（鄭義、1996: p. 225）。

　次いで、喬石の中央政法委員会トップとしての方針を見ていくことにしよう。中央政法委員会は党に属する組織で、情報、治安、司法、検察などの政府各機関を統轄していることから、ただでさえそのトップは巨大な権力を握っている。しかし喬石は、巨大な権力の行使に対して抑制的であり、政治改革に伴う権限の縮小にも賛同の姿勢を示していたのである。

1988年5月に総書記の趙紫陽のイニシアチブの下、政治改革の一環として、党と政府の分離という原則に基づき、中央政法委員会の廃止と、それに代わって、権限が大幅に縮小された中央政法領導小組の設置が決定される（鐘金燕、2014: p. 120）。喬石が引き続き中央政法領導小組トップ（組長）を務めることになった。その際に喬石は、中央政法領導小組は重大な問題にのみ取り組むべきであって、傘下の政府各機関の日常業務には干渉すべきでない、また傘下の政府各機関は法律に基づいて業務を遂行すべきだと主張したのである（喬石、2012a: 上巻 p. 153）。

要するに、喬石は、これまで中央政法委員会トップをはじめとする党中央の実力者の干渉にさらされてきた情報、治安、司法、検察などの政府各機関を、そうした干渉から解放した上で、法律の縛りをかけようとしたのである。そしてそのために、その気になれば、自らも手にすることができたであろう巨大な権力の削減を粛々と受け容れたのである。

喬石は、党中央の歴代の実力者たちと比較すると、相対的に権力に恬淡《てんたん》としていたと言えるだろう。実際、喬石は自らの派閥の形成にも積極的でなかったことから、追随者は少なく、党中央では尉健行《いけんこう》など数名しかいなかった（徐長発ほか、2013: p. 391）。ちなみに尉健行は1989年の民主化運動の際には、監察大臣の職責に就いていたが、デモ隊が要求する汚職疑惑の究明に積極的であり、胡耀邦や喬石に近い立場をとっていた（張良、2001、邦訳：p. 20）。

天安門事件後、中国政府は、趙紫陽の失脚とともに、党と政府の分離という原則を放棄すると、1990年3月に引き続き喬石をトップとした上で、中央政法委員会を再び設置し、その権限を大幅に拡張することにした。ただし喬石はその後も、中央政法委員会の巨大な権力の行使に対して、抑制的な態度をとり続けている。中央政法委員会の巨大な権力がほしいままに行使されるようになるのは、喬石がトップを退いてからであるが、特に江沢民の腹心の周永康がトップに就任してから、その傾向が顕著になったと言える。

1986年の学生デモに際しての対応

話は前後するが、喬石が中央政法委員会トップを務めていた期間は、学生や市民の民主化運動が高揚した時期と被《かぶ》っている。喬石は民主化運動に対して、どのような姿勢で臨んだのだろうか。

1986年12月、安徽《あんき》省合肥《ごうひ》の中国科学技術大学の学生が、副学長の方励之《ほうれいし》（急進改革派の天文物理学者）の影響を受け、民主化を求めてデモを敢行すると、中国各地の学生が続々とデモを行なうようになった。鄧小平は学生デモを弾圧すべきだと要求したが、総書記の胡耀邦は学生を教育によって導くように主張し、さらには学生の要求の一部に共感さえ示す有様だった。

一方、中央政法委員会トップとして、学生を取り締まる責務を担っていた喬石は、学生デモへの対処は、学生の反感を買わないためにも、基本的に大学当局に任せるべきであって、警察は表に出てはならないという方針を立てる。学生が街頭でデモを行なっていても、警察は交通整理などに当たるだけでよしとし、デモ隊が暴徒化する、すなわち「殴る、壊す、略奪する、放火する」という事態になって初めて、警察は法律に基づいて取り締まることができるとしたのである（喬石、2012c: 上巻 p. 169）。こうした喬石の方針は概ね胡耀邦の主張に沿ったものだと言えるだろう。

1987年1月に胡耀邦は、学生デモへの対処をめぐって鄧小平の逆鱗に触れてしまったために、総書記の辞任を余儀なくされた。その前後に、胡耀邦を吊るし上げ、また胡自身に自己批判をさせるために、国務院副総理などを歴任した長老の薄一波の主宰下で「生活会」が開催される。「生活会」には鄧小平や陳雲らは欠席したものの、党中央顧問委員会常務委員や政治局委員ら約30名が出席した(5)。なお薄一波は恩を仇《あだ》で返したと言える。薄一波は、文化大革命に際して「六十一人裏切り者事件」〔101−102頁参照〕をでっち上げられて失脚したものの、78年、当時党中央組織部長だった胡耀邦の尽力のおかげで名誉回復を果たしていたからだ。

「生活会」に出席していた保守派のイデオローグ・鄧力群《とうりきぐん》によると、胡耀邦と同じ改革派の趙紫陽でさえ「君、胡耀邦よ、なぜこういう人たち（筆者注：作家・ジャーナリストの劉賓雁《りゅうひんがん》や作家の王若望《おうじゃくぼう》ら民主化を求める知識人）にそんなに寛容なんだ」などと、自らの言葉で胡を厳しく批判していた。しかし喬石は、習近平の父親の習仲勲《しゅうちゅうくん》のように胡耀邦を擁護こそしなかったものの、鄧小平が自らに語った胡への批判の言辞を紹介するにとどめたのである(6)（鄧力群、2006: pp. 443–445）。喬石はぎりぎりのところで胡耀邦批判に唱和せず、事実上沈黙を保ったと言ってよいだろう。

喬石が事実上沈黙を保ったのは、胡耀邦と個人的に親しい関係を築き、職務上でも暗黙の了解の下で協力し合ってきたからだろう。1986年12月の学生デモへの対処をめぐっても、胡耀邦と喬石との間には暗黙の了解があったものと思われる。もっとも喬石とて鄧小平らから胡耀邦を厳しく批判するように圧力をかけられたなら、鄧の胡への批判の言辞を紹介するくらいでお茶を濁すことなどできず、趙紫陽のように自らの言葉で厳しく胡を批判せざるを得なかっただろう。しかし幸いなことに、喬石はそれまで宣伝や報道といった党の方針を広く伝える機関の職責を担った経験がなかったために、鄧小平らからあえて厳しい胡耀邦への批判を求められなかったのである（高新、1995: p. 208）。

天安門事件に至る過程での対応

失脚した胡耀邦が1989年4月に急死したことを機に、学生や市民は再び民主化を求めてデモを起こすようになり、空前の盛り上がりを見せた。最終的に中国政府は6月3日から4日にかけて、天安門事件と呼ばれる学生や市民に対する血の弾圧に踏み切る。

天安門事件に至る過程で、中国政府は重要な決定を、次のように4回行なっている。①4月26日付けの『人民日報』の「動乱」社説、②5月20日の戒厳令《かいげんれい》布告、③趙紫陽の総書記解任と江沢民（当時、政治局常務委員よりも格下の政治局委員にして上海市トップ〈党委員会書記〉）の抜擢、④6月4日の血の弾圧（毛里和子、2012: p. 236）。こうした4回にわたる節目の決定に際して、喬石はどのような態度をとっていたのだろうか。当時の党の内部文書を収録した『天安門文書』に基づいて、順に見ていくこと

にしよう。(7)

①についてであるが、『人民日報』は、鄧小平や李鵬《りほう》らの強い意向を受けて、大多数の学生や市民の胡耀邦への哀悼に理解を示しつつも、民主化運動を「動乱」と規定する趣旨の社説を掲げて、学生や市民の強い反発を呼び起こした。一方、その2日前の4月24日夜の会議では、喬石は以下のように述べている。

われわれは、社会のなかに育ちつつある民主的な空気を壊したくないが、野放図な自由、無責任な自由を認めている国はどこにもない。大多数の学生の愛国心は是認しなくてはならないが、かれらの付和雷同はきびしく戒めなければならない。(中略)長沙、西安、そのほかの地方で、われわれはならず者どもの〝殴る、壊す、略奪する、放火する〟事例をみてきた。北京、天津、上海の情勢は表面上はよさそうだけれども、あのような暴発の可能性は排除できない。不測の事態に備える緊急プランが必要だ(張良、2001、邦訳:p. 89)。

喬石は、大多数の学生の胡耀邦への哀悼だけでなく、その「民主的な空気」や「愛国心」も条件付きながら、評価していたのである。喬石は基本的に民主化運動を「動乱」と見なしていなかったと言ってよいだろう。ただしデモ隊がエスカレートして暴徒化する、すなわち「殴る、壊す、略奪する、放火する」という事態になる可能性を認めて、「緊急プラン」を策定すべきだとしていた。要するに、

王丹(写真・朝日新聞社提供)

喬石のこの時点での態度は、1986年12月の学生デモに対する姿勢とほぼ同じだったと言えるだろう。そのためか、「動乱」社説の掲載を決定した翌4月25日午前9時の会議で、喬石は沈黙を保っている(張良、2001、邦訳：pp. 98–100)。

次いで②についてであるが、5月17日朝の会議で、喬石は以下のように述べている。

下心のある者らの政治的たくらみがいよいよ明確になりつつある。学生運動を利用して計画的動乱を作り出すことである。かれらはこれまで北京と全国で業務、生産、教育、研究および日常生活を著しく混乱させた。その目標はきわめて明確だ。共産党の指導の打倒と社会主義的秩序の変革である。(中略)学生の愛国心と熱意は保護すべきであって、ときには過激に走るかれらの言論の責任を問う必要はないと思う。しかし、動乱をあおり、作り出した少数の者らはぜひとも暴き出さなければならない(張良、2001、邦訳：p. 203)。

喬石は「動乱」社説の趣旨にのっとって、民主化運動の参加者を、ごく少数の「下心のある者ら」と大多数の学生というように二分した上で、前者に対しては、厳罰を求めつつも、後者に対しては、寛大な措置を要するとしていたのである。

もっとも、ここでのポイントは、ごく少数の「下心のある者ら」とは誰かという点だ。「動乱」社説が王丹《おうたん》や柴玲《さいれい》、ウーアルカイシら学生リーダーを、ごく少数の「下心のある者ら」だと明示していたのに対して、喬石はごく少数の「下心のある者ら」を「暴き出さなければならない」と述べているように、誰がそれに該当するのか明言を避けている。喬石がそのように明言を避けたのは、実際のところ、王丹ら学生リーダーと、その他の大多数の学生とを区別することが難しかったからだろう。5月1日午後の会議での喬石の発言によると、相当数の学生が「自分たちと下心のあるごく少数の扇動者との区別がつかないまま動乱に巻き込まれてしまった」ということもあって、「どうせ乗りかかった舟だ、政府がどうなるか見てみようじゃないか」という態度になっていたのである。

喬石は、王丹ら学生リーダーをごく少数の「下心のある者ら」だと決めつけることを避け、学生リーダーを含む学生全般に対して、融和的な姿勢を貫くべきだと考えていた。そのためか、5月17日朝に続いて、当日午後8時に開かれた会議で、戒厳令布告の是非について問われた際、「わたしは支持とも反対とも明言しがたい」と棄権を選択している（張良、2001、邦訳：pp. 127–128, p. 207）。それまでの発言の流れから、事実上反対の意思表示と見てよいだろう。

ちなみに、喬石もその一員である党トップ5で構成される政治局常務委員会では、戒厳令の布告に対して、改革派の趙紫陽と胡啓立《こけいりつ》は反対に回り、保守派の李鵬と姚依林《よういりん》は賛成した。ということで、喬石も本心に基づいて反対を表明し、かつ政治局常務委員会に最終的な決定権が委ねられていれば、まちがいなく戒厳令は布告されることはなかっただろう。しかし最終的な決定権は、鄧小平を含む長老に委ねられることになり、戒厳令の布告が決定されるに至った。戒厳令布告に反対した趙紫陽と胡啓立はその後、解任されて軟禁や降格を余儀なくされている[8]。

天安門事件に至る過程での対応・続

喬石は、何とか政治局常務委員の地位を保ちはしたが、棄権という曖昧な選択を行なったことによって、やはり代価を支払わされることになる。③に関係のあることだが、5月21日に鄧小平を含む長老が、趙紫陽の後任の総書記を選定するための会議を開いた。当時、国家主席を務めていた長老・楊《よう》尚昆《しょうこん》が喬石を推薦したところ、鄧小平が「総書記は進んで責任を負い、自分の立場を明確に示さなければならない」と述べて、言下に却下したのである（張良、2001、邦訳：pp. 269–270）。こうして鄧小平の意向通りに、当時政治局委員に過ぎなかった江沢民が、異例の昇進を遂げて新たな総書記代行に内定した[9]。

一方、趙紫陽は、喬石について「何が問題かわかるし自説も持っている」と述べて、喬の本来の考えは自らに近いとしつつも、「リスクを負わず、何事に対してもどっちつかずの態度しかとらない」として、「それではだめだ」と批判している（宗鳳鳴、2008、邦訳：p. 181）。喬石の棄権という選択は、鄧小平からも趙紫陽からも批判の的だったのである[10]。

最後に④についてであるが、戒厳令布告から2日後の5月22日夜の会議で、喬石は以下のように「最上の選択」を主張している。

現時点での最上の選択は、軍を用いて一般的な抑止力となし、広場を一掃するチャンスを見つけることだ。それには一部の警察力も用い、大学キャンパスの党員幹部を動員し、学生の両親たちの協力も期待したい。この方法で問題を解決できれば、何もいうことはない。（中略）われわれは全力を挙げて事態を改めなければならないが、流血は避けるべきである（張良、2001、邦訳：pp. 278–279）。

喬石は、戒厳令布告に伴う軍の出動はあくまでも脅しにとどめて、警察による最小限の強制執行は伴うものの、基本的に流血の事態に至らずに解決することを「最上の選択」としていたのである。[11]なお5月22日夜の会議では、喬石だけが解任されたばかりの趙紫陽について一切触れなかった一方、その他の発言者（楊尚昆、李鵬、姚依林）はいずれも趙を批判していた。喬石は暗黙のうちに趙紫陽の解任に不満の意を表明していたと言ってよいだろう。

しかし、さすがの喬石も、血の弾圧前日の6月2日の会議では、もはや「流血は避けるべきである」と主張することを断念している。当時、国家副主席だった長老の王震《おうしん》が「共産党打倒を企む者はだれであれ、犬死が相当だ」「死人が出れば、それはかれら自身の責任だ」と喚《わめ》き、鄧小平まで、学生らが天安門広場からの「退去を拒むなら、その結果に責任を負わなければならない」と血の弾圧を示唆していたからである。それでも喬石は、議論の流れに棹《さお》差しながらも、簡潔に「広場の排除はわれわれに残された唯一の選択であって、どうしても必要である」などと述べるにとどめていた（張良、2001、邦訳：p. 358, 362）。

第3節　弾圧をめぐって

抑制的な対処

1989年6月4日以降、喬石は中央政法領導小組トップとして、血の弾圧、及びそれに続く逮捕と拘束に関わることになった。ただし喬石が率いる中央政法領導小組の各機関は、相対的に見ると、抑制的に対処しようとしていたと言える[12]。ここでは武装警察を中心に見ていこう。当時、武装警察は、国務院と中央軍事委員会による統一的な指導、及び各地の公安省の系列機関による管理と指揮を受けるとされていたが、実質的には後者が主になっていた（徐平、2018）。すなわち公安省を傘下に抱える中央政法領導小組のトップである喬石が、武装警察をある程度まで掌握していたのである（高新、1995：p. 225）。

一般的には、武装警察も人民解放軍とともに、6月4日の血の弾圧に関与したとして批判されている。しかし当時、武装警察は、銃を携行していなかった。そうしたことは、人民解放軍系の出版社から上梓された武装警察隊員らの手記によっても確認できる。当時、武装警察は「ヘルメット、盾、電気式警棒、千発の催涙弾を装備していた」だけだったのである。しかも4月に民主化運動が空前の盛り上がりを見せて以来、「こんなにも多くの催涙弾を装備するのは初めてのことだった」（叢書集体、1990: p. 90）。

無論のこと、武装警察に対しても、人民解放軍と同様に「いかなる手段」をとってでも天安門広場を制圧せよ、という命令が党中央から下されていた。「いかなる手段」という曖昧な命令が意味するのは、発砲については現場の指揮官の判断と責任に委ねられている、ということにほかならない。しかし武装警察の現場の指揮官は、喬石の従来の方針を踏襲するかのように、銃を携行せずに、上記の装備品だけで広場の制圧に向かうことにしたのである[13]（高新、1995: pp. 224–225）。

もっともその結果、武装警察は一部で任務を阻まれる事態に遭遇している。武装警察隊員の手記によると、民族文化宮を警備していた500名の武装警察隊員が、暴徒化した群衆に数時間も取り囲まれ、支隊長が重傷を負うなどしたのである。最終的に500名の武装警察隊員は、人民解放軍の大部隊によって救い出された（叢書集体、1990: pp. 95–96）。なお江沢民や李鵬らは、武装警察が血の弾圧の過程で消極的な行動しかとらなかったことに対して不満を抱き、武装警察の主要な幹部4名を更迭している（高新、1995: pp. 225–226）。

血の弾圧は後に国際社会から厳しく批判されるようになったが、中国当局は、血の弾圧に踏み切らざるを得なかった要因を、催涙弾などのデモ鎮圧用の装備品の不足に求めた。喬石は中央政法委員会トップとして、天安門事件後、西側諸国からデモ鎮圧用の装備品を大量に輸入し、公安省や国家安全省の威嚇力を強化することに努めるようになり、大きな功績を残したとされている（鄭義、1996: p. 195）。

アンドロポフ

胡耀邦のような改革派か？

　江沢民が鄧小平の後見の下で、1989年6月に総書記に、11月に党中央軍事委員会主席に相次いで就任し（国家主席の就任は93年3月）、江政権が本格的に始動するようになった。喬石は江沢民政権内において江・李鵬に次ぐ党内序列ナンバー3にして、江のライバルと目され、特に海外のチャイナ・ウォッチャーや、一部の亡命活動家から注目される存在になる。それは民主化運動に対して相対的に寛大な態度をとってきたからだけではない。92年1月から2月にかけて、鄧小平は市場経済化の加速を号令する「南巡講話《なんじゅんこうわ》」を行なったが、喬石は積極的にそれを支持して、反対する保守派や、保守派に同調しがちな江沢民を牽制《けんせい》したのである。さらに喬石は93年3月に国会に相当する全国人民代表大会（全人代）トップ（常務委員会委員長）に就任すると、法治を強調するかたわら、全人代による政府に対するチェック機能の強化に努めたのである。

　こうして喬石はソ連のアンドロポフを手本にしたと言われるようになる（ロジェ・ファリゴ、1999: p.210）。喬石と同様に、アンドロポフも情報機関トップ（国家保安委員会〈KGB〉議長）を務め、後に改革を標榜するようになったからだ。アンドロポフは1982年11月にソ連トップ（書記長）に就任すると、ブレジネフ時代に蓄積された停滞と腐敗の一掃のために改革に乗り出したが、まもなく病を得て、志半ばに84年2月に死去した。しかしアンドロポフが自らの後継者として育てたゴルバチョフに改革の遺志は引き継がれ、ペレストロイカに結実したのである。

また李洪志《りこうし》が創始した気功集団の法輪功からも、喬石は最高クラスの党幹部のなかでは例外的に評価されている。江沢民政権は1999年7月に法輪功に対して一斉弾圧を加えた。一方、法輪功サイドによると、その前年の98年、喬石は自らチームを率いて、法輪功に対して数カ月にわたり調査を行ない、その存在を容認しても差し支えないという結論を出して、党中央に報告したというのである（陳思敏、2015）。

もっとも喬石が、往年の胡耀邦のように海外から注目される存在になったといっても、胡のように学生デモの参加者だけでなく、著名な民主化運動の活動家に対してまで寛大な態度をとるほど、民主化に理解を示していたわけではない。例を挙げて見ることにしよう。

魏京生《ぎけいせい》は1996年に獄中でサハロフ賞（欧州議会が人権擁護などに功績を残した人物・団体に贈る賞、ソ連の物理学者・人権活動家のサハロフにちなみ創設）を受賞した著名な活動家であり、78年から79年にかけての「北京の春」と呼ばれる民主化運動のリーダーの一人だった。魏京生は「北京の春」に際して、中国政府の「4つの現代化（工業の近代化、農業の近代化、科学技術の近代化、国防の近代化）」というスローガンに、民主化という「第5の現代化」を加えるように主張して、大きな反響を呼ぶ。魏京生は、鄧小平を名指しして批判したのを機に、逮捕されることになったが（最終的に反革命扇動罪と国家機密漏洩罪で懲役15年の判決を受ける）、胡耀邦は魏京生の逮捕に反対していたのである（柴田哲雄、2019: pp. 175–176）。

劉暁波《りゅうぎょうは》は2010年10月にノーベル平和賞を受賞しながら、17年7月に事実上の獄死を遂げた世界的に著名な活動家だ。1996年10月に劉暁波は王希哲《おうきてつ》と連名で、人権の確立などを中国政府に要求する「双十宣言《そうじゅう》」を発表して、大きな反響を呼ぶ。[14]「双十宣言」が発表されると、即座に両者に対する公安当局の追及が始まった。王希哲は香港経由で米国に亡命した一方で、劉暁波は亡命を潔しとしなかったことから、労働改造所に3年間送られることになった。[15]その際、喬石は、劉暁波のような輩が「国に残ろうとするのなら、（中略）人民民主独裁の監督を受けさせなければならない」と言い放ったのである（葉漢風、1998）。

また少数民族問題についても、喬石は胡耀邦のように融和的な姿勢をとっていたわけではない。胡耀邦は、文化大革命期の対チベット政策の誤りを率直に認め、チベット族の幹部を大量に抜擢したり、自治権を拡大してチベットの実情に適した経済・文教政策を実施したりした。その結果、胡耀邦は、中国の最高クラスの幹部のなかでは例外的に、亡命中のダライ・ラマ14世から高く評価されるようになったのである。しかし保守派のイデオローグ・鄧力群からは「民族分裂主義の危険性を認識していない」などと手厳しく批判されている（柴田哲雄、2019: pp. 169–170）。

一方、喬石はチベット問題では、胡耀邦よりも、鄧力群に同調していたと言えるだろう。チベット自治区の区都・ラサでは、1988年に入ると数千人のチベット族が漢族の支配からの独立を求めてデモを起こし、さらに翌89年3月には1万人規模の暴動にまで発展する事態となった。こうした事態を受けて、当時同自治区トップ（党委員会書記）を務めていた胡錦濤《こきんとう》は同月ラサに戒厳令を布告した。

その際、喬石は「祖国統一を擁護し、チベット分裂活動に断固として反対する」という談話を発表して、戒厳令の布告を支持する姿勢を鮮明にしたのである（喬石、2012d: 上巻 pp. 180–183）。

喬石のウイグル問題への姿勢も見ておこう。ソ連解体に伴って、ウイグル族と同じチュルク系の民族国家（カザフスタンやウズベキスタンなど）が次々に誕生したのに刺激されて、ウイグル族が新疆《しんきょう》ウイグル自治区の独立を求めて活動を活発化させるようになった。そうしたさなかの1997年4月にウルムチ入りした喬石は、同自治区の幹部を前にして「祖国の統一を分裂させたり、民族の団結を破壊したりする活動に対して、絶えず警戒し、厳しい打撃を与えなければならない」と檄《げき》を飛ばして、強硬な姿勢を鮮明にしたのである（『朝日新聞』1997年4月15日付け朝刊）。なお喬石は台湾問題に対しても、江沢民以上に強硬な姿勢をとっている（鄭義、1996: pp. 199–200）。

弾圧方針

このように見てくると、喬石なりの弾圧方針が浮かび上がってくるだろう。喬石は、少なくとも亡命を拒む著名な民主化運動の活動家に対しては、弾圧を躊躇《ちゅうちょ》しなかった。また少数民族の多数の市民が参加していようとも、少数民族の独立を求める活動に対しては、容赦ない弾圧を支持した。これに対して、人口の大半を占める漢族の多数の学生や市民が参加する活動に対しては、たとえそれが中共の一党独裁体制を揺るがしかねない民主化運動や法輪功であっても、基本的には弾圧を避けて、融和的な姿勢を貫くべきだとしている。

法輪功サイドによれば、喬石が、法輪功の存在を容認すべきだという旨の党中央宛の報告書を作成した際、「民心を得る者は天下を得るが、民心を失う者は天下を失う」という一文を挿入したという(陳思敏、2015)。民主化運動や法輪功に参加する漢族の多数の学生や市民は、その潜在的な支持者も含めると、その人口は膨大になる。そうしたことから、天下を得ようとすれば、必ず得なければならない「民心」になるのだろう。喬石は、原事実に近い治安情報に接し得る立場にあったが、彼なりにそうした情報を分析・評価した上で、治安維持の費用対効果の面から、民主化運動や法輪功に参加する漢族の多数の学生や市民には、融和的な姿勢をとるのが最適だと考えたのかもしれない。

実際、法輪功はともかくとして、民主化運動については、幹部の腐敗を一掃することさえできれば、一定程度退潮させられるだろう。漢族の多数の学生や市民が民主化運動に参加するに当たっては、幹部の腐敗への怒りが大きな動機となっていたからである。そこで喬石は天安門事件後、中央規律検査委員会トップを兼職していたこともあって、腐敗を積極的に取り締まる姿勢を鮮明にしている(鄭義、1996: p. 196)。ただし喬石の取り組みにもかかわらず、幹部の腐敗がその後も悪化の一途をたどったのは周知の通りだ。

ここで、喬石の弾圧方針と中国政府のそれとを比較することにしよう。周知のように中国政府は、喬石の弾圧方針とは異なり、漢族の多数の学生や市民が参加していようと、民主化運動や法輪功に対して弾圧を躊躇してこなかった。特に法輪功に対しては、公安大臣や中央政法委員会トップを歴任した周永康らによる信徒の臓器摘出・売買が取り沙汰されるほどの苛烈な弾圧を実施している。

もっとも、中国政府は喬石の弾圧方針に沿うかのように、少数民族の独立を求める活動に対しては、漢族の民主化運動や法輪功以上に徹底した弾圧を行なってきたと言ってよい。昨今、習近平政権は最悪の場合、100万人以上のウイグル族を強制収容所（中国側は「職業技能教育訓練センター」と称する）に送り込んできたと見られているが、そうした一事例を取り上げるだけでもそれは明らかだろう。チベット族やウイグル族などの独立を求める活動は、中共の一党独裁体制を揺るがしかねないだけでなく、中国の広大な領土の喪失ももたらしかねないからである。[16]

引退と最後の提言

喬石は、江沢民政権でナンバー3となり、一時は江のライバルと目されたこともあったが、鄧小平の死去前後より、文字通り江が「核心」としての地位を占めるようになると、ついに引退に追い込まれる。江沢民は、1997年9月の中共第15回全国代表大会で喬石を引退させるために、総書記の江自らは例外としながらも、政治局常務委員は70歳をもって退任すると決定したのである。当時、喬石は72歳になっていた。

なお、江沢民は、2002年11月の中共第16回全国代表大会で、当時68歳だったライバルの李瑞環《りずいかん》を引退に追い込むために、今日も引き継がれている「七上八下」を決定した。「七上八下」とは、政治局常務委員が5年に一度の党大会の際に、67歳であれば続投可能だが、68歳以上になっていれば退任するというものだ。

喬石は政治局常務委員に続き、1998年3月には全国人民代表大会トップの座からも退き、政界から完全に引退した。喬石は引退後、北京を離れて杭州に居を移し、沈黙を保ってきた。江沢民を筆頭に、他の同世代の指導者が引退後もことあるごとに存在感を示そうとするなか、喬石は建国60周年などの党の重要な記念行事や、北京オリンピックの開会式にも姿を見せなかったのである。もっともそれは健康を害していたからでもあった（徐長発ほか、2013: pp. 380-381）。

しかし、2012年になると、喬石は突如沈黙を破る。同年は、秋に開催を予定していた中共第18回全国代表大会で、総書記が胡錦濤から習近平に交代するという政治的にセンシティブな時期に当たっていた。まさにそのさなかの2月、王立軍事件［182-183頁参照］が起こったことを機に、重慶市トップ（党委員会書記）の薄熙来や、中央政法委員会トップにして政治局常務委員でもあった周永康らによるクーデター計画が発覚する。薄熙来や周永康らはいずれも江沢民の側近だった。喬石はその際、政治局常務委員会に対して薄熙来の逮捕を提言したのである（海濤、2012）。

また喬石は、周永康が中央政法委員会の巨大な権力をほしいままに行使した挙句、同委員会を独立王国化していたことに対しても間接的に批判している。2012年に、現役時代の講話や報告を集大成した書籍『喬石が民主と法制を語る』の出版を通して、権力の抑制を是とする中央政法委員会のあるべき姿を提示したのである。前述のように、喬石は中央政法委員会トップでありながら、その巨大な権力の行使に対して、一貫して抑制的な態度をとり、講話や報告においても繰り返しその旨を説いていた。また法輪功サイドによれば、喬石は同年3月に、中央政法委員会の裁判所に対する管轄権を廃止するように、党中央に対して建議したという（「喬石籲給政法委　動大手術」）。

２０１２年11月に発足した習近平政権は、喬石による中央政法委員会のあるべき姿の提言を重視するかのように、同委員会の巨大な権力の抑制に踏み切っている。中央政法委員会トップに就任した孟建柱を、党トップ７名の政治局常務委員に昇格させずに、格下の政治局委員にとどめたのである。他方で、喬石の提言の背景にある集団指導体制や任期制などをよしとする考えを（海濤、2012）、習近平は軽視して、昨今一強支配体制を築き上げるに至った。しかし喬石にはもはや習近平を批判するだけの気力も時間も残されておらず、15年６月に死去した。享年90だった。

第4章　周永康

第1節　石油閥のボスへの道

生い立ちと学校生活

周永康は、1942年12月に現在の江蘇省無錫市錫《しゃく》山《さん》区厚《こう》橋《きょう》街道に属する西前頭《せいぜんとう》村で生まれた。西前頭村には500年余りの歴史がある。北宋時代の著名な思想家・周敦頤《しゅうとんい》の子孫が住み着いたとされていることから、村人の姓の大半は周であり、学問を尊ぶ遺風があったという。もっとも周永康が生まれた当時、西前頭村は片田舎で、農漁業以外にめぼしい産業がない上に、一人当たりの耕地面積も狭小であったことから、貧困にあえいでいた（石光剣ほか、2014: pp. 58–59, p. 62）。

周永康が出生した当時、生家は小さな母屋と豚小屋だけだった（『朝日新聞』2014年7月30日付け朝刊）。周永康の生家は西前頭村のなかでも最も貧しかったという。父親の姓は陸で、周は母親の姓だと言われているが、これが事実ならば、周永康は母親の姓を継いでいることになる。中国では、夫婦は本来別姓であって、子どもは父親の姓を継ぐことになっている上に、周永康が出生した当時には、異姓の男性を婿《むこ》養子にしてはならないという「異姓不養」の慣習がなおも維持されていた。そうしたことから、周永康が母親の姓を名乗ったことは、当時の農村社会では非常に珍しかったと言えるだろう。

周永康の父親は無学の上に、肺結核を患っており、農作業の重労働には耐えられなかった。しかし父親はタウナギ釣りの名人であり、タウナギが良い値で売れたことから、周永康ら三人の息子を何とか学校にやることができた。なお父親は、周永康が大学生の時に死去し、母親は、周が遼寧《りょうねい》省で石油業界の出世階段を上っていたさなかに自死している。

1950年、中華人民共和国成立の翌年に、周永康は地元の西前頭小学に入学し、後に厚橋小学に転校した。小学校時代、周永康は特に目立つ児童ではなく、成績は良くも悪くもなかった。56年、学《がっ》海《かい》初級中学（初級中学は日本の中学校に相当、現在は蕩口《とうこう》初級中学）に入学した。学海初級中学は38年に創設された地域の名門校である。なお周永康が出生時に父母から付けられた名前は永康ではなく元《げん》根《こん》だった。元根から永康に改名したのは学海初級中学の時だと言われている。周元根という氏名の同級生がもう一人いたことから、クラス担任が新たに永康と名付けたという。学海初級中学に入学後、周永康の成績は急速に伸びるようになり、卒業時にはクラス担任の強力な推薦を得て、江蘇省の重点校である蘇州《そしゅう》高級中学（高級中学は日本の高等学校に相当）に入学することができた。

1958年、大躍進運動が始まった年の秋に、周永康は蘇州高級中学に入学した。交通の便が悪かったこともあって、周永康を含む学生の大半は寮生活を送っていた。蘇州高級中学は重点校だけあって、学生は勉学に熱心だった。毎日朝早くから校庭の至るところで教科書を音読する声が聞こえてきたと、周永康は回想している。周永康は、数学と科学にとりわけ興味を抱き、成績も常に上位であり、クラス代表を務めていた。周永康のクラスは、周のリーダーシップもあってか、大学統一入学試験で蘇州市第一位を獲得したり、全校体育競技で優勝したりするなど、文武両面で傑出していた。周永康は「私がクラス代表として表彰状や表彰旗を受け取りクラスに戻ると、クラスメートは感激し誇りに満ちた表情を浮かべていたが、その光景は忘れ難いものだ」と述べている。

周永康は高級中学時代、成績が優秀でクラスのリーダーだっただけでなく、すでにその頃から優等

周永康（1942－）1964年、中共に入党。油田の現場での勤務を経て、石油閥のボスになる。国土資源大臣の時には、東シナ海のガス田開発を進める。四川省トップ（党委員会書記）や公安大臣を務めた際には、チベット族や法輪功に対して弾圧を行なう。2007年に政治局常務委員や中央政法委員会トップ（書記）に就任し、同委員会の独立王国化を企て、国家安全省を通して党幹部のスキャンダルを把握しようとする。薄熙来らとともに、習近平に対してクーデターを企てようとするが、王立軍事件により挫折し、15年に無期懲役などを科される。

生らしく「共産主義者」としてのあるべき姿も求めていた。毛沢東のイニシアチブによって始まった大躍進運動〔92頁参照〕は「15年で英国に追いつく」をスローガンに、大衆を動員して鉄鋼大増産や人民公社化などを推進したが、経済破綻《はたん》を招いて数千万人の餓死者を出すという悲劇的な結果に終わった。当然のことながら、当時の蘇州高級中学の学生やその家族にも、餓死とまではいかなくても、深刻な生活難の問題が降りかかっていたにちがいない。

そうした事態だったにもかかわらず、周永康は1960年5月、学級日誌に次のような趣旨の文章を書き記している。模範的な共産主義者の学生になるに当たって、今日が鍵になる段階だということを、皆が自覚すべきだ。もし自らの生活難の問題を頭の中から一掃できれば、今後速やかに共産主義者としての道を歩むことができるだろう。しかし自らの生活難の問題を気にかけて、愚痴をこぼしたりしていれば、頭の中には悪い思想が入り込み、場合によっては一人だけ資本主義の道を歩むことになるだろう、と（石光剣ほか、2014: pp. 62–70, p. 76, 89）。当時の学生の多くはイデオロギー教育の結果、たとえ深刻な生活難に陥ろうとも、毛沢東を崇拝してやまなかったが、周永康もそうした学生の一人だったと言えるだろう。

なお、高級中学や大学に進学して出世を重ねた周永康とは対照的に、二人の弟は初級中学を卒業後、すぐに故郷で仕事に従事した。上の弟は生家を継いで農業を営み、下の弟は人民公社や役場で事務職に就いたのである（「周永康―郷村少年到国級高官的非常人生」）。もっとも二人の弟も兄の周永康が出世したおかげで、その後、羽振りがよくなる。上の弟は「五糧液（四川省宜賓《しせんぎひん》で生産される焼酎《しょうちゅう》）」の代理販売などで財を築き、下の弟は無錫市恵山区《けいさん》国土副局長まで昇進して、その妻は手広くビジネスを展開するようになったのである（李蒙、2014: p. 54）。

石油業界に入る

周永康は蘇州高級中学を卒業すると、1961年秋に北京石油学院（現在は中国石油大学）探査学部地球物理探査専攻に入学した。北京石油学院は、清華《せいか》大学や北京大学、天津《てんしん》大学の石油関連の学部・学科を合同して設立された大学であり、全国重点大学にも指定されている。なお国務院副総理や政治局委員を歴任した女性政治家の呉儀《ごぎ》も北京石油学院の出身であり、周永康の先輩に当たる。

周永康は在学中の1964年に中国共産党（以下、中共）に入党した。その2年後の卒業する年、すなわち66年にプロレタリア文化大革命（以下、文化大革命）が発動された。当時、周永康は学生会主席であり「保皇派」の立場に立っている。「保皇派」とは文化大革命が発動される以前の大学指導部を擁護していたグループであり、従来の指導部に取って代わろうとする造反派とは対立関係にあった。その後、北京石油学院でも造反派が主導権を握り、68年9月には革命委員会を設立して、従来の指導部や「保皇派」の教職員・学生に対して批判闘争を行なうようになった。しかし周永康は幸いにして文化大革命の嵐に巻き込まれることを免れ、卒業後、1年間大学に残ると、67年秋に黒龍江省《こくりゅうこう》の大慶《たいけい》油田に配属されている（石光剣ほか、2014: pp. 76–77）。70年には遼寧省の遼河《りょうが》石油に異動になった。

文化大革命の嵐に巻き込まれることはなかったとはいえ、それでも当時、油田の現場での仕事は過酷なものだった。周永康は遼河石油で勤務していた頃を回想して、おおよそ以下のように述べている。

零下30度のなかを解放ブランドのオープンカーに乗るのだが、現場まで2時間半もかかった。現場はアシの生い茂る浅い大きな沼地だった。車を降りると、足が凍えて感覚を失ってしまうために、15分間運動して、足に感覚が戻ってくるのを待って、ようやく働き始めるのだった（高強、2013: p. 302）。

当時、大卒者が非常に少なかったことから、周永康は30歳余りながら、すでに多くの部下をもつ身分になっていた。当時の秘書が、上司としての周永康について、以下のように回想している。長くなるが、周永康の当時の人となりがよくわかるので、引用することにしよう。

周永康は1960年代の大学生であり、北京石油学院を卒業していることから、知識人と見なすべきである。しかしながら周永康の性格には知識人らしいところがなかった。話し声は大きく、率直で思い切りがよかった。その上、1メートル70～80センチもの背丈があったため、なまりを聞かなければ、本当に北方の男性かと思っただろう。

（中略）しばらくすると、私たちは互いによく知るようになった。周永康は幹部の立場であったが、私は全く威圧感を感じなかった。周永康の肩掛け鞄を、いつも私が提《さ》げていたが、そのなかにはノート以外に、琺瑯《ほうろう》の弁当箱と鉄製の小さな蓮華《れんげ》が入っていた。周永康は私に、大学で勉強していた時分から、この弁当箱と蓮華をずっと持ち歩いていると語っていた。（中略）現場の作業員が食べるものを、私たちも食べていた。ある時には惣菜《そうざい》が間に合わなかったが、周永康は少し漬物を食べただけで、食堂側に別に惣菜を作らせようとはしなかった。また周永康は元々酒をたしなまなかったことから、毎食2、3角で十分だった。ある時（筆者注：周永康が部下の現場監督らと飲食した際）、現場監督が何か言って、周永康に飲食代を支払わせようとしなかったために、周から小突《こづ》かれたことがあった。その後、皆は次第に周永康からおごられることに慣れていった（高強、2013: p. 304）。

当時は今日と違って、貧富の格差が小さかったことから、周永康は幹部とはいえ、平素は質素な生活を送らざるを得なかった。しかし部下と飲食をともにした際には、必ずおごっていたなどという逸話に見られるように、周永康は部下思いで、気前の良い一面を見せていたのである。

周永康は当時、元秘書の回想に見られるように、部下から評判がよかっただけでなく、上司からの評判も上々だったようだ。周永康の失脚後、周のかつての上司は「永康は若いときから律儀でまじめな男だったので、目にかけていたんだ」と振り返っているのである。その上司によると、少なくとも周永康は石油業界にいた時分には、後年のように悪い評判が立つことはなかったという（峯村健司、2015: pp. 270–271）。

石油閥のボスから国土資源大臣へ

周永康は遼河石油にいた15年間、順調に昇進を重ねたが、それは、北京石油学院在籍時に「保皇派」として文化大革命前の大学指導部を擁護していたことの善果だと言える。当時の北京石油学院トップ（党委員会書記）や副院長が1970年代前半に相次いで遼河石油に異動し、周永康の上司になったのである（**石光剣ほか、2014: pp. 81–82**）。周永康は83年には遼河石油探査局長と、油田の所在地である盤錦《ばんきん》市の市長を兼任することになった。またその頃、周永康は石油閥ナンバー2のボス（ナンバー1のボスは余《よ》秋里《しゅうり》）ともいうべき曽慶紅《そうけいこう》と出会い、以後、曽の引き立てを受けるようになったと言われている。

曽慶紅は、父親の曽山《そうざん》が内務大臣などを歴任しており、「太子党《たいしとう》（最高クラスの中共幹部の子弟）」の一員だ。曽慶紅は1939年7月に生まれ、北京工業学院自動制御学部を卒業後、長らくエンジニアとして勤務していた。曽慶紅が石油業界に関わるようになったのは、79年に国家計画委員会弁公庁秘書となって、当時同委員会主任を務めていた余秋里に仕えてからである。余秋里の引き立ての下で、81年に国家エネルギー委員会弁公庁副処長を務め、83年には中国海洋石油総公司（CNOOC）連絡部副経理や石油工業省外事局副局長などを兼務した。

曽慶紅は1984年に上海市党委員会に異動すると、86年には同市党委員会副書記に就任し、同市トップ（党委員会書記）江沢民の直属の部下にして最側近となる。江沢民の総書記就任に伴って、曽慶紅も中央政界入りし、89年以降、党内調整を取り仕切る中央弁公庁の副主任、主任などの要職を務めた。胡錦濤《こきんとう》政権時代には党トップ9の政治局常務委員に就任している。また同じ「太子党」の習近平を次期最高指導者に推薦したとも言われている。

周永康は、曽慶紅の引き立てもあって、1985年以降、北京に赴任して、中央の石油関連の要職を歴任するようになる。同年に石油工業省次官に就任した。88年に石油工業省が解体されて、新たに石油探査・採掘を専門に手掛ける中国石油天然ガス総公司（CNPC）が設立されると、副社長に就任し、96年には社長に昇格した。周永康はついに石油閥ナンバー3のボスになったのである[1]（矢吹晋ほか、2014: pp. 74–78）。

さらに1998年に周永康は国土資源大臣に就任している。国土資源省は、地質鉱産省、国家土地管理局、国家海洋局、及び国家測量局が合同して設置された新たな省庁である。周永康によると、国土資源省は「地面から地下まで、陸地から海洋までの我が国の国土資源に対する立体的な総合管理の初歩的な実現に寄与する」ことを目的に設置された。もっとも、比重は明らかに海洋に置かれている。周永康は、陸地国土の資源は国民一人当たりに換算すると、世界平均の半分にも満たないことから、「300万平方キロの「海洋国土」に豊富に埋蔵されている資源の開発が急務であると訴えていたのである（朱習華ほか、1998: pp. 10–11）。

曽慶紅
（写真・朝日新聞社提供）

周永康はその後、四川省トップ（党委員会書記）や公安大臣を経て、中央政法委員会トップ（書記）に就任し、情報機関の総元締めになった。周永康はCNPC社長や国土資源大臣を務めていた頃から、石油などのエネルギー資源をめぐる諜報工作や謀略工作の重要性を認識していたにちがいない。周知のようにエネルギー資源をめぐって、国際間の競争や対立が激化していたからである。

周永康はCNPC社長時代に、1997年のアジア通貨危機後の国際石油価格の不安定化、及び技術革新の周期の加速化を前にして、欧米石油メジャーとの競争にさらされる状況に危機感を募らせていた（韓大慶、1998: p. 6）。

こうした社長直々の危機感をばねにしたのだろうか、CNPCは1997年、カザフスタン第二の油田開発などをめぐって、欧米石油メジャーとの入札で競り勝ち、総額95億ドルの契約を交わすという「世紀の取引」に成功している。入札で競り負けた欧米石油メジャーは「驚きを隠さなかった」という（『朝日新聞』1998年2月11日付け朝刊）。欧米石油メジャーは、中国側の諜報工作によりCNPCに自らの入札計画を悟られてしまった一方で、中国側の謀略工作によりCNPCの偽の入札計画を信じ込まされていたことに気付いて愕然《がくぜん》としたのかもしれない。

また、周永康は国土資源大臣時代に「300万平方キロの「海洋国土」」に属する東シナ海のガス田開発を推し進めている。中国側による一方的なガス田開発に対して、状況次第では、日本の世論が強く反発して、日本政府が正式に抗議を申し入れたり、対抗措置をとったりする事態にも及んだ。周永康はガス田開発に当たって、日本政府の予想される反応を的確につかむための諜報工作や、日本の世論の反発を和らげるための謀略工作の重要性を改めて認識したにちがいない[2]。

冷戦が終了した1990年代以降、中国の諜報工作や謀略工作などの軸足は経済分野に移った。特に石油などのエネルギー資源は、中国の経済成長を支える根幹なだけに、エネルギー資源をめぐるそうした工作はより重要性を帯びるようになっている。

石油閥のボスの一人だった周永康が情報機関の総元締めの立場に立ったことは、ある意味で時代の要請だったとも言えるだろう。

第2節　四川省トップから公安大臣へ

四川省トップ

周永康は1999年12月に江沢民の指名によって、四川省トップに抜擢され、2002年12月までその座にあった。周永康は曽慶紅を通して、江沢民にも接近していたのである。周永康は就任時を振り返って、「私自身、何ら気持ちの準備ができておらず、負担が重く、責任が大きいと感じていた」と述べている（王暁明ほか、2008: p. 58）。主として石油業界を歩んできた周永康にとって、一国にも等しい8500万の人口を擁する省を統治することは、まさに未知の領域だったにちがいない。

周永康が四川省に赴任した翌2000年に、西部大開発が始まっている。西部大開発とは、沿海地域に比べて、経済発展が著しく遅れている内陸の西部地域を重点的に開発するため、長期国債を発行してインフラ建設などを大々的に推進するという国家プロジェクトだ。四川省はまさにその中心に位置していた。

周永康は西部大開発の号令に合わせて、四川省の開発に尽力する。周永康が最初に手掛けたのは、交通インフラの強化だった。道路を軸に、航空や鉄道なども発展させて、立体的な交通運輸体系を確立しようとしたのである。周永康の尽力が実って、2001年に四川省の高速道路は1000キロ以上に達し、全国第3位になった。また周永康は、省都の成都双流《せいとそうりゅう》国際空港の拡張や、ユネスコの世界遺産・九寨溝《きゅうさいこう》の四川九寨黄龍《こうりゅう》空港などの建設を急がせた（高強、2013: p. 312）。こうした交通インフラの建設が功を奏したのか、周永康の在任期間中に、四川省のGDPは年平均で9パーセント以上増加するに至った（王暁明ほか、2008: p. 58）。

周永康は四川省の経済発展に尽力する一方で、同省の社会の安定の維持のために厳しい弾圧も行なっている。弾圧の舞台になったのはカンゼ・チベット族自治州だ。周永康は7回にわたってカンゼ・チベット族自治州を視察するなどして、同自治州内のチベット族の動向に注意を払ってきた。

周永康によって特に問題視されたのが、カンゼ・チベット族自治州セルタ県にあるセルタ・ラルン寺五明《ごみょう》仏学院である。五明仏学院は、四川省政府の正式な認可を受けたチベット仏教の教育・研究機関である。ジグメ・プンツォク学院長の下で、1997年から99年にかけての最盛期には1万人を超す学僧が集まり、世界最大規模のチベット仏教の教育・研究拠点になっていた。

周永康が五明仏学院を問題視したのは、1990年にジグメ・プンツォク学院長がインドでダライ・ラマ14世と接触していたこともあって、同学院がチベット独立運動の温床になりかねないという危機感を抱いたからだ。周永康の命令の下で、当局は2000年から02年にかけて、僧尼の放逐や僧坊の撤去、ジグメ・プンツォクの隔離と監視に踏み切っている（川田進、2006: p. 10, pp. 23–24）。

また周永康は、カンゼ・チベット族自治州で名望を博していた活仏《かつぶつ》のテンジン・デレクも危険視している。テンジン・デレクは当時、チベット族による寺院の再建を手助けしたり、チベット族と漢族の孤児のための学校を建設して両民族の和解に努めたりする一方で、当局の政策に違反してはならないとも説いていた。しかしテンジン・デレクは1980年代にインドで修行した際、ダライ・ラマ14世から某高僧の生まれ変わりと承認されたこともあって、四川省当局から警戒されていたのである。

周永康の命令の下で、当局は、カンゼ・チベット族自治州や成都で発生した爆破テロ事件に関連して、2002年4月にテンジン・デレクを逮捕した。その際、当局は逮捕理由について、テンジン・デレクが「爆破事件を計画したとは言っていないが、何か陰謀のようなものに関与していた」と述べている（「テンジン・デレク・リンポチェ、『爆破事件』の罪で拘束」）。要するにテンジン・デレクが「テロリスト」だという確固たる証拠を提示できなかったのである。

ジグメ・プンツォク

中国政府は、2001年9月の米同時多発テロ事件後の世界的な反テロの気運に便乗して、中国からの分離・独立を目指すウイグル族やチベット族の個人・グループに対して「テロリスト」「テロ組織」というレッテルを貼り、弾圧を強めてきた。周永康もまたその一翼を担って、テンジン・デレクに「テロリスト」というレッテルを貼ったが、そうすることによって、ダライ・ラマ14世の宗教上の虚偽性や政治上の反動性を印象付けることも狙っていたのである（**高強、2013: p. 313**）。なおテンジン・デレクは15年7月に獄死したことが確認されている（**「中国の刑務所にて、テンジン・デレック《（ママ）》・リンポチェ死去」**）。

周永康が四川省内で弾圧を加えたのは、チベット族だけではない。法輪功もまたその対象になった。法輪功サイドによれば、周永康の在任中、四川省は全国で迫害が最も深刻な省の一つになったというのである（**「陳文清卸中紀委副書記　被伝将任国安部長」**）。ちなみに当時、周永康の意向を汲んで、法輪功弾圧を遂行したのが、四川省国家安全庁トップ（党組書記、庁長）を務めていた陳文清だ。皮肉なことに、その後、陳文清は習近平の右腕・王岐山《おうきざん》の下で、周永康の腐敗疑惑の調査に当たり、周の逮捕に大きく貢献した。その論功行賞によって、陳文清は今日、国家安全大臣の座を射止めることができたと言われている。

公安省のイメージ・アップ

周永康の四川省における治績は、高い評価を得た。特に高い評価を得たのは、経済発展よりも、社会の安定の維持の方だった。[3] こうして２００２年11月に開催された中共第16回全国代表大会（正式にはその直後の第16期1中全会）で、周永康は政治局委員に昇格し、03年3月に公安大臣に就任することになった。周永康の失脚後に世に出た周の「弁明書」によれば、「四川省に巣くってきた幾世代にもわたる強大な非合法勢力への処分が果断だったことから、3年後の2003年に、胡錦濤同志と党中央から公安大臣を委嘱され、全中国の治安と安定維持の重責を担うことになった」という[(4)]（戈陽、2015: p. 79）。

周永康は公安大臣の就任早々から独自カラーを打ち出そうとしている。周永康は公安省に付きまとう負のイメージを払拭して、清新かつ開放的なイメージを確立しようとしたのである。たとえば「5カ条の禁令（銃器の管理使用規定に違反するな、飲酒運転をするな、賭博をするな、など）」「大討論（公安省内での大規模な議論）」「大練兵（警察官の大規模な訓練）」「大接訪（人民大衆が地元の公安当局への不満を上級の公安当局に直訴する）」などの措置を打ち出して、実施に移したのである（王暁明ほか、2008: p. 58）。

もっとも、批判者によると、周永康のイメージ・アップ戦略は内実を伴うものではなかった。「5カ条の禁令」は大きな反響を呼んだものの、あまり実行に移されることはなく、周永康の権威確立に寄与しただけだった。「大討論」は専ら周永康の講話を学ぶだけになり、「大練兵」は概《おおむ》ね警察官の訓練を観閲するだけのものになった。「大接訪」に至っては、公安局長が陳情を受け付けるに当たって、あらかじめ厄介な陳情者を排除するという有様だった（崔敏、2014: p. 18）。

「中国一の酷吏」

周永康は公安大臣の就任に当たり、同省のイメージ・アップと並んで社会の安定の維持も重視していた（王暁明ほか、2008: p. 58）。「弁明書」によれば、周永康は社会の安定の維持のために中国全土で弾圧を遂行した結果、自他ともに認める「中国一の酷吏《こくり》」になったという。また「中国一の酷吏」と呼ばれるほど「公安省での工作の業績が抜群だったことから、2007年の中共第17回全国代表大会で、幸運にも党中央によって政治局常務委員に選出され、（中略）中央政法委員会書記に任命された」（戈陽、2015: p. 80）。「酷吏」には本来否定的な意味合いがあるが、周永康はそれを逆説的に用いて「中国一の酷吏」を自負していたというのである。

この「中国一の酷吏」に対して、最も怨嗟の声を上げたのが法輪功である。法輪功サイドに言わせれば、周永康の犯した最大の罪悪とは、まだ息のある信徒から臓器を摘出したことにほかならない。周永康が掌握する公安省など中央政法委員会の傘下機関や、法輪功弾圧のための専門組織「610弁公室」の主導の下、国家ぐるみで信徒の臓器の摘出と売買が行なわれてきたというのである（「周永康活摘器官的秘密」）。なお欧米の人権団体も、周永康が主導したか否かには触れていないが、こうした法輪功サイドの主張を裏付けるような告発を行なっている。(5)

また周永康に対する批判の声は、著名な民主化運動の関係者の間からも上がっていた。周永康によって「法律の権威が失墜し、常に踏みにじられるようになった（1989年の民主化運動に参加した人権弁護士・浦志強《ほしきょう》）」（高強、2013: p. 326）、「中国がかつてのソ連や東ドイツのような警察国家に事実上変えられてしまった（海外メディアの明鏡新聞出版グループの創設者・何頻《かひん》）」という声が上がったのである（樊菊媗、2013: p. 222）。

もっとも周永康は、法輪功の信徒から怨嗟されようが、著名な民主化運動の関係者から批判されようが、全く意に介しなかった。というのは「弁明書」に言わせれば、周永康は「中国で1989年の風波のような政治的動乱が発生するのを回避できれば、経済発展に有利な環境をつくり出すことができる」ということを確信していたからだ。「1989年の風波」とは、言うまでもなく、史上空前の規模にまでなった民主化運動のことである。周永康からすれば、89年の民主化運動のような制御不能な「政治的動乱」をつくり出さないために、その元凶の芽を摘んだに過ぎなかったのである。

周永康が中央政法委員会トップの座にあった2008年9月に、リーマン・ショックが起こり、世界経済は一気に景気後退に陥ったが、中国は例外的に経済成長を遂げて、世界経済の牽引役《けんいん》となった。この点について、「弁明書」で周永康は「私の費やした努力が一定程度国家に貢献したことについては、誇りをもって言うことができる」としている（戈陽、2015: p. 80）。要するに周永康が「中国一の酷吏」となって、社会の安定の維持を図ったからこそ、リーマン・ショック後も中国は経済成長を遂げることができたというのである。

周永康は、大衆から見たイメージを重視する一方で、社会の安定の維持のためには、弾圧を躊躇することがなかった。周永康のこうした政治スタイルは、重慶市トップ（党委員会書記）にして政治的な盟友でもあった薄熙来のそれに類似していると言えるだろう。

ところで、周永康は逆説的に「中国一の酷吏」を自負していたが、今日の観点から、果たして本当にそのように言えるのだろうか。結論を先取りすると、否だ。周永康は「中国一の酷吏」のお株を、習近平とその配下の党幹部によってすっかり奪われているのである。

ここで確認すべき点がある。周永康が公安大臣や中央政法委員会トップを歴任していた10年間は、胡錦濤政権の時期と重なるが、同政権は集団指導体制をとっていた上に、周自身が中央政法委員会の独立王国化を企てていたことから、同政権下の弾圧には、周自身の意向が強く働いていたと言える。一方、習近平政権は集団指導体制を放棄して、習の一強支配体制を築き上げたことから、同政権下の弾圧には、習自身の意向が強く働いていると言える。

周永康が「中国一の酷吏」のお株をすっかり奪われている実態について、ウイグル族に対する弾圧の事例に即して見ていこう。周永康が中央政法委員会トップだった2009年6月に、漢族の工場労働者がウイグル族の同僚に対して、差別的なデマに基づき、集団で暴行を働いた挙句《あげく》、死者まで出すという事件が広東省で起こった。この一報を機に7月5日、新疆《しんきょう》ウイグル自治区の区都・ウルムチで、7・5事件と呼ばれるウイグル族による大規模な暴動が起こる。同自治区当局が武装警察を大量に動員するなどして、ウイグル族に対して厳しい弾圧を加えた結果、ウイグル族側の発表で3000人近くの死者を出すに至った。周永康が7月9日にウルムチ入りして「安定維持の工作を実地に指導していた」ことからも明らかなように（『人民日報』2009年7月10日付け）、この時のウイグル族に対する厳しい弾圧は、周の強い意向によるものだったと見てよいだろう。

一方、昨今、新疆ウイグル自治区トップ（党委員会書記）の陳全国《ちんぜんこく》は、習近平の強い意向を受けて、テロ取り締まりのための再教育という名目の下で最悪の場合、100万人以上のウイグル族などを強制収容所（中国側は「職業技能教育訓練センター」と称する）に送り込んできたと見られている。こうした弾圧は、米国政府によって「ジェノサイド」と認定されている。要するに、周永康の下では、ウイグル族は暴動でも起こさない限り、厳しい弾圧を加えられることはなかった。しかし習近平と陳全国の下では、ウイグル族は暴動も何も起こしていなくても、米国政府から「ジェノサイド」と認定されるほどの弾圧を加えられているのである。(6)

第3節　独立王国の形成と崩壊

独立王国の形成

周永康は2007年10月に党トップ9の政治局常務委員に昇格すると同時に、中央政法委員会トップに就任する。

ここで、政治局常務委員の権力について触れておこう。喬石は1987年に党トップ5の政治局常務委員に昇格したが、当時、実権を掌握していたのは、鄧小平をはじめとする長老だった。鄧小平ら長老は、胡耀邦や趙紫陽といった党トップの総書記でさえ自由に更迭することが可能だったのである。しかし92年に鄧小平のイニシアチブにより長老の権力基盤となっていた中央顧問委員会が廃止されたことに加えて、鄧自身が高齢ゆえに政務に目配りするのが困難になったこともあって、次第に江沢民を中心とする現職の政治局常務委員の権力が強化されるようになった。無論のこと「核心」とされた江沢民の権力が突出していたことは言うまでもない。なお政治局常務委員会の定数が5名、7名、9名と変動していても、常に奇数なのは、重大な問題をめぐって同委員会の内部で意見対立が生じた場合、最終的に多数決によって決定するためである。

周永康の抜擢の背景には、江沢民の思惑があった。2004年9月に江沢民は党中央軍事委員会主席のポストを胡錦濤に譲って、完全引退の意向を明らかにした。しかしその際、江沢民は自らの影響力を維持するために二つ布石を打っている。布石の一つが、重要な人事・政策は江沢民に報告するという内部規定を設けることであり、もう一つが、江の子飼いに権力の中枢ともいうべき実力組織を掌握させることだった。江沢民は、人民解放軍を掌握するために、中央軍事委員会副主席に制服組トップの徐才厚《じょさいこう》を据える一方、情報機関や治安機関などを掌握するために、中央政法委員会トップに周永康を据えたのである。徐才厚も周永康も重要な人事や政策については、胡錦濤の頭越しに、江沢民と相談して決めていた（峯村健司、2015: pp. 180–182)。

周永康は胡錦濤政権において、単なる江沢民の代理人に甘んじていたわけではない。周永康は自らの権力の強化を求めて、中央政法委員会の独立王国化を企てようとした、すなわち中央政法委員会を自らの勢力の牙城にしようとしたのである。そのために欠かせないのは、2011年以降、軍事費さえ上回るようになった巨額の治安維持費である。たとえば12年に治安維持費は約7017億6000万元（約12兆円、為替レートはいずれも1元＝17円）に上ったが、軍事費は約6702億元（約11兆400 0億円）だったのである（『日本経済新聞』2012年3月14日付け朝刊）。また治安維持費が巨額化するのに伴って、周永康の管轄下の人員数も膨大になった。12年に周永康の管轄下には公安省の250万人に加えて、武装警察の人員がいたが、それに対して、中央軍事委員会主席であった胡錦濤の管轄下の人民解放軍は200万人強だったのである（何足道、2014: p. 165）。

次いで欠かせないのは、胡錦濤や温家宝《おんかほう》、習近平を含む党幹部のスキャンダルの把握である。周永康が党幹部のスキャンダルを把握することさえできれば、党幹部は周を恐れて、中央政法委員会の独立王国化を黙認せざるを得なくなるだろう。周永康は党幹部のスキャンダルを把握するために、国家安全省の諜報網を利用している。

フーバー

こうして周永康は党内序列第9位とは思えないほどの強大な権力を手にするようになり、胡錦濤や温家宝の介入を排して、中央政法委員会の独立王国化に成功する。職権を用いてスキャンダルを把握するという周永康の手法は、米連邦捜査局（FBI）初代長官のフーバーのそれを彷彿《ほうふつ》とさせるだろう。

フーバーは1924年から死去する72年まで、FBI長官に居座り続けた（ただし34年までは司法省捜査局長という名称）。フーバーが半世紀近くもＦＢＩ長官の職にとどまることができたのは、無論のこと優れた手腕によってＦＢＩの権威を高めることに成功したからだが、それと同時に職権を用いて歴代大統領をはじめとする有力政治家のスキャンダルを収集して秘密ファイルを作成していたからでもある。フーバーはファイルの存在を示唆することで、歴代大統領にＦＢＩ長官のポストへの留任を認めさせ、ＦＢＩの独立王国化に成功してきた。

スキャンダルの把握

党幹部のスキャンダルの把握のために、周永康に協力した国家安全省の高官の一人が、北京市国家安全局長だった梁克《りょうこく》だ。梁克は１９７２年に吉林《きつりん》省吉林市で生まれ、87年に中共に入党し、90年以降、ほぼ一貫して北京市国家安全局で職務に励み、昇進を重ねてきた。いわば下積みを経て、北京市国家安全局長にまで上りつめた叩《たた》き上げの工作員だったのである。北京市国家安全局長となった梁克の権限は非常に大きなものとなった。北京には、監視対象である各国の大使館員やビジネスマン、反体制活動家、著名な知識人、地下教会のメンバー、陳情者などが集中していることから、北京市国家安全局は、国家安全省のスタッフ全体の半数近くを抱えているのである（劉千声、2014: p. 130）。

梁克は、周永康の指示の下、北京市国家安全局長の職権を利用して、胡錦濤や習近平、及びその他の政治局常務委員の行動を監視したり、電話を盗聴したりして、周に報告していた。２０１２年11月の中共第18回全国代表大会（第18回党大会）の開催前には、周永康の命令により、梁克は、新旧の国務院総理である李克強《りこくきょう》と温家宝、及び両者の親族や秘書の電話を盗聴して、スキャンダルを収集しようとしたとされている。周永康はスキャンダルをちらつかせて、李克強と温家宝が自らの人事案に同意せざるを得ないように仕向けるつもりだったのである。

梁克以外には、国家安全省次官だった馬建《ばけん》が、周永康に協力して、党幹部のスキャンダルの把握に努めている。馬建は1956年に江西省で生まれ、西南政法大学法律学部を卒業した。馬建は、現国家安全大臣の陳文清と大学のクラスメートだったことなどから、両者の間には何がしかの交流があったものと見られている。馬建は、一貫して国家安全省でキャリアを重ね、2006年には反テロ・防諜工作を担当する次官に昇格した。馬建は国家安全省のホープであり、失脚するまでは、将来の国家安全大臣の呼び声が高かったほどである。

馬建は、周永康の指示の下、次官の職権を利用して、梁克よりも広範囲にわたってスキャンダルを収集していた。「高級幹部」全体を網羅する個人データバンクを構築していたのである（「高級幹部」とは、「庁局級正職」以上のポストに就いている幹部のことであり、外交省新聞司長や寧波《ニンポー》市副市長なども含まれている）。その後の調査によって、周永康が当時国家安全大臣だった耿恵昌《こうけいしょう》の頭越しに、密かに馬建に様々な指示を出していたことが判明している。

一方、胡錦濤の最側近にして、党内調整を取り仕切る中央弁公庁の主任だった令計画《れいけいかく》も、馬建の「高級幹部」の個人データバンクを利用して、

馬建

スキャンダルを把握しようとしていた。そのため馬建は周永康と令計画の間を仲立ちした一人にちがいないと考えられている（翁衍慶、2018: pp. 139–141）。令計画は2012年3月、息子がフェラーリを運転して事故死した事件を内密に処理するために、中央政法委員会トップの周永康に協力を仰いだと言われている。

令計画は1956年10月に山西省《さんせい》平陸県《へいりく》で生まれ、印刷工場の工員や地元の中国共産主義青年団（以下、共青団《きょうせいだん》）の幹部を経て、79年に北京の共青団中央宣伝部に異動し、94年に同部長に就任した。(7)令計画は同じ共青団出身の胡錦濤から高く評価されたため、95年に中央弁公庁に異動し、胡が総書記に就任すると、最側近として2007年に同庁主任を務めるようになった。

また令計画は、山西省にゆかりのある政治家や実業家らの集まりである「西山会」を通して、江沢民派の薄熙来とも親交を深めていたと見られる。薄熙来は、元国務院副総理にして長老でもあった父親・薄一波が山西省出身だった縁で「西山会」に名を連ねていたのである（『朝日新聞』2014年12月24日付け朝刊）。なお薄熙来は2007年に重慶市トップに就任すると、大衆の怨嗟の的であるマフィアや腐敗役人を取り締まる「打黒」や、革命歌の合唱に大衆を動員する「唱紅」という毛沢東時代を彷彿とさせる政策を実行に移すことにより、大衆の人気を博していた。

馬建に話を戻そう。馬建が周永康に協力したのは、「高級幹部」の個人データバンクの構築だけではない。周永康は、外国の情報機関の首脳に対して、アフガニスタン領内に潜伏するウイグル族のイスラム過激派、北朝鮮の核計画、及びイランの原子力研究所などに関する機密情報を漏らしたとされている。こうした機密情報は、馬建の管轄下の部局が収集し提供したものだと見られている（翁衍慶、2018: p. 139）。周永康がこうした機密情報を漏らした意図については不明だが、もしかしたら、中国の国益を図るため、見返りに相手国から機密情報を得るという意図があったのかもしれない。

もっとも、周永康による機密情報の漏洩《ろうえい》が裏目に出て、中国の国益を危機にさらしたこともある。2012年8月、故金正日《キムジョンイル》の義弟・張成沢《チャンソンテク》が胡錦濤と一対一で会談した際、金正恩《キムジョンウン》を最高指導者の座から引きずり降ろして、代わりに兄の金正男《キムジョンナム》を擁立したいという旨の相談を持ち掛けた。胡錦濤はその場では態度を明らかにせず、相談内容について考慮するとのみ答えた。この密談内容を、馬建の管轄下の部局が入手し、周永康に報告すると、あろうことか周は秘密の通信経路で北朝鮮側に伝達したのである。その結果、金正恩が激怒して、13年12月に張成沢を処刑し、さらに張を頂点とする親中派を粛清するに至り、中朝関係にも一時深刻な影響が及ぶようになった（「周永康洩密罪可能致其死罪、馬建、郭文貴疑捲入」）。

クーデター計画の挫折

周永康は2012年秋に引退を予定していた。政治局常務委員は5年に一度の党大会の際に、68歳以上になっていると引退するのが慣例化していたからである。しかし周永康は、引退後も強大な権力を維持することを目論んで、クーデター計画を立てたと見られている。16年11月に習近平は、周永康や薄熙来らを名指しした上で、「少数の上級幹部が野心を膨らませ、派閥を作って地位を得ようとした」と非難したが（『朝日新聞』２０１６年11月3日付け朝刊）、クーデター計画の存在を示唆しているともとれるだろう。

周永康は薄熙来や令計画、徐才厚とともに「新四人組」を結成したとされているが、周ら「新四人組」のクーデター計画の概要は次のようなものである。２０１２年の第18回党大会で、薄熙来を政治局常務委員に昇格させるとともに、周永康の後釜《あとがま》として中央政法委員会トップにも就任させる。薄熙来は中央政法委員会トップの権限を用いて、総書記の習近平の汚職を摘発する。そして14年に開催される中央委員会全体会議において投票により習近平を罷免し、代わって薄熙来を新総書記に選出する。その際の票のとりまとめ役には、中央委員会で過半数を占める胡錦濤派を動かし得る令計画が当たるというものだった（石光剣ほか、2014: p. 150, 157）。

周永康らのクーデター計画は、予想外の王立軍事件が起こったことで挫折する。(8) 重慶《じゅうけい》市副市長兼公安局長の王立軍は、元来薄熙来の側近であり、薄の指示の下で「打黒」の陣頭指揮をとったり、胡錦濤をはじめとする党中央指導者の電話を盗聴したりしていた。無論のこと、王立軍はクーデター計画についても熟知している。いわば薄熙来の暗部を深く知る人物だ。しかし王立軍は、薄熙来と対立して公安局長を解任され、身の危険を感じたことから、２０１２年2月6日に成都の米国総領事館に亡命を求めて駆け込んだのである。

王立軍が米国総領事館に駆け込むと、周永康と胡錦濤・温家宝との間で、壮絶な駆け引きが始まる。周永康は、国家安全大臣の耿恵昌に命じて、同省の関係者の手で王立軍の身柄を確保させた。その際、周永康は耿恵昌に、党員の腐敗を取り締まる中央規律検査委員会に王立軍の身柄を引き渡してはならないと厳命している。しかし胡錦濤と温家宝が激怒したために、耿恵昌は最終的に周永康の命令に背くことを余儀なくされたのである（翁衍慶、2018: p. 137）。

もっともクーデター計画は、中央規律検査委員会の取り調べによってではなく、思わぬところから発覚している。クーデター計画は米国側によって暴露されたのだ。実は、王立軍は米国総領事館に駆け込んだ際に、薄熙来がクーデター計画を打ち合わせていた時の電話の録音を差し出していたのである（峯村健司、2015: p. 252）。

王立軍事件から約1週間後、米国時間の2012年2月13日から17日にかけて、国家副主席だった習近平は訪米して副大統領のバイデンと会談した。朝日新聞によれば、その際、バイデンは「これは友人としてのアドバイスだ」と前置きした上で、王立軍が米国側にもたらしたクーデター計画の概要を、習近平に伝えたというのである（『朝日新聞』2015年10月25日付け朝刊）。米国側がこのように非公式に伝えたのは、中国の権力闘争への介入に慎重な態度を示すためだったと見られている（石光剣ほか、2014: p. 148）。

薄熙来を死守する

胡錦濤や温家宝、習近平らは、薄熙来を失脚させる決意を固め、政治局常務委員会の会議を招集して、薄の処分に関して議論を始めた。議論のやりとりの詳細については明らかになっていないが、周永康は最後まで薄熙来を擁護している。その際、周永康と習近平との間で以下のような激論が交わされたとしても違和感はないだろう。

周永康は（中略）概ね次のように発言した。薄熙来の問題は結局のところ、工作の姿勢と方法の問題であり、せいぜいのところ人材の採用を誤り、管理が厳格でなかったということに過ぎない。王立軍はやたら人にかみつく狂犬に過ぎず、言っていることは全く信用ならない。薄熙来は工作が抜群な指導幹部であり、重慶の治世も目覚ましく、発展のスピードも全国の先頭に立っている。軽率に非難攻撃して、政治生命を断つべきではない。よく調べて、弁明の機会を与えるべきだ。それが党の一貫した幹部路線だ、と。

習近平は聞き終わると、感情を抑えて周永康に問いただした。「まだはっきり調べてもいないのに、どうして王立軍の言っていることが信用ならないということがわかるのか？　彼（筆者注：薄熙来）に腐敗問題がないとどうして断定できるのか？」

周永康は聞くや否や激しく反論した。「これでは先に（筆者注：薄熙来に腐敗問題があるという）筋書きを定め、後から証拠を探して、ひどい目にあわせるということになってしまうではないか？　こんな反腐敗では、全党の幹部のうち、誰が口先だけでなく心からも敬服するだろうか？もしこんなやり方が許されるのなら、（筆者注：腐敗問題の有無を）政治局常務委員の序列が上の者から順に、一人一人調べてからにしようではないか？」（戈陽、2015: pp. 16–17）。

上記の激論から、周永康の是が非でも薄熙来を守り通すという迫力が伝わってくるだろう。また周永康の主張に、周ほど強硬ではなかったにせよ、同じ江沢民派の政治局常務委員の呉《ご》邦国《ほうこく》や賈《か》慶林《けいりん》、李長春《りちょうしゅん》も同調していた。しかし前述のように、政治局常務委員会では、重大な問題をめぐって意見対立が生じた場合、最終的に多数決によって決定するという暗黙のルールが定められてきた。そのために政治局常務委員会の定数は常に奇数となっているのである。薄熙来の処分をめぐっては、失脚に賛同する者が、9名中5名を占めたことから、最終的に薄の失脚が決定する。賛同したのは胡錦濤と温家宝、習近平、李克強、賀国強《がこくきょう》であった（『朝日新聞』2012年7月13日付け朝刊）。

温家宝が2012年3月14日、全国人民代表大会の閉幕後の記者会見の席で、薄熙来を念頭に置いて「文化大革命の過ちと封建的な影響は完全には払拭できていない」と発言したのは、政治局常務委員会での議論に決着がついたことを物語っていた。その翌15日に薄熙来は重慶市トップを解任されたのである。

薄熙来
（写真・朝日新聞社提供）

なお当時、1998年に政界を引退して以来、鳴りを潜めてきた喬石が突如沈黙を破って、政治局常務委員会に薄熙来の逮捕を提言している。また喬石は、薄熙来の後ろ盾の周永康による中央政法委員会の独立王国化にも批判を強め、自らの現役時代の講話や報告を集大成した書籍の出版を通して、同委員会のあるべき姿を提示していた。

一方、周永康だけは薄熙来を最後まで守ろうとして、軍事クーデターの噂まで引き起こす元凶になっている。中央規律検査委員会は公安省当局に対して、薄熙来と息子の瓜瓜《かか》に多額の資金を提供していた大連《だいれん》の企業家、大連実徳の会長・徐明《じょめい》の身柄を引き渡すように要求していた。周永康は、公安省当局に中央規律検査委員会の要求を拒否せよと命じただけでなく、徐明の身柄を確実に自らの手元にとどめ置くために、武装警察まで出動させた。これに対して、中央規律検査委員会も徐明の身柄を奪おうと試みた。こうした徐明の身柄をめぐる緊迫した情勢を受けて、胡錦濤らは２０１２年3月19日、不測の事態に備えるために、人民解放軍の動員に踏み切る。このようにして人民解放軍を目の当たりにした北京の人々の間で、軍事クーデターの勃発という噂が広がったのである（石光剣ほか、2014: pp. 153–155)。

切り札と失脚

薄熙来の失脚が決定的になり、周永康の前途にも暗雲が漂い始めた。一方、奇《く》しくもこのタイミングで、海外のマスコミが相次いで習近平や温家宝の親族による蓄財疑惑を報じ始めている。

２０１２年6月、ブルームバーグが、習近平の姉・斉橋橋《せいきょうきょう》とその夫・鄧家貴《とうかき》らが3億７６００万米ドル（約４１４億円、為替レートはいずれも1ドル＝１１０円）に及ぶ資産を保有していると報じた。ブルームバーグが受け取った資料は１０００頁以上にも上ったが、資料には親族の身分証明書のコピーや住所、写真だけでなく、関係者の証言までもが記載されており、明らかに周到に準備されたものだった。

続いて2012年10月、ニューヨーク・タイムズが、温家宝の国務院総理就任以来、温の母親や妻、息子ら親族が、温の地位を利用して、27億ドル（約2970億円）もの資産を手に入れたと報じた。特に温家宝夫人の張蓓莉《ちょうばいり》は、中国のダイヤモンド利権を一手に収めていたことから、海外の宝石商から「ダイヤモンド女王」と呼ばれており、その利権には温の弟らも深く絡んでいた（**興梠一郎、2013: pp. 8–9, p. 11**）。

なお、温家宝の親族による蓄財疑惑の出所について、香港のメディアは「党内極左保守派、軍系統と政法系統の上層部」だと報じている（**冉中校、2012: p. 30**）。「軍系統と政法系統の上層部」とは、徐才厚や周永康らにほかならないだろう。習近平の親族による蓄財疑惑の出所についても、同様だと考えられる(9)。そうした蓄財疑惑はいずれも、周永康が梁克や馬建を通じて、国家安全省の諜報網を利用して収集してきたものだろう。追い詰められた周永康は、ついに切り札を出したというわけである。

しかし、周永康が出した切り札も、習近平や温家宝を少々狼狽《ろうばい》させただけに過ぎなかった。習近平政権が発足すると、習の右腕・王岐山の率いる中央規律検査委員会によって、周永康はまず外堀を埋められる。30人を超える副省長・次官級以上の幹部を含む元部下、及び親族が次々に摘発されたのである（**峯村健司、2015: p. 272**）。周永康は、江沢民や曽慶紅に助けを求めた。前述のように、特に曽慶紅は、同じ石油閥に属する周永康を党中央に抜擢しただけでなく、同じ「太子党」に属する習近平を次期最高指導者に推薦したことから、周と習にとって恩人とも言える存在だったのである（戈陽、2015: pp. 30-31）。しかし江沢民も曽慶紅も、習近平が周永康ら「新四人組」を摘発するという決断を下してからは、すでに周との関係を完全に断ち切っていた（石光剣ほか、2014: p. 157）。

周永康は、2014年12月に党籍を剥奪され、15年6月には収賄と職権乱用、国家機密漏洩の罪状によって、無期懲役と政治的権利の終身剥奪、個人財産の没収などの判決が下された。収賄については、周永康がその妻子とともに約1・3億元（約22億円）の賄賂を受け取ったほか、職権を乱用して家族らに約21・4億元（約364億円）の不正な利益をあげさせたと認定された（『朝日新聞』2015年6月12日付け朝刊）。また国家機密漏洩については、判決では具体的に触れられていないが、前述のように、胡錦濤と北朝鮮の張成沢との間の密談内容を漏洩したことや、習近平や温家宝の親族の蓄財疑惑を暴露したことを指しているものと考えられる[10]。

もっとも、習近平は周永康の政治生命を絶つことには成功したものの、周の切り札を完全に封じ込めることまではできなかったようだ。

郭文貴

周永康に協力した国家安全省の高官のうち、梁克については、2014年2月に梁が「他の党指導部への行動監視や盗聴を繰り返し、結果を周氏に伝えていた」ことを受けて、「共産党が「党や国家への反逆行為」などの疑いで調査を進めている」と報じられた（『日本経済新聞』2014年2月27日付け朝刊）。

一方、馬建は2015年1月に失脚し、18年12月に無期懲役と全財産没収の判決を言い渡されたことが報じられたが、罪名は収賄罪のみで「党や国家への反逆行為」に言及されることはなかった。ただ注目すべき点は、収賄罪の具体的な内容だ。馬建は1999年から2014年にかけて、職権を利用して、政商の郭文貴《かくぶんき》が実質的に支配する企業などのために便宜を図った見返りに、約1・1億元（約18億7千万円）を受け取ったとされたのである（『朝日新聞』2018年12月28日付け朝刊）。

馬建は、収賄罪に問われただけだったが、郭文貴との癒着を指摘されたことで、かえって馬の「高級幹部」のデータバンク問題が、非常に深刻なものであることが浮き彫りになったと言える。郭文貴は現在、米国に逃亡して、中国政府から国際手配されている身だが、インターネットを通して、中国政府の要人のスキャンダルを次々に暴露しているのである。郭文貴のバックにいる中国の政治家や官僚の素性については、不明な点が多いが、少なくともかつて馬建が郭のバックにいた一人であり、かつ郭の情報源の一部が馬の「高級幹部」のデータバンクであるのはまちがいないだろう[11]。

郭文貴
（写真・朝日新聞社提供）

郭文貴によるスキャンダルの暴露のうち、最も衝撃的だったのは、2017年4月に習近平の右腕・王岐山の親族の腐敗疑惑を明らかにしたことである。王岐山は、中央規律検査委員会トップ（書記）として、反腐敗闘争を陣頭指揮し、薄熙来や周永康らを失脚に追い

鮑彤
（写真・朝日新聞社提供）

込んだ人物だ。王岐山はかつて海南省トップ（党委員会書記）も務めたが、郭貴文によれば、王の親族が王の権力を盾に同省を拠点とする海南航空を私物化してきたというのである（『朝日新聞』2017年5月18日付け朝刊）。王岐山の親族のこうした腐敗疑惑は、習近平の親族の蓄財疑惑と同様に、昨今強力に推し進められている反腐敗闘争が、単なる政争の具に過ぎないことを白日の下にさらしたと言ってよいだろう。

そこで中国当局も反撃に出る。郭文貴が王岐山の親族の腐敗疑惑を暴露したのと前後して、郭のいかがわしさを印象付け、暴露内容の信頼性を貶《おとし》めるような動画を公開したのである。それは、馬建が白い壁を背に手を組み、カメラ目線で「私と郭（筆者注：文貴）は利益共同体だった」と独白するというものだった。馬建は動画の中で、職権を使って郭文貴の商売敵を拘束したり盗聴したりした見返りに、貴金属や不動産を含む6000万元（約10億2000万円）相当の賄賂を受け取ったり、ニューヨークに留学した娘のマンションの家賃を払ってもらったりしたと明かしたのである（『朝日新聞』2017年8月11日付け朝刊）。

中国当局が郭文貴にいかがわしい印象を与えようとしているにもかかわらず、郭による党幹部のスキャンダルの暴露は、鮑彤《ほうとう》のような人物にも大きな影響を与えているようだ。鮑彤は趙紫陽の元秘書だったが、天安門事件後、法的処分を受けて国家機密漏洩罪などで懲役7年の刑を科された。鮑彤は今日もなお中国内外から、中国の良心と目されている人物である。鮑彤は北京で30人ほどが集まった私的な集会の場で「郭文貴は私の先生だ」とした上で、以下のように述べている。

郭文貴は私の視野を開いてくれた。私は、共産党はどんな色か？　ということをかねてから考えてきた。私は赤色だとずっと言ってきた。一方、郭文貴は私に黒色だと教えてくれたのである。これは私の思考の筋道を開いてくれた。（中略）郭文貴は黒色という色譜を通して、共産党を研究すべきだということを私に教えてくれたのである（莫又民、2017: pp. 8–9）。

「赤色」と「黒色」という比喩で鮑彤が言わんとしているのは、次のようなことだろう。かつて胡耀邦や趙紫陽が目指していた民主化志向の政治改革の障害となったのは「赤色」だった。「赤色」とは、中共の一党独裁体制を正当化する社会主義のイデオロギーを指している。鄧小平が胡耀邦や趙紫陽もろとも民主化志向の政治改革を葬ったのは、何よりもそうした社会主義のイデオロギーを信奉していたからである。今日、習近平もそうした社会主義のイデオロギーを信奉していると繰り返し表明している。

しかし、郭文貴が王岐山をはじめとする習近平政権の要人の腐敗疑惑を暴露してくれたおかげで、今日、民主化志向の政治改革の障害になっているのは「黒色」だということが明らかになった。「黒色」とは、中共の一党独裁体制の下で市場経済への移行とともに肥大化した党幹部の不当な既得権益を指している。習近平が民主化志向の政治改革を抑圧しているのは、何よりもそうした党幹部の不当な既得権益を擁護するためなのである。習近平が「赤色」を持ち出すのは「黒色」を隠すためにほかならない、と。

目下のところ、こうした中共に対する認識の変化は、鮑彤だけでなく、党内に残存している改革派の間でも生じているものと思われる。自他ともに「中国一の酷吏」と認めてきた周永康が、中央政法委員会の独立王国化のために収集してきた党幹部のスキャンダル。それが、郭文貴の手によって公衆の面前にさらされ、ひいては将来的に民主化志向の政治改革を再び起動させる契機になるなら、ヘーゲルの「理性の狡知《こうち》」の実現とも言えるだろう。

第5章　国家安全大臣列伝

第1節　凌雲（在職期間：1983－85年）

気質と能力

1983年7月に設置された国家安全省の初代大臣に任命されたのは凌雲だ。後述するように凌雲は、潘漢年の直属の部下だった揚帆の失脚に関与したり、康生によって失脚を余儀なくされたりするなど、潘や康の両者と浅からぬ因縁があった。凌雲（本名は呉《ご》沛霖《はいりん》）は、1917年6月に現在の浙江省嘉興《かこう》市で生まれた。嘉興といえば、凌雲が誕生した約4年後に、南湖《なんこ》の船上で中国共産党（以下、中共）第1回全国代表大会（以下、第1回党大会）が開催されている。第1回党大会は上海のフランス租界で開催されていたが、租界の警察当局に探知されたために、急遽嘉興の南湖の船上に会場を移したのである。

凌雲は1938年4月に中共に入党し、翌年延安に赴いて陝北《せんほく》公学に入学し、幹部養成のための教

国家安全省の外国人スパイの通報サイトの画面。ちなみに国家安全省のホームページは存在していない（写真・朝日新聞社提供）

育を受けた。その後、41年8月に康生がトップを務める情報機関の中央社会部に配属された。凌雲はその後も一貫して情報畑を歩み、昇進を重ねる。52年2月に山東省済南《さいなん》市公安局長から中央の公安省政治保衛局副局長に転任すると、そのまま同局長、同省次官に昇格した。そして83年7月に国家安全省が設置されると、初代大臣に任命されたのである。

　凌雲は、初代の国家安全大臣だったにもかかわらず、謎に包まれている人物だ。凌雲は、伝記もなく、回想録もなく、記者の取材を受け付けることもほとんどなかったのである。凌雲の死後に、ようやく凌に関する記事が2編ほど発表されたに過ぎない。凌雲が生前、自らについて語ることをあえて控えた背景には、様々な機密を扱う情報畑を一貫して歩んできたことに加えて、兪強声亡命事件［210－211頁参照］、すなわち国家安全省の直属の部下が米国に亡命するという一大スキャンダルによって、大臣の辞職を余儀なくされたということがあるだろう。

　しかし、そうした点を差し引いても、凌雲は自らについて語ることを過度に拒んでいたと言える。凌雲はごく親しい友人に対してさえ、自らについて語ろうとはしなかったのである。凌雲夫妻の数少ない交際相手の一人である陳龍《ちんりゅう》夫人の余《よ》海宇《かいう》でさえ、凌が生前「自らについて語るのを聞いたことがない」と証言している（宗春丹、2018: p. 68）。

なお、陳龍はモスクワ留学を経て、延安で中央社会部の要職に就いた。1945年8月から10月にかけて重慶で開催された毛沢東と蔣介石の会談（米国の仲介の下で、国共関係の調整を議題として行なわれ、内戦回避や政治協商会議開催などに合意した）に際して、陳龍は毛の警護を務めている。中華人民共和国成立後、陳龍は公安省で要職を歴任した。凌雲にとって、陳龍は「私の一生を変えた」と述べるほど、厚い信頼を寄せる上司だった。また陳龍にとっても凌雲は信頼の置ける部下だったようである。凌雲が公安省政治保衛局副局長に抜擢されたのは、当時、政治保衛局長にして公安省次官でもあった陳龍が病身だったために、信頼できる人物を身近に置く必要があったからだ（修来栄、2011: pp

凌雲（1917-2018）1938年、中共に入党する。康生がトップを務める中央社会部に配属される。中華人民共和国成立後、山東省済南市公安局長や公安省次官などを歴任し、その間、揚帆の査問に関与する。文化大革命期に迫害される。その後、公安省次官に復帰し、83年に初代国家安全大臣に就任するが、兪強声亡命事件が発生し、大臣の辞職を余儀なくされる。

.249–250)。

凌雲は総じて、他人に対して自らを閉ざす傾向が強かったようである。その点について、凌雲が公安省政治保衛局に異動してから長らく部下を務めていた胡治安《こちあん》が、以下のように述べている。

凌雲は軽々しく喋《しゃべ》ったり笑ったりせず、時には「お高くとまる」印象さえ与えていた。（筆者注：公安省庁舎の）中庭を散歩している時、凌雲が誰かと挨拶しているところをほとんど見掛けたことがなかった（宗春丹、2018: p. 69）。

凌雲が挨拶さえ拒むほど、同僚に対して自らを閉ざしていたのは、胡治安夫人が言うように「職業柄、人付き合いの際にも、距離を置いたり防御したりしようとする意識が働いて、観察の視線で人と接することが習慣化してしまった」からなのかもしれない。しかしそれよりも、凌雲には元々自らを閉ざす気質があったところに、長年にわたる情報機関での職務が加わって、そうした気質によりいっそう拍車がかかったと言った方が実態に近いのではないだろうか。そうした気質は、人々に不愉快な印象を与える一方で、見ようによっては、様々な機密情報の秘匿を求められる情報機関での職務に向いていると言えるかもしれない。

凌雲は自らを閉ざす気質に加えて、胡治安に言わせれば、「実務能力が抜群であり、観察力に優れ、記憶力は目を見張らせるほどだった」。特に凌雲の記憶力については、胡治安が次のようなエピソードを紹介している。1970年代前半になっても、中国各地の監獄や労働改造所には数多の国民党関係者が拘留されていたが、凌雲は「誰がどのような職務に就き、建国前にどのような犯罪行為があり、どのようにして逮捕され、改造の際の態度がどのようであったか、すらすら明確に述べた」というのである（宗春丹、2018: p. 69, 71）。

凌雲は情報機関での職務に必要とされる気質も能力も、一定程度兼ね備えていたようである。凌雲が生涯にわたって情報畑を一貫して歩み、初代国家安全大臣にまでなったのも、うべなるかな、と言えるだろう。

揚帆の処分をめぐって

もっとも毛沢東指導下の中国では、凌雲はそうした気質や能力を十全に発揮することができず、冤罪事件に加担せざるを得ない時もあった。凌雲が加担した冤罪事件のうち、最も有名なものは1955年4月に起こった「潘漢年・揚帆事件」〔51－53頁参照〕だ。当時、潘漢年と揚帆は上海市政府において上司と部下の関係にあった。潘漢年が上海市副市長を務め、揚帆が同市公安局副局長や局長を務めていたのである。凌雲は特に揚帆の処分に深く関与している。

揚帆は、毛沢東死後の1980年に名誉回復を果たすが、その際、消息筋から揚の「処分案を作成したのは凌雲だ」という声が上がった。凌雲は終始、揚帆の罪状に誇張した部分があるとしても、揚は必ずや査問を受けるべきだと考えていた、というのである。これに対して、陳龍夫人の余海宇は、揚帆の処分は党中央の指導者によって最終決定されたことから、凌雲に冤罪の責任を押し付けるのは適切ではないと述べている（宗春丹、2018: p. 69）。

凌雲自身も、揚帆の冤罪について、自らの責任を問う声が聞こえてきたからか、公安省の上司だった徐子栄《じょしえい》をめぐる回顧録のなかで、毛沢東夫人・江青の圧力のせいだと示唆する以下のような一文を記している。

江青は1930年代の上海における左翼文化界の一部の人々に対して恨みを募らせ、かねて文化界をやり玉に挙げようと企んでいた。幾度も子栄同志を訪問しては、30年代以来の上海左翼文化人のなかには、多くの裏切り者やスパイが潜んでいると言い立て、公安省に徹底的な究明を要求していたのである。子栄同志はたいへん困惑した。江青が私怨を晴らすために、故意に人々をひどい目に遭わせようとしていることを理解していたからである。こうしたでっち上げの事件をどうやって「究明する」のか？　ずるずると引き延ばして、何も行なわないでおくよりほかないだろう（凌雲、2004: p. 47）。

「1930年代の上海における左翼文化界の一部の人々」には揚帆が含まれている。ここで、江青が揚帆に私怨を抱くに至った経緯について補足しておこう。揚帆は日中戦争の前夜、上海文化界救国会の責任者の一人だったが、その頃、江青の前夫・唐納《とうのう》とともに活動していた。そのため、江青が女優だった時分に起こしたスキャンダルや、国民政府当局によって逮捕・釈放された際の状況について、色々な消息を耳にするようになる。その後、江青は唐納と離婚して、上海から延安に赴き、毛沢東と恋に陥って、再婚話が出るようになった。その際、中央東南局トップ（書記）だった項英《こうえい》が、揚帆から の聞き取りに基づいて、再婚に反対する旨の電報を毛沢東に送ったのである。江青は後になってこの電報に目を通すと、当然のことながら揚帆に恨みを抱くようになった（尹騏、2002: pp. 40–41）。

もっとも、江青がそうした私怨に駆られて「潘漢年・揚帆事件」を引き起こしたと見なすことには、慎重にならざるを得ないだろう。潘漢年の査問に当たった羅青長が述べるように、当時の江青は、潘漢年や揚帆のような幹部を失脚させられるような地位にはなかった上に（羅青長、1996: p. 24）、「潘漢年・揚帆事件」の発生前後、江青は病気療養のために中国とソ連の間を行き来していたのである[1]。

話を凌雲に戻すことにしよう。凌雲は、党中央の要求に従って揚帆を逮捕して投獄したものの、徐子栄とともにせめてもの救済策を講じたのか、文字通り「ずるずると引き延ばして、何も行なわない」状態をつくり出す。即決裁判の中国では珍しく、査問に10年もの歳月をかけたのである。揚帆は1965年8月になって、ようやく判決が下されることになり、16年の有期刑と政治的権利の終身剝奪の処分に付されることになった。

一方、揚帆は凌雲に対して、どのような感情を抱いていたのだろうか。揚帆は自伝のなかで、「1955年4月12日、主管部門の局長が私に逮捕と査問を宣告した」と述べているが、「主管部門の局長」とは凌雲にほかならない。揚帆は、凌雲が宣告した際の態度から、自らをめぐる事件が「敵・味方の問題」、すなわち最も罪が重いとされる「反革命」の問題として扱われることを明確に認識していた。「反革命」罪ありきの査問だったのである。しかし揚帆は自らの無罪を確信していた。そうしたことから、10年もの歳月を費やした査問は、揚帆にとって以下のようなものになったのである。

査問に際して、私の解放以前のこと、私の従事した情報機関での工作、上海解放後のスパイ粛清工作などについて、数えきれないほど尋問がなされ、説明を行なった。いずれも証拠があり、調査が可能である。私が口を酸《す》っぱくしてどれだけ繰り返し説明しようと、何の役にも立たなかった。私は完全に反革命に位置付けられていたのである。他の人々を「同志」と呼ぶと、きまって罵《ののし》られるのだった。この夢のような、夢でないような境遇にあって、私の内心の苦痛は筆舌に尽くし難いほどであった。

（中略）

私が「実事求是（筆者注：事実に基づいて、物事の真理を追求すること）」に基づいて答えていると、しばしば「不誠実だ」「態度が悪い」ととがめられたものである（揚帆、1989: pp. 52–54）。

揚帆の尋問に凌雲が直接当たっていなかったとしても、尋問者は凌の直属の部下であり、凌の尋問の方針にのっとっていたにちがいない。党中央の「反革命」罪ありきの方針に従わざるを得なかったとしても、せめてもの救済策として、査問に10年もの歳月を費やしたのだろうが、それでも揚の自尊心を傷付け、精神的虐待を加えてきたのは紛れもない事実だと言ってよいだろう。揚帆が凌雲に対して憤《いきどお》りを覚えていても不思議ではない。消息筋から、揚帆の冤罪について凌雲の責任を問う声が上がっているのも、揚の憤りを反映しているものと思われる。

ただし当時の凌雲には、揚帆を尋問する際、いささかでも揚の自尊心に配慮すれば、自らも揚と同じ運命をたどるという不安があったのかもしれない。というのは、「潘漢年・揚帆事件」に先立って「高崗・饒漱石事件」【53頁参照】が起こった際、康生が党中央に対して書簡を送り、凌雲はかつての上司だった饒漱石に買収された「反党分子」にほかならないと告発していたからだ（凌雲が山東省済南市公安局長を務めていた頃、饒漱石は同省など数省を管轄する中央華中局トップ〈書記〉だった）。この時、公安省次官だった陳龍が、初代公安大臣を務めていた羅瑞卿《らずいけい》に「康生はデタラメを言っています」と進言し、羅もまた同意したことによって、凌雲は辛うじて事なきを得ていたのである（修来栄、2011: p. 267）。

康生との関係とプロレタリア文化大革命

凌雲は公安省政治保衛局時代、揚帆の処分をはじめとして、複数の冤罪に加担したが、1966年にプロレタリア文化大革命（以下、文化大革命）が始まると、今度は凌自身が冤罪に陥れられる。初代公安大臣などを歴任し、人民解放軍総参謀長だった羅瑞卿が文化大革命の前夜に失脚すると、65年に公安省次官に昇格したばかりの凌雲も「彭真・羅瑞卿・徐子栄・凌雲潜入スパイ・グループ」というレッテルを貼られて、失脚したのである。そして揚帆と同じ秦城《しんじょう》監獄に7年間収容されることになった。

凌雲は当時、自らが失脚したのは康生のせいだと考えていた（宗春丹、2018: pp. 70–71）。ここで凌雲と康生の関係について見ていこう。凌雲は、前述のように1941年8月に康生がトップを務める中央社会部に配属されたが、すぐに康から厚い信頼を寄せられるようになった。そのせいか、党内では、凌雲という変名は康生が付けたと噂されるようになり、甚だしきに至っては、同郷のよしみで康と強く結び付いていた江青が付けたという次のような噂まで出てくるようになる。42年頃、江青が康生のもとを訪れたところ、ちょうど康は凌雲と変名をどうするか話し合っているさなかだったが、江が「私は凌雲がよいと思う」と口を挟んだ、というのである（「夜話中南海―鄧小平到死没有原諒的中共情報頭子凌雲」）。

しかし康生の凌雲に対する信頼の念も、延安から山東省に場所を移すと、ひびが入るようになる。1947年冬、康生は故郷の山東省で土地改革工作団の指導を委嘱されると、凌雲を自らの秘書にした。しばらくすると、康生夫人の曹軼欧《そういつおう》が、現地の幹部の妻がかつて国民党の三民主義青年団に参加していたことから、その妻を国民党スパイだと見なして、凌雲に摘発を求めた。しかし凌雲は、その妻の身辺を調査したところ、問題がないと判明したので摘発を見送った。これを機に、康生夫妻は、凌雲が「おかしいことを見抜いた」というのである。

それでも康生は凌雲を重用し続けた。康生は山東分局トップ（第一書記）に就任すると、凌雲を山東省の省都・済南市の公安局副局長（後に局長）に任命したのである。その後、康生は饒漱石によりスパイ疑惑を提起されて精神的に追い詰められたこともあってか、療養と称して山東省を離れた。一方、曹軼欧は済南市に残って山東分局組織部副部長に就任したが、夫・康生のスパイ疑惑のためなのか、自らも監視されていると信じ込んでいた。そこで山東分局の指導者らは凌雲に、曹軼欧との間をとりなすように依頼した。しかし凌雲はとりなしに成功しなかったばかりか、かえっての曹軼欧の機嫌を損ねてしまって、康生からも絶縁されてしまったのである。凌雲は後年「私は愚かなことをしてしまって、本当に後悔している」と周囲に漏らすようになった。

さて文化大革命期に、造反派は凌雲を投獄しただけでなく、他の幹部への迫害の口実を得るために、しばしば拷問を伴う尋問を行なった。その際、陳龍夫人の余海宇によれば、凌雲は「自分を守るために、少々喋り過ぎた」結果、「多くの人々から恨みを買ってしまった」というのである（宗春丹、2018: pp. 70–71）。たとえば当時、公安省で要職に就いていた丁兆甲《ていちょうこう》は、劉少奇らをかばうために、劉らに関する資料を手元にとどめ置いたという言いがかりを造反派につけられたが、その際に以下のようなやりとりがあったという。

造反派は丁兆甲に尋ねた。「凌雲はおまえに劉少奇の資料を表に出すなと言ったそうじゃないか。資料がおまえの手元にあるのなら出してこい」。丁兆甲は否定した。造反派は言った。「凌雲は認めているのだ、おまえに6回もそのように言ったとな」。丁兆甲は言った。「私には全く記憶がない。私と凌雲に互いの発言を照合させてほしい。いつ私に話したのか。6回も証明する必要などない。1回でも証明できれば、私は喜んで処分を受けるだろう」。造反派は秦城監獄に行って、凌雲を尋問した。凌雲は言った。「私もいつそのように言ったのかはっきり覚えていないのだ」（宗春丹、2018: p. 70）。

実際のところ、劉少奇らの資料が丁兆甲の手元にないことは、凌雲自身がよく知っているはずだった。にもかかわらず、凌雲は自らを守るために、造反派の筋書き通りに供述して、丁兆甲を迫害する口実を提供するに至ったのである。一般に情報機関の工作員には、拷問に屈しない程の強靭《きょうじん》な精神力が求められるものだが、残念ながら凌雲には欠けていたようである。

「右派」の名誉回復と鄧小平との関係

1975年1月に華国鋒が国務院副総理とともに公安大臣に就任すると、凌雲は他の公安省の幹部とともに釈放され、同省次官と政治保衛局長への復帰を認められるようになった。

当時の中国は激動の渦中にあった。1976年9月に毛沢東が死去すると、その半年前に国務院総理に昇格したばかりの華国鋒が、江青ら「四人組」の逮捕に踏み切る。翌10月、華国鋒は党中央主席・中央軍事委員会主席も兼務することとなり、中国の最高指導者となった。しかしその正統性を担保したものは、毛沢東の「あなたがやれば私は安心だ」というメモだけであり、党内基盤は盤石とは言えなかった。そのため華国鋒は文化大革命の終結を宣言したものの、亡き毛沢東の権威にすがらざるを得なかったのである。一方、77年7月に復活した鄧小平は、胡耀邦の助力を得て、華国鋒に対する権力闘争を開始した。華国鋒に対する権力闘争は、同時に毛沢東の権威を相対化する闘争でもあった。鄧小平は華国鋒を制して、中国の事実上の最高指導者になると、毛沢東の影響を一掃して、改革開放に大きく舵《かじ》を切る。

こうした激動の渦中にあって、凌雲はどのように対処してきたのだろうか。鄧小平の権力闘争の進展と軌を一にして、1978年より「反右派闘争」に際して「右派」とされた人々に対する査問が改めて実施されることになったが、凌雲は公安省を代表して、査問の責任者の一人になった。56年、中共が人々に自由な発言を奨励する「百花斉放《ひゃっかせいほう》・百家争鳴《ひゃっかそうめい》」の運動を発動すると、知識人などの間から中共批判が噴出した。これに驚愕《きょうがく》した毛沢東は57年から58年にかけて、一転して「右派」による政権転覆の陰謀があると断じ、約55万人もの人々を失脚に追い込んだ。これを「反右派闘争」という。「右派」とされた人々のうち、一部は59年と62年に名誉回復の対象となった。しかし大半は「右派」とされたままであり、地主、富農、反革命分子、悪質分子とともに「黒五類」の一員として、監視と抑圧の対象となってきたのである。

当時、凌雲を含む査問の責任者は、その多くが文化大革命期に冤罪によって監獄や「牛棚《うしごや》（寒村の小屋）」に入れられていたことから、「右派」とされた人々の大半が自分たちと同様に冤罪に巻き込まれたにちがいないと考えていた。しかし、いざ会議を招集すると、具体的な査問のあり方をめぐって、当時の政治情勢を反映して、二つの意見に分かれてしまったのである。

一つは、鄧小平や胡耀邦が権力闘争に際して用いたスローガン、「実践は真理を検証する唯一の基準である」という原則にのっとり、「右派」という罪状をいったん白紙に戻した上で、改めて査問を実施すべきだとする意見だ。この意見に基づくのなら、「右派」とされた人々の名誉回復は「平反《ピンファン》（そもそも右派ではなく、完全な冤罪だった）」という完璧なものになり得る。

もう一つは、なおも政権を維持していた華国鋒のスローガン、「二つの全て（毛沢東の意思決定と指示を断固擁護すること）」という原則にのっとり、毛によって認可された59年と62年の規定に基づいて、改めて査問を実施すべきだとする意見だ。この意見に基づくのなら、「右派」とされた人々の名誉回復はせいぜい「摘帽子《ジャイマオズ》（レッテルをはがす意。元来は右派であったが、今後は右派ではないということ）」どまりになる。

凌雲は華国鋒のスローガンにのっとった意見に与していた。凌雲は1962年の名誉回復の責任者の一人だったが、その際、「摘帽子」の範囲を広げ過ぎたために、党中央から批判されるという苦い経験をしていた。凌雲は会議の席で発言を求めると、こうした苦い経験を交えながら、「摘帽子」どまりにして、「平反」にまで踏み込むべきではないと出席者を説得しようとした。

しかし、凌雲の発言が終わると、党中央組織部副部長の楊士傑《ようしけつ》が発言を求め、反論を始めた。楊士傑は直属の上司である党中央組織部長・胡耀邦の報告を引用しながら、「我々の手で新たな無実・でっち上げ・誤審などの事案をつくり出してはならず、我々の手抜かりのために、かつての無実・でっち上げ・誤審などの事案が長期にわたって解決に至らないようなことがあってはならない」などと述べたのである。発言が終わると、会議の出席者は割れんばかりの拍手を送った。こうして「右派」とされた人々のほぼ全てに当たる約55万人が「平反」という完璧な名誉回復を遂げることになったのである。後に胡耀邦は、楊士傑が「会議で大砲を打ってくれた、上手《うま》く打ってくれた！」と称えている（胡治安、2013）。

凌雲は、「右派」とされた人々の査問に際して、明らかに鄧小平や胡耀邦よりも、華国鋒寄りの立場に立っていたと言えるだろう。しかしそれをもって、凌雲を華国鋒に連なる人脈に属していると見なすのは早計だ。凌雲は同時に鄧小平の信頼も勝ち得ていたのである。凌雲は康生夫妻の不興を買った末に、文化大革命に際して失脚の憂き目を見ただけに、バランス感覚を研ぎ澄ませていたのだろう。

鄧小平が凌雲に厚い信頼を寄せていたのは、1979年1月末から2月初めにかけて鄧が初訪米した際に、凌を警備の責任者に任命したことからもうかがえる。当時は、1月1日に米中国交正常化が実現したばかりであり、緊迫した情勢下にあった。最大の後ろ盾である米国との断交に追い込まれた台湾の蔣経国《しょうけいこく》政権の対応次第では、鄧小平の初訪米のさなかに不測の事態が生じる恐れもあったのだ。(2)そのため、凌雲の責任は非常に重大なものとなったが、凌は見事に鄧小平の期待に応えて、鄧の信頼をさらに勝ち得ている。

1983年7月、党中央調査部と公安省政治保衛局などが合併して、国家安全省が設置されることになった。その際、鄧小平は、当時、党中央調査部長だった羅青長ではなく、羅より格下の公安省次官だった凌雲を初代大臣に抜擢するという異例の決断を下している。鄧小平が羅青長を嫌っていたにせよ、凌雲が抜擢された背景には、鄧の凌への厚い信頼があったと見てよいだろう。鄧小平はさらに85年9月の第12期5中全会で、凌雲を中央委員、すなわち党のトップ約200名の一員に昇格させ、さらに中央政法委員会副書記に任命するつもりでいた（何頻ほか、1997: pp. 279–280）。しかしその矢先の4月に兪強声亡命事件が発生する。

兪強声亡命事件

兪強声とはどのような人物なのだろうか。実は兪強声にとって、兪正声は実弟に当たる。兪正声は、2012年に習近平政権が発足した際に、政治局常務委員に就任して党内序列第4位にまでなった大物政治家だ。兪強声・正声の父親の兪啓威《ゆけいい》（黄敬という変名の方が人口に膾炙《かいしゃ》している）は天津市トップ（党委員会書記）などを歴任した最高クラスの幹部だった。また兪強声・正声の母親は北京市副市長などを歴任した有能なキャリア女性だった。(3) ということで、兪強声・正声は「太子党」にほかならない。

兪強声が米国に亡命した背景には、文化大革命がある。兪強声・正声の父親の兪啓威は若かりし日、まだ上海で女優活動をする前の江青と恋に陥り、同棲生活を送ったことがあった（結婚していたとも言われている）。江青が中共に入党する際、紹介者となったのは兪啓威だった（何頻ほか、1997: p. 267）。江青は、元恋人（もしくは元夫）の兪啓威と結婚し、輝かしいキャリアを積んでいた兪強声・正声の母親に対して、かねてから密かに嫉妬心を抱いていたのだろうか。文化大革命が始まると、兪強声・

正声の母親は迫害され、兪強声・正声を含む子どもたちもその影響を被ったのである（なお兪強声・正声の父親の兪啓威は文化大革命前に病死している）。

兪強声の実弟・兪正声は、上海市トップ（党委員会書記）を務めていた２０１１年に行なった講演のなかで、文化大革命が家族に及ぼした影響について、以下のように語っている。

> 私の母は１９６６年に打倒の対象となり、68年に投獄され、75年に釈放された。釈放された後、私は母の精神が尋常でないことを感じ取った。常に迫害されている感覚を抱いていたのである。一昨年に死去するまで、母はいかなる健康診断もずっと拒んできた。私の妹は「文化大革命」が始まった時、高校生だった。学校で批判闘争に引きずり出され、後に統合失調症となって、自殺してしまった（「夜話中南海──鄧小平到死没有原諒的中共情報頭子凌雲」）。

兪正声
（写真・朝日新聞社提供）

一方、兪強声は母親や妹とは正反対の道をたどっている。文化大革命の発動当時、兪強声は北京市公安局政治保衛処で防諜工作を担っていた。兪強声は「太子党」だったことから、「政治的に信頼できる」ということになり、高校卒業後、党中央調査部に属する国際関係学院を経て、北京市公安局に配属されたのである。文化大革命が始まると、兪強声は躊躇することなく自ら母親を告発することで、造反派の信任を獲得し、失脚を免れることができた。さらに兪強声は造反派に加担して、公安省や検察院、法院（裁判所）の要人に対してだけでなく、多くの知識人に対しても、自らの権限を利用して凄惨な迫害を加えるようになった[4]（「夜話中南海—鄧小平到死没有原諒的中共情報頭子凌雲」）。

文化大革命が終了して、改革開放が始まっても、兪強声は江青ら「四人組」とともに失脚することなく、北京市国家安全局を経て、国家安全省北米情報局長に任じられていた。しかし兪強声を「三種人」として告発する手紙が、日を追うごとに多くなっていた。「三種人」とは文化大革命期にのさばった三種類の者ということで、造反してのし上がった者、派閥思想の酷《ひど》い者、暴力を振るったり破壊や略奪を行なったりした者を指している。１９８３年の「整党（文化大革命期にのし上った人物への粛清）」に際して「三種人」はパージの対象となっていた。兪強声が85年にＣＩＡの手引きに従って、香港を経て米国に亡命しようと決意した動機の一つとして、「三種人」の認定と、それに伴う官途の断絶を憂慮していたことが指摘されている（何頻ほか、1997: p. 280）。

兪強声は米国に亡命すると、国家安全省の機密情報をＣＩＡに明かした。そのなかには海外に潜伏するスパイのリストも含まれていた。その結果、１９８５年11月に米国に潜伏していたラリー・ウタイ・チン（中国名は金無怠）という大物スパイが逮捕される事態になる。チンは、ＣＩＡの職員でありながら、52年頃から中国スパイとなって、朝鮮戦争時の中国捕虜の取り扱いや、ベトナム戦争時の米軍の作戦情報、対中国国交正常化交渉の舞台裏などの機密情報を中国に渡すことで、少なくとも14万ドルの報酬を受け取っていたと見られている。チンは86年2月に自死を選んだ（『朝日新聞』１９８５

年11月25日付け朝刊／『朝日新聞』1986年2月22日付け夕刊）。また米国だけでなく、東南アジア諸国におけるスパイ網も、かつてないほど深刻な破壊を被り、再建までに少なくとも5年を要しなければならなかった（鄭義、1996: p. 224）。

最高機密の漏洩とペナルティ

元来、ラリー・ウタイ・チンのような外国に潜伏するスパイの素性については、国家安全省の内部でも、大臣の凌雲をはじめとする数名が把握していただけである。兪強声も本来ならば、外国に潜伏するスパイの素性という最高機密を知り得る立場にはなかった。事情は党中央でも同様だった。政治局会議で、チンの逮捕に関して報告がなされると、多くの政治局委員が驚愕している。政治局委員でさえ、自国のスパイのなかに、チンのように米国の機密情報にアクセスできるような地位にある者がいるなどとは思いもよらなかったのである。

では、誰が兪強声にラリー・ウタイ・チンの存在という最高機密を漏洩したのだろうか。皮肉なことに、友人や同僚に対してさえ自らを閉ざしていた凌雲だったのである。凌雲は兪強声を過度に信頼していたのだ。それは、兪強声を「三種人」として告発する手紙が大量に舞い込む事態になっても変わらなかった。凌雲は是が非でも兪強声を守り抜くつもりだったのか、「三種人」の問題をめぐって、兪と二度にわたって話し合いの場をもち、兪の不安を払拭しようと努めていたのである（何頻ほか、1997: pp. 279–280）。

なお、凌雲の部下だった胡治安も当時、文化大革命期の言行が問題視されて、危うく「三種人」に認定されるところだった。しかし凌雲が直々に「整党」の担当者に向かって、「君たちはまちがったことをしている、胡治安は造反派ではない」などと抗議して、守り抜いたのである（宗春丹、2018: p.71）。凌雲は文化大革命期に造反派から迫害を受けていたことから、「三種人」と認定された者のパージ自体には賛同していたものと思われるが、兪強声であれ、胡治安であれ、一度信頼を寄せた部下に対しては、周囲がどのように評価しようと、とことん信頼を寄せるところがあった。自らの人物の目利きに自信があったのだろう。

兪強声亡命事件が起こると、鄧小平の直々の命令により、凌雲は1985年5月に国家安全大臣を辞職させられた上、スパイか否かについて厳格に調査されることになった。8月に新たに国家安全大臣に着任した賈春旺が、長期間にわたって秘密裏に凌雲を調査した結果、凌が兪強声に最高機密を漏洩したのは、スパイ行為のためではなかったことが完全に証明され、公的な処罰を免れることができた。

もっとも、その後も凌雲は、鄧小平によって事実上のペナルティを科されている。当時、およそ老齢を理由に辞職した大臣クラスの幹部は、全国人民代表大会や全国政治協商会議の常務委員などの栄誉職をあてがわれた上で、その多くが中央顧問委員会委員に就任していた。しかし凌雲は辞任した後、一切栄誉職をあてがわれず、中央顧問委員会入りも許されなかったのである。(5) また親族訪問や観光などの名目で出国することも終生不可能になった（「夜話中南海—鄧小平到死没有原諒的中共情報頭子凌雲」）。鄧小平の怒りの大きさが知られるだろう。凌雲は国家安全大臣を辞職した後、鄧小平に宛てて、自己批判の書簡をたびたび書き送ったが、鄧が果たして目を通したか否か定かではない。なお凌雲の直属の上司に当たる中央政法委員会トップ（書記）の陳丕顕も、事実上兪強声亡命事件の責任をとる形で、1985年9月に辞任を余儀なくされている（何頻ほか、1997: pp. 280–281）。

晩年の凌雲は、兪強声亡命事件をめぐる周囲の人々の批判に対して、一切弁解がましいことを言わずに、ひたすら沈黙を保ってきた。凌雲は、鄧小平に自己批判の書簡を書き送るためだろうか、静かに自らを省みる日々を送っていたようだ。これに関して、エピソードがある。凌雲は、1952年2月に公安省政治保衛局副局長に就任すると、撫順《ぶじゅん》戦犯管理所を含む各地の戦犯管理所の業務を担当するようになった。撫順戦犯管理所には当時、日本人の戦犯や、溥儀をはじめとする満州国関係者、国民党の戦犯が収容されていた[6]。凌雲は91年に撫順市史編纂を担当する部局（撫順市政協文史委員会）の主任の訪問を受けた際に、以下のような会話を交わしている。

（筆者注：撫順市政協文史委員会主任は）「凌大臣、実を言うと、私はあなた自身について長い時間調べてきました…」と言った。この言葉が出ると、たちどころに凌雲の「質問」に遭った。「今日に至るまで、私は自分自身についてなおもよくわかっていないのだ。君は私を長い時間調べただと？　言ってみるがよい、私は一体どんな人間なんだ?」（宗春丹、2018: p. 72）

「私は一体どんな人間なんだ？」というのは、晩年の凌雲が静かに自らを省みる日々のなかで反芻《はんすう》していた問いだったのだろう。

第2節　賈春旺（在職期間：1985－98年）

清華大学

2代目の国家安全大臣は賈春旺だ。賈春旺は1938年5月に北京で生まれた。賈春旺は、父親が元北京市副市長だったことから「太子党」の一員だと言える[7]。

賈春旺は1958年に、理数系の最高学府である清華大学工程物理学部に入学し、核物理学を専攻した。核物理学は言うまでもなく、核兵器や原発といった国策と密接に関わる分野だ。賈春旺を含む当時の清華大学の学生は（水利学を専攻した胡錦濤もその一人）、国家の富強のためという観点から専攻を選んだと言われている（杜萌、2008: p. 45）。

また、賈春旺は大学在学中から政治活動に積極的に参加していた。賈春旺は、学長をはじめとする清華大学の指導部から目をかけられていたこともあって、同大学の中国共産主義青年団（以下、共青団）トップ（書記）を務めている[8]。1964年に卒業すると、清華大学に残って教鞭を執る一方で、同大学の党委員会の役職にも就いた（鄭義、1996: pp. 219–220）。

賈春旺は、清華大学教員として順調なスタートを切ったが、1966年に発動された文化大革命の嵐に巻き込まれて挫折を余儀なくされる。造反派によって、批判闘争に引きずり出され、さらに「下放」と重労働を強いられたのである。72年になって、賈春旺は復職を許され、清華大学で教鞭を執るかたわら、同大学の共青団や党委員会の役職にも就く。さらに83年から北京市党委員会に異動して、副書記や規律検査委員会書記などの要職を歴任した。

賈春旺（1938-）1962年、中共に入党する。清華大学卒業後、同校で教職に就く。文化大革命期に迫害を受ける。その後、清華大学の教職に復帰し、北京市党委員会に異動する。1985年に国家安全大臣に就任し、天安門事件では強硬な解決を主張する保守派に接近する。陳希同失脚に寄与したとされ、公安大臣や最高人民検察院検察長を歴任する。

国家安全大臣への抜擢

1985年5月、兪強声亡命事件〔210-211頁参照〕の責任をとる形で、凌雲が国家安全大臣を辞任した。胡耀邦が9月、賈春旺を後任の大臣に抜擢したのは、何よりも賈が胡の権力基盤である共青団の出身だったからだ。胡耀邦は81年6月に党中央主席（後に総書記）に就任すると、自らに忠実な情報機関や治安機関を確立したいと考えていたが、賈春旺はまさにそうした期待に応えられるように映ったのである（翁衍慶、2018: p. 128）。

賈春旺が胡耀邦に近いということは、胡と喬石の関係が良好だったことから、喬にも近いということを意味しているだろう。兪強声亡命事件の責任をとる形で、陳丕顕が中央政法委員会トップを辞任すると、喬石はその後任に指名されており、賈春旺の直属の上司になった。海外のチャイナ・ウォッチャーからも、賈春旺は元来喬石の人脈に属していると見られていたのである（ロジェ・ファリゴ、1999: p. 206）。

また、賈春旺は鄧小平の眼鏡にもかなっていた。文化大革命が発動されても、賈春旺は文化大革命前からの大学指導部に忠実な「保皇派」の立場に立っていたのである。賈春旺は造反派から迫害されても、決して屈することなく、他人の罪をでっち上げるための供述書の類に署名することを拒み通していた。とりわけ鄧小平から高く買われたのは、文化大革命の後半になっても、賈春旺が造反派の新たな大学指導部に協力しようとしなかった点だ。当時、清華大学の新たな指導部は、鄧小平の二度目の失脚に際して、重要な役割を果たしていたのである（鄭義、1996: p. 225）。

なお、鄧小平の失脚と復活について補足しておくと、鄧小平は文化大革命発動時の最初の失脚の後、1973年3月に劇的な復活を果たした。しかし76年4月に北京市民が周恩来の追悼を理由に、江青ら「四人組」批判の運動を起こすと、運動の黒幕とされて、二度目の失脚を余儀なくされたのである。鄧小平は77年7月に二度目の復活を果たしている。

賈春旺が国家安全大臣に着任した当時、兪強声亡命事件を機に、国家安全省の内部では腐敗の蔓延といった深刻な悪弊が明るみに出ていた。胡耀邦は賈春旺にこうした悪弊の一掃を期待していた。賈春旺は40代の働き盛りの年齢だったことに加えて、これまで国家安全省とは無縁で、省内にしがらみがなかったからである（翁衍慶、2018: p. 128）。

また当時、兪強声亡命事件を機に、国家安全省の海外スパイ網は壊滅状態に陥っていた。喬石は、党中央対外連絡部での工作を通して、海外の原事実に近い情報を収集し分析・評価することの重要性を改めて認識するようになっていただけに、賈春旺に海外スパイ網の再建と諜報能力の強化を期待したことだろう。

もっとも、国家安全省内の腐敗の摘発は、その他の党や政府の機関以上に困難だと言える。中共による一党独裁体制の下で、ただでさえ司法機関の独立が許されていない上に、国家安全省の工作がその性質上、機密性を帯びているからだ。賈春旺の下でも、国家安全省の腐敗は依然として深刻なままだった（鄭義、1996: p. 228）。

一方、賈春旺の下で、海外スパイ網の再建や諜報能力の強化が首尾よく進んだかどうかについては、事が事だけに秘密のヴェールに包まれており、評価が難しい。ただ少なくとも、喬石が重視する著名な民主化運動の活動家たちの監視や分断に成功したのは確実だと言えそうだ。国家安全省はスパイを、著名な活動家たちによって結成された「中国民主団結聯盟《れんめい》（以下、民聯）」などの組織に潜入させ、内部対立を煽り、組織の分裂や対立を誘発したのである。(9)

賈春旺が国家安全大臣の職責を離れてから10年以上たった2010年、筆者自身もニューヨークで、スパイの暗躍によって著名な民主化運動の活動家たちが分断に追い込まれた状況を目の当たりにしている。当時、筆者が主として調査したのは、いずれもクイーンズ区フラッシングに事務所を構える5つの中国民主党を名乗る組織だった。筆者がそのなかの一つの組織の代表に対して、なぜ互いに同じ党名を名乗っているのに、一緒にやろうとしないのかと尋ねると、どこそこの組織の代表の誰それは中共のスパイだ、軍人の経歴があるからまちがいない、だからあそことは一緒にやっていけないなどと打ち明けられたものである（柴田哲雄、2011: p. 98）。

日常の勤務時の態度

話を賈春旺に戻すことにしよう。賈春旺の日常の勤務時の態度はどのようなものだったのだろうか。

賈春旺は1985年から98年までの約13年間、国家安全大臣を務めたが、98年3月に公安大臣に転任し、2002年12月に最高人民検察院に異動すると、翌03年3月に検察長（検事総長に相当）に就任している（08年に引退）。国家安全大臣時代には、その職掌柄メディアに登場することは全くなかったが、同大臣の職責を離れてからは、時折メディアに登場するようになった。

検察長時代、賈春旺は中国メディアから、終始「控え目かつ慎重」な態度をとり「話題がない人物」と見られていた。「控え目かつ慎重」な態度は、国家安全省における長年にわたる機密性の高い工作を通して慣習化したのだろうと考えられていた（「人物誌」p. 21）。

賈春旺の「控え目かつ慎重」な態度を端的に示す事例を一、二挙げてみよう。メディア対応について言うと、賈春旺は、賈自身のことを取材したいと申し込まれても、ずっと謝絶してきただけでなく、最高人民検察院の活動を取材したいと申し込まれた場合でさえも、副検察長に任せて、自らは取材を受けようとはしなかった。服装については、賈春旺は視察などで地方に行く場合でさえも、必ず法服を着て、ネクタイを結び、徽章《きしょう》を付けていた。昨今、中国要人は、党大会のような場でこそ背広にネクタイ姿で登場するが、視察などで地方に行く際には、しばしばラフな服装をしている。賈春旺にはそうしたところが一切なく、常に正装だったのである。

また、賈春旺は検察長時代、基本的に毎日早朝に出勤して、精力的に仕事をこなしていた。賈春旺の人柄の良さについても、関係者が異口同音に認めている。人柄の良さを端的に示すエピソードを挙げてみよう。最高人民検察院が主催した全体表彰式の終了後、賈春旺は検察長として、表彰者数十名と記念の集合写真を撮ることになった。その時、表彰者の一人が賈春旺とツー・ショットで記念写真を撮ってもらいたいと要望した。当時、正午近くだった上に、一人一人と写真を撮っていては時間もかかり、ただでさえ多忙な賈春旺に余計な負担になるのではないかと、賈の部下は案じた。しかし賈春旺は快諾して、終始笑顔で表彰者全員とツー・ショットの撮影に応じたというのである（杜萌、2008: pp. 45–46）。

賈春旺のこうした検察長時代の日常勤務時の態度は、国家安全大臣の職責に就いていた時分も変わらなかっただろう。

出世を重ねる

賈春旺は、文化大革命という非常時には造反派に屈しない程のまれに見る胆力《たんりょく》を示した一方で、日常の勤務時には控え目かつ慎重に振る舞い、周囲からその人柄の良さを認められてきたような人物だった。こうした人物だったからこそ、党中央の激しい権力闘争に際しても、冷静に対処してその時々の勝者の信頼を博し、出世を重ねることができたのだろう。

胡耀邦が学生デモへの対処を批判されて、1987年1月に失脚すると、賈春旺はそれを他山の石とするかのように、89年の民主化運動に際しては、穏便な解決を目指していた趙紫陽や喬石らとは距離を置いて、強硬な解決を主張する保守派の李鵬や姚依林らに接近する⑽（後出の当時北京市長だった陳《ちん》希《き》同《どう》も保守派と同じ立場に立っていた）。喬石が自らの派閥の形成に積極的でなかったこともあって、賈春旺は喬の直属の部下だったにもかかわらず、李鵬らに接近できたのだろう。

賈春旺は、李鵬らの意を汲《く》むかのように、血の弾圧に口実を与えることになる報告書を、党中央に提出している。報告書は、弾圧の前日に当たる6月2日の会議で、李鵬によって紹介されたが、その内容とは、米国と台湾が中国国内の民主化運動や国外の「民聯」に直接介入しているとして、警戒を促すものだった。換言すると、民主化運動は「国の内と外の反動勢力の結託によって生み出された」ものにほかならず、「その目標は共産党の打倒と社会主義制度の破壊にある」というのだ（張良、2001、邦訳：pp. 357–358）。喬石が当時、留保を付けながらも評価していた民主化運動参加者の「愛国心」を、賈春旺は完全に黙殺したというわけである[11]。賈春旺は、報告書が高く評価されたことから、天安門事件後も、引き続き国家安全大臣の職責にとどまることができた[12]。

しかし天安門事件後、賈春旺が頼みの綱としていた保守派の李鵬や姚依林らの権勢は退潮を余儀なくされる。退潮の契機は、1992年1月から2月にかけて、鄧小平が市場経済化の加速を号令する「南巡講話」を行ない、反対する保守派と一線を画する意志を鮮明にしたことだ。それまで保守派に同調しがちだった江沢民も「南巡講話」以後、市場経済化の加速を推進するようになったことから、鄧小平の強力な支持を得て、実権を掌握するようになった。その過程で、保守派は長老もろとも政権中枢から次第に排除されていったのである。特に天安門事件に際して、李鵬らに同調して血の弾圧を支持し、北京市トップ（党委員会書記）に昇格していた陳希同に至っては、失脚して投獄までされる有様だった。1995年4月の北京市副市長の自殺を機に、陳希同の汚職が表面化したのである。

陳希同
（写真・朝日新聞社提供）

保守派の失墜と軌を一にして、賈春旺の地位も不安定化しているという憶測がなされるようになる（鄭義、1996: p. 228）。たとえば江沢民が「中央と地方の上級幹部」の江への忠誠度などを調査するために「秘密警察」的な組織を設置したところ、この措置によって一部の機能が奪われる国家安全省の反発を招いたと報じられた（『朝日新聞』1995年10月18日付け朝刊）。この報道の内容が事実か否かはさておくとしても、賈春旺の地位の不安定化を反映したものであったことは確かだろう。

もっとも、賈春旺は最終的に失脚するどころか、1998年に国家安全大臣から公安大臣に転任し、さらには最高人民検察院検察長に就任して、権勢をさらに拡大させている。そこで賈春旺が李鵬らを見限って、江沢民らに取り入ったのではないかという憶測がなされるようになったのである。

昨今、中国の政界では、政敵に対する監視や盗聴などが広く行なわれてきたが、法輪功サイドによれば、それは陳希同の失脚から始まったという。当時、江沢民は国家安全省の諜報網を使って、陳希同のスキャンダルを暴いたというのである（「耿恵昌去職　習攻破国安部堡塁（完整版）」）。当然のことながら、国家安全大臣だった賈春旺の協力があったにちがいない。陳希同が1998年に逮捕されるや、賈春旺が公安大臣に転任したという絶妙のタイミングからも、転任は、賈が陳の失脚に大きく貢献したことに対する論功行賞なのではないかと見られている（翁衍慶、2018: p. 131）。

賈春旺が公安大臣に転任してからまもなくすると、江沢民の意を体して辣腕《らつわん》を振るう機会が訪れた。法輪功への一斉弾圧である。法輪功サイドに言わせれば、賈春旺は法輪功を迫害した主犯の一人にほかならない。江沢民政権による法輪功への一斉弾圧は1999年7月から始まるが、賈春旺が公安大臣の職位にあった2002年までが、迫害が最も酷い時期だったというのである（「迫害法輪功主犯賈春旺罪状公告」）。一方、法輪功サイドによれば、賈春旺の元上司である喬石は、江沢民の弾圧方針に反対していたという。賈春旺は民主化運動に続いて、法輪功をめぐっても、喬石とは距離を置いて、弾圧の方針に粛々と従ったと言えそうである。

第3節　許永躍（在職期間：1998－2007年）

陳雲の秘書

3代目の国家安全大臣は許永躍だ。許永躍は1942年7月生まれであり、現在の河南省南陽《なんよう》市鎮《ちん》平《へい》県の出身である。許永躍の父親は陳賡《ちんこう》の秘書だった[13]。陳賡は中央特科で情報科長を務めていたが、顧順章が国民政府に寝返ったのを機に軍事部門に転じ、中華人民共和国成立後には人民解放軍副総参謀長や大将を歴任した。50年代には北ベトナムに赴き、ホーチミンに協力して戦役を指揮していたこともある。許永躍の父親は陳賡の秘書を務めた後、党中央統一戦線工作部弁公室主任や人民解放軍国防科学技術委員会弁公庁副主任などを歴任した。ということで、許永躍もまた「太子党」の一員と言えるだろう（翁衍慶、2018: p. 131）。

許永躍は1960年7月に人民解放軍に入隊し、その後、北京市人民公安学校に送られた。64年に北京市人民公安学校を卒業すると、同校に残って教官になり、続いて中国科学院弁公庁、教育省弁公庁、文化省弁公庁で勤務したが、いずれも公安警備を担当していた（鄭義、1999: p. 387）。中共への入党は、公式発表では72年となっている[14]（「国家安全部部長許永躍」）。

許永躍は1983年から92年まで保守派の長老・陳雲の秘書を務め、陳の中央顧問委員会主任への就任に伴って、88年には同委員会副秘書長も兼務するようになった。許永躍は、陳雲から重要な政治の節目に際して頼りにされるほど極めて有能な秘書だったと言える。たとえば89年5月、陳雲は民主化運動の空前の盛り上がりに危機感を抱き、中央顧問委員会常務委員会で「我々は鄧小平同志を「頭目」とする中国共産党中央を断固として擁護する」という決議を採択させた。しかし翌日の『人民日報』への掲載に当たって、許永躍は陳雲に「頭目」を「核心」に代えるように進言したのである。周知の通り「核心」はその後、胡錦濤を除いて、中共の最高指導者に冠せられる公式表現となっている。

また1992年1月から2月にかけて、鄧小平は南部の諸都市を視察して「南巡講話」、すなわち外資の積極的な導入をはじめとする市場経済化の加速を号令する談話を発表した。「南巡講話」を受けて、陳雲は4月に許永躍を広東・福建両省の経済特区などに派遣して、一カ月間視察させることにした。許永躍が視察に出発する際、陳雲は「君が行った後、私が君を行かせたのだ、君は私の代理として行ったのだと報告しておこう」と述べている。要するに陳雲は党全体に対して、鄧小平の「南巡講話」を支持していることを間接的に伝えようとしたのである（「晩年陳雲與鄧小平：心心相通─訪国家安全部部長、原陳雲同志秘書許永躍」pp. 16-17）。

陳雲がここまで許永躍に信頼を寄せたのは、許が単に有能であったばかりでなく、思想的にも陳自身に近い立場だったからだと思われる。陳雲は元来、西側諸国からの資本の導入に対して消極的な姿勢をとっていたが、その背景には、陳の持論である「鳥籠経済（計画経済を主とし市場経済を従とする）」論ばかりでなく、陳の西側諸国に対する強い不信感があった。一方、許永躍も1996年、さすがに「南巡講話」の後だけに西側諸国からの資本の導入の必要性を一応認めはしたものの、西側諸国に対して不信感をむき出しにするような論説を公表していたのである[15]。

許永躍（1942-）1972年、中共に入党。中国科学院弁公庁などで公安警備を担当する。陳雲の秘書を務めていた間、江沢民の信頼を得たことから、98年に国家安全大臣に抜擢される。大臣時代、国家安全省の改革により評価される一方、今日、周永康とともに失脚した同省次官・馬建の抜擢について責任を問われているものと見られる。

国家安全大臣への抜擢

許永躍は陳雲の秘書を務めると、1993年に河北省政法委員会トップ（書記）に転任し、さらにその後、同省党委員会副書記を兼務することとなった。98年3月に賈春旺が国家安全大臣から公安大臣に転任すると、許永躍は他の有力候補を押しのけて、国家安全大臣に大抜擢される（2007年8月まで）。それは何よりも江沢民の強力な後押しがあったからだ。

1989年に趙紫陽が失脚すると、後任の総書記を選ぶに当たって、陳雲は鄧小平に江沢民を強く推薦した。そうしたことから、江沢民は陳雲に恩義を感じて、折に触れて陳を表敬訪問していた。その際、陳雲の秘書だった許永躍は、陳の体調がよく、精神状態が最もよい頃合いに、江沢民が接見できるようにするなど細やかな心遣いを見せている。また総書記に就任したばかりの頃の江沢民は、多くの「太子党」から内心侮られていたが、そのなかにあって許永躍は江に心から敬意を払っていた。こうしたことから許永躍は江沢民の歓心を得ることができたのである。

許永躍は、国家安全大臣に就任すると、江沢民やその側近の曽慶紅と極めて密接な関係を結ぶようになる。曽慶紅は、国家安全省の諜報網を党幹部の審査に利用しようと目論んで、当時大臣だった賈春旺に持ち掛けた。賈春旺は、北京市トップの陳希同に対する監視・盗聴には協力したものの、曽慶紅のさらなる協力の依頼に対しては婉曲《えんきょく》に断っていた。しかし許永躍は大臣就任後、曽慶紅に協力して党幹部への監視・盗聴を本格化させたのである。(16) 胡錦濤政権が成立した後も、許永躍は胡や温家宝よりも、江沢民や曽慶紅の意向を優先したことから、国家安全省は江沢民派の牙城と化したと言われるようになる（翁衍慶、2018: p. 133, 135）。

許永躍による法輪功への弾圧についても触れておこう。1999年7月より法輪功への一斉弾圧が始まったが、許は無論のこと、江沢民の意を体して弾圧に積極的に加担した。その結果、法輪功サイドは許永躍に「六大罪状」を突き付けるに至った。

「六大罪状」の前半の三つは、国内での弾圧に関するものであり、後半の三つは、海外での弾圧に関するものだ。国内での弾圧に関しては、スパイを潜入させて、信徒のリストなどの情報を収集したり、法輪功弾圧のための会議に参加したり、公安省や「610弁公室（法輪功弾圧のための専門組織）」と結託して弾圧を行なったりしたことが挙げられている。海外での弾圧に関しては、マフィアを雇って、米国に在住している法輪功の創始者・李洪志の暗殺を図ったり（未遂に終わる）、海外在住の法輪功の信徒が中国に一時帰国した際に、拉致してスパイになるように脅迫したり、マフィアやごろつきを雇って、神韻《しんいん》芸術団の公演を妨害したりしたことが挙げられている（劉文定、2016）。

もっとも、許永躍に突き付けられた「六大罪状」は、周永康や賈春旺に突き付けられた罪状に比べれば、相対的に軽かったと言えるだろう。法輪功サイドは周永康に対しては、信徒の臓器の摘出と売買を主導したとして糾弾し、また賈春旺に対しては、法輪功を迫害した主犯の一人だと非難していたのである。

国家安全省の改革

さて、許永躍は国家安全大臣在任中、指導体制の合理化のための諸改革に取り組もうとした。第一に、許永躍は国家安全省の組織系統の改革に踏み切り、中央の意向を地方の現場に浸透させようとしている。

国家安全省の組織系統は、中央の国家安全省、省・自治区の国家安全庁、省・自治区に属する「地級市（ハルビン、南京、寧波、済南、武漢、深圳《しんせん》などの計15市）」の国家安全局、さらに「地級市」に属する区域の国家安全局分局などといったランク別になっている。(17) ランクごとの主管業務は全国ほぼ同じだ。

許永躍が改革に踏み切る前には、国家安全省の組織系統は、指揮・命令関係が曖昧な状態だった。たとえば「地級市」の国家安全局は、その「地級市」の人民政府（行政機関）の一部門とされ、「地級市」の国家安全局長は、その「地級市」の人民政府がその「地級市」の人民代表大会常務委員会（立法機関）に任命を申請するという仕組みになっていた。要するに「地級市」の国家安全局は、その「地級市」が属する省・自治区の国家安全庁よりも、その「地級市」の人民政府や人民代表大会常務委員会の意向に左右されがちだったのである。

許永躍の改革の結果、「地級市」の国家安全局は、もはやその「地級市」の人民政府の一部門ではなくなり、その「地級市」が属する省・自治区の国家安全庁に直属することになった。また「地級市」の国家安全局長も、その「地級市」の人民代表大会常務委員会から任命されるのではなく、その「地級市」が属する省・自治区の国家安全庁から直接任命されることになった。要するに少なくとも形式上は、中央の国家安全省、省・自治区の国家安全庁、省・自治区に属する「地級市」の国家安全局、「地級市」に属する区域の国家安全局分局などを貫く指揮・命令関係が明確になり、中央の意向を地方の現場に浸透させやすくなったのである（劉千声、2014: p. 142）。

第二に、許永躍は国家安全省の傘下の企業の整理に踏み切っている[18]。その背景には、1998年7月に江沢民が直々に、人民解放軍や武装警察、公安・司法機関の傘下の企業が腐敗の温床になっていると批判して、傘下の企業の整理を命じたことがある（『朝日新聞』1998年8月1日付け朝刊）。

国家安全省の傘下の企業も例外ではなく、腐敗が深刻化し、諜報工作などの能力の低下を招いていた。国家安全省は、米国に500社もの傘下企業を進出させ、各企業に諜報工作などの拠点を設けて、数多の工作員を送り込み、膨大な経費を使っていた。しかし許永躍によれば、工作員の多くが最高クラスの幹部の子弟の留学をサポートするために駆り出されたり、また傘下の企業の大半が諜報工作などよりも営利活動に力を入れたりしていたために、期待通りに成果をあげることができなかったというのである。

許永躍の上記のような諸改革は、決して首尾よく進捗したわけではなく、度重なる妨害に直面した。許永躍は、妨害が起こるのは、前大臣の賈春旺に忠誠を誓う勢力が既得権益を死守しようとしているからだと結論付ける（翁衍慶、2018: pp. 133–134）。許永躍が妨害を排して、既得権益にメスを入れ、諸改革にどこまで成功したかについては、事が事だけに確かなことは言えない。せいぜいのところで、許永躍は賈春旺に忠誠を誓う勢力の既得権益にメスを入れられただけで、自らに忠誠を誓う勢力の既得権益には触れずじまいだったにちがいない。ただし後任の大臣の耿恵昌に比べると、許永躍の方が諸改革への取り組みの面で、国家安全省内での評価は高かったようだ（劉千声、2014: p. 142）

官途の最後

許永躍は諸改革を推進して、腐敗の一掃に尽力してきたが、皮肉にも許自らがスキャンダルを起こしてしまう。許永躍は台湾の女性スパイと関係をもった末に、その女性スパイが香港で活動しやすいように、各種の便宜を図っていたのである。このスキャンダルが発覚すると、許永躍は胡錦濤や温家宝らの怒りを買って、本来ならば2008年に退任する予定だったところを、石もて追われるように1年前倒しされることになった（07年8月に退任）。ただし幸運にも、表向きは責任を問われることなく、全国人民代表大会内務司法委員会副主任委員という栄誉職をあてがわれている。

もっとも、許永躍の幸運もそこまでだった。周永康の失脚と前後して、国家安全省次官の馬建が2015年1月に失脚した。馬建は周永康に協力して、胡錦濤や習近平をはじめとする党幹部のスキャンダルを収集する目的で、「高級幹部」の個人データバンクを密かに構築していたのだ。その結果、馬建を抜擢した許永躍も責任を問われて、自宅軟禁の処分に付され、北京から出ることを許されず、どこで誰と会ったかなどについて、全て当局に報告することを義務付けられるようになったというのである（翁衍慶、2018: pp. 135–136）。

第4節　耿恵昌（在職期間：2007－16年）

謎めいたプロフィール

4代目の国家安全大臣は耿恵昌だ。耿恵昌が国家安全大臣だった際に公表されたプロフィールは、以下のように非常に簡略なものだった。

1951年11月に出生し、本籍は河北省であり、大卒の学歴である。国家安全省次官、同省党委員会委員、同省党組副書記に任じられた。

2007年8月30日、第10期全国人民代表大会常務委員会第29回会議は、耿恵昌を国家安全大臣に任命すると決定した（「耿恵昌同志簡歴」）。

耿恵昌のプロフィールには、卒業した大学名や国家安全省次官に就任するまでの経歴さえ伏されている。そのため香港・台湾や海外のチャイナ・ウォッチャーも、耿恵昌のプロフィールに関して正確な情報をつかんでいるわけではない。耿恵昌が謎に包まれているのは、一貫して国家安全省の関連組織で勤務し、初の内部昇格の大臣になったことと関係があるだろう。もっとも耿恵昌と同様に、情報畑を一貫して歩んできた初代国家安全大臣の凌雲でさえも、プロフィールはもう少し詳細に知られている。

耿恵昌のプロフィールをめぐって様々な憶測がなされているが、共通しているのは、耿が国家安全省次官に就任する以前は、同省傘下の「国際関係学院美国研究所（美国は米国の意）」で要職に就いていたということだ。[19] 耿恵昌が米国政治の専門家だったことは確かであり、『米国の新右翼運動』などの著作がある。筆者の手元には、レーガン米大統領が2期目を目指していた1984年の米大統領選に関する耿恵昌のレポートがあるが、これを読む限り、耿が客観的な実証研究を行なっていたことがうかがえる。[20]

時事評論

耿恵昌は実証研究だけでなく、自らの意志であったか、あるいは上層部からの指示であったかはともかく、時事評論も手掛けて政治的立場を明らかにすることがあった。その時事評論は、耿恵昌が国家安全省次官に就任する前年の1997年に発表された。

耿恵昌は、その時事評論で明言こそしなかったが、明らかに『ノーと言える中国―ポスト冷戦時代の政治と感性の選択』（1996年）というベストセラー書籍を念頭に置いている。[21]『ノーと言える中国』というタイトルは、石原慎太郎と盛田昭夫の共著『「NO《ノー》」と言える日本―新日米関係の方策』

（1989年）をもじったものである。『ノーと言える中国』のベストセラー化は、中国における排外的なナショナリズムの高揚を象徴する現象として、当時中国内外から注目されていた。

耿恵昌はその時事評論で、中国が経済を飛躍的に発展させることができるチャンスを目の前にしているとする一方で、このチャンスを逃さないためには、二つの歴史上の失敗から教訓を汲み取る必要があると強調している。第一は、清朝政府が19世紀を通して、国際経済に対して門戸閉鎖政策を実行してきたために、第一次産業革命に乗り遅れて、世界随一の経済が急速に衰退したことだ。

耿恵昌（1951-）「国際関係学院美国研究所」で要職に就き、米国政治の分析に従事する。国家安全省次官を経て、2007年に大臣に昇格する。中央政法委員会トップ（書記）の周永康とは不離不即の関係を築く。王立軍事件では、胡錦濤・温家宝の側に立つ。李輝事件を切り抜け、大臣の地位を保ったものの、実質的な権限を失う。

第二は、「1957年以後」の出来事だが、こちらの方がより重要である。「1957年以後」の出来事を説明するに当たって、耿恵昌は「生産力の発展のための良好な条件をつくり出す政策を策定してこなかった」という鄧小平の言葉を引用するにとどめているが、言わんとしていることは明らかだろう。毛沢東が「1957年以後」、米国だけでなくソ連とも対立を深めて、中国の国際的孤立を招いたことから、経済も自力更生を余儀なくされ停滞に陥った、ということである。

当時、『ノーと言える中国』の著者らは、毛沢東の影響を受けていると指摘され、文化大革命期に幼少期を過ごしたことから、「紅小兵（毛沢東の影響下で活動する児童組織の構成員）」と呼ばれていた。耿恵昌は、仮に同書の著者らの排外的なナショナリズムが中国外交のメイン・ストリームになれば、中国は再び国際的孤立に陥り、経済も自力更生を余儀なくされ、停滞に陥るだろうと主張したかったのだろう。耿恵昌に言わせれば、まさに「ある国の発展は世界と無関係ではいられず、改革開放なくして活路がないことは、各国の共通認識になっている」のである（耿恵昌、1997: p. 20）。

また、耿恵昌は今日の習近平政権の「新常態《ニューノーマル》」を先取りするような政策提言も行なっている。「新常態」とは、国有企業の過剰生産問題といった副作用をもたらした年率10パーセント超の「規模・速度型の粗放的な成長」から、市場の役割強化などを通じて年率6～7パーセントの「質・効率型の集約的な成長」に転換すべきだとする政策だ。耿恵昌は、以下のように述べている。

21世紀を展望すると、経済の情報化とグローバル化の条件の下で、経済発展はより質に重きを置くべきである。単に経済成長の速度を追求するだけの粗放型経済では、歴史の舞台から退出させられてしまうだろう。我々は十分にこの点を認識して、時代の潮流に従い、効率型の発展の道を歩むという信念を固めなければならない（耿恵昌、1997: p. 20）。

耿恵昌は、耿の前任の国家安全大臣・許永躍と比べると、慧眼《けいがん》が際立っていたと言えるだろう。許永躍はどちらかと言えば、『ノーと言える中国』の著者らに近い立場をとっており、西側諸国への不信感をむき出しにしていたのである。ただし大臣としての手腕について言えば、耿恵昌は研究者の出身だったためか、許永躍には及ばなかったようだ。前述のように、諸改革への取り組みをめぐっては、耿恵昌よりも許永躍の方が国家安全省内での評価が高かったのである。

不離不即の関係

1998年3月、許永躍が国家安全大臣に就任すると、9月、耿恵昌は次官に昇任した。耿恵昌を次官に抜擢した背景には、許永躍の学歴不足（北京市人民公安学校という中等専門学校の卒業）を補う意図や、国際情勢に精通する耿に、欧米諸国における諜報工作などのさらなる展開を期待する意図があったと見られている（翁衍慶、2018: p. 136）。耿恵昌は2007年8月に国家安全大臣に昇格するが、前述のように初の内部昇格の大臣だった。習近平政権が発足して4年後の16年11月まで大臣の座にあった。

耿恵昌の謎に包まれたプロフィールをめぐって、様々な憶測がなされてきたように、耿の政治人脈をめぐっても、法輪功サイドから二通りの憶測がなされてきた。

当初、法輪功サイドは、耿恵昌が胡錦濤に連なる人脈に属していると見なしていた。前述のように、許永躍は台湾の女性スパイと関係をもった末に、その女性スパイが香港で活動しやすいように各種の便宜を図っていたことが発覚すると、胡錦濤らの怒りを買って、大臣を事実上解任された。その際、胡錦濤は腹心の耿恵昌を大臣に昇格させ、さらには胡の権力基盤である共青団の出身者を次々に同省次官などの要職に起用するようになったというのだ（「国安部長耿恵昌高票連任　秘密切割周永康」）。

しかし、後に法輪功サイドは見解を変えて、耿恵昌が周永康の配下にして、江沢民に連なる人脈に属していると見なすようになった。耿恵昌が大臣就任後、周永康に常に付き従ってきたことを、その証左だとしているようだ。耿恵昌の大臣就任の経緯についても、大臣退任を控えた許永躍が、自らの後任として耿を胡錦濤の頭越しに江沢民に推薦したというのである[22]（「耿恵昌去職　習攻破国安部堡塁（完整版）」）。

このように耿恵昌の政治人脈をめぐって、見解が180度異なるということは、耿が胡錦濤、周永康、江沢民、習近平といった各実力者に対して、不離不即の関係を保ってきたことの裏返しと言えるのかもしれない。不離不即の関係とは、実力者同士の権力闘争に際して、どちらか一方に肩入れするようなことは極力避けるということである。耿恵昌と同じ研究者出身で、今日党トップ7の政治局常務委員を務めている王滬寧《おうこねい》が江沢民、胡錦濤、習近平といった各最高指導者に対して、不離不即の関係を保ってきたのと似ていると言えるだろう。

耿恵昌が周永康との間に築き上げた不離不即の関係について見ていくことにしよう。周永康が中央政法委員会トップの座にあった頃、耿恵昌は講話に際して、胡錦濤の言葉を引用すると、必ず続けて周の言葉も引用し、周を持ち上げることを忘れなかった[23]。要するに耿恵昌は周永康に対してリップ・サービスを惜しまなかったのである。なお習近平の一強支配体制が確立されるようになると、耿恵昌は講話に際して、習の言葉を引用するばかりで、当時、中央政法委員会トップだった孟建柱の言葉を引用することは一切なかった[24]。

一方、周永康が中央政法委員会の独立王国化のために、胡錦濤や温家宝、習近平を含む党幹部のスキャンダルを把握しようとした際、北京市国家安全局長の梁克や国家安全省次官の馬建は周に積極的に協力したものの、耿恵昌はそうしなかった。要するに耿恵昌は周永康の権力闘争からは慎重に距離を置いていたのである。

もっとも、耿恵昌は、2012年2月に王立軍事件［182－183頁参照］が起こると、周永康からそれまでのような不離不即の関係を許されず、明確に周の権力闘争に加担するように求められて、周と胡錦濤・温家宝との対立のはざまで揺れ動いている。周永康は耿恵昌に命じて王立軍の身柄を確保させ、自らの手元にとどめ置こうとしたが、胡錦濤・温家宝は耿に対して王の身柄を、党員の腐敗を取り締まる中央規律検査委員会に引き渡すように要求していたのである。最終的に耿恵昌は胡錦濤・温家宝の側に立つという決断を下した。

習近平政権の成立と同時に始まった反腐敗闘争によって、周永康の側近は一斉に摘発されたが、耿恵昌は、前述のように周の配下と目されることがあったにもかかわらず、摘発を免れている。それは次の二つの要因によるということである。第一に、中央規律検査委員会が耿恵昌を調査したところ、耿が周永康や薄熙来らのクーデター計画に加担したという明確な証拠がなかった上に、周やその側近とともに不正蓄財を行なったなどという腐敗問題も特に見つからなかったことが挙げられる。これは、耿恵昌が周永康と不離不即の関係を保ってきたことの証左だと言えるだろう。

第二に、王立軍事件の以前から、王による党中央指導者の電話盗聴を、耿恵昌が探知しており、周永康や薄熙来らのクーデター計画の真相究明に貢献したことが挙げられる（翁衍慶、2018: pp. 137–138）。前述のように朝日新聞によれば、クーデター計画を最初に中国政府に伝えたのは、米国のバイデン副大統領（当時）だったということから、耿恵昌がその真相究明に貢献したのは、周永康の失脚を察知して、周と一線を画してからのことだと思われる。(25)

李輝事件

国家安全大臣在任中、耿恵昌を襲った試練は、周永康絡みのものだけではない。初代国家安全大臣の凌雲の失脚の要因となった兪強声亡命事件〔182–183頁参照〕以来の、同省内の一大スキャンダル・李輝《りき》事件にも見舞われていたのである。李輝事件は2012年、王立軍事件に続いて発覚した。李輝事件に関する当時の朝日新聞の記事を、以下に引用することにしよう。

中国の国家安全省の男性職員が、米国に機密情報を提供していたスパイ容疑で中国当局に拘束されていたと、ロイター通信が1日、報じた。職員は同省次官の側近で、米中央情報局（CIA）から数十万ドルの金銭を受け取る見返りに、数年間にわたって情報を流していたという。

（中略）

香港メディアは、渡されたのは共産党や国家の指導者レベルしか見ることのできない機密情報だったと伝えた。職員は米国留学中にCIAに見いだされ、スパイとして訓練を受けた。帰国後に国家安全省に入省したという。上司の次官はすでに停職になり、胡錦濤国家主席が徹底的な調査を命じたという（『朝日新聞』2012年6月2日付け朝刊）。

陸忠偉
（写真・朝日新聞社提供）

記事にある国家安全省次官とは陸忠偉《りくちゅうい》であり、その側近である男性職員とは秘書の李輝を指している。法輪功サイドによると、国家安全省内で李輝に関係した嫌疑者は約350名にも上ったという（「国安部特務頭子揃掉江系老巣総参情報部」）。李輝は機密資料をCIAに渡していたが、そのなかには中国スパイのリストも入っていたことから、2011年以降、米国における中国スパイ網が大打撃を受けたのである。さらには世界中に張り巡らした中国スパイ網までCIAによって把握されるに至ったと見られている。

なお、耿恵昌は2010年より「M行動プラン」という大胆極まりない防諜工作を推進している。通常、防諜工作は本国を舞台にして行なわれるものだが、「M行動プラン」は、西側諸国を舞台にして、中国側のスパイが半ば公然と敵方のスパイを長期にわたって監視するというものである。「M行動プラン」という名称は、国家安全省第八局に属するMという処長が発案したことから名付けられた。M処長の発案を耿恵昌が採用するに当たって、事の重大性に鑑み、中央政法委員会トップの周永康の認可を得たが、周はなんと胡錦濤には報告していなかったという（翁衍慶、2018: pp. 138–139, p. 141）。

「M行動プラン」は主として敵方のスパイと見なされた中国大陸出身者を監視対象にしていたものと思われる。特にマークされたのは、国家安全省の協力者でありながら、寝返ってダブル・スパイになったと疑われる中国大陸出身者だっただろう。

もっとも、たとえターゲットが中国大陸出身者だったとしても、こうした大胆極まりない防諜工作を行なえば、当然のことながら、中国側のスパイの逮捕だけでなく、深刻な外交問題を引き起こす恐れがあることから、よほど差し迫った事情が背景にあったにちがいない。「M行動プラン」と李輝事件との関係は不明だが、時期的に重なることから、少なくとも米国やその同盟国を舞台にした「M行動プラン」は、李輝事件と何らかの接点があったのではないかと筆者は見ている。

話を李輝事件の処理に戻すと、李の直接の上司である陸忠偉は、中国現代国際関係研究所の所長を務め、2011年に耿恵昌によって国家安全省次官に抜擢された。耿恵昌もまたかつて同種のキャリアをたどってきたことから、二人の関係は密接だったと考えられる。陸忠偉だけでなく、陸を抜擢した耿恵昌も、凌雲と同様に責任を問われて更迭されかねない状況だったと言えよう。

しかし李輝が逮捕されたのが、総書記が胡錦濤から習近平に交代する直前という政治的に非常にセンシティブな時期に当たっていたことが幸いしたようだ。この不祥事をできるだけ速やかに処理する必要性に迫られたことから、陸忠偉は処罰代わりの措置として、健康問題を理由に前倒しで引退させられることになった。耿恵昌に至っては、処罰代わりの措置さえなく、２０１３年３月の習近平政権の発足後も、引き続き大臣の職責を委嘱されている。

もっとも、習近平政権が成立すると、耿恵昌は大臣であっても、省内の主要な任務からは外されるようになる。周永康の失脚が決定的になるまで、耿恵昌が周との間で「簡単には説明できない「曖昧な関係」」、すなわち不離不即の関係を保ってきたことが問題視されるようになったのである。また国家安全省内の度重なる不祥事に対しても、責任を問われるようになった。最終的に、耿恵昌は２０１７年の引退を待つことなく、16年11月に大臣の辞任を余儀なくされた（翁衍慶、2018: p. 139, 143）。それでも耿恵昌は表向き責任を問われることなく、大臣の職位から退くと、全国政治協商会議香港・マカオ・台湾・僑胞委員会（港澳《おう》台僑委員会）副主任という栄誉職をあてがわれている。

第5節　陳文清（在職期間：2016年－）

西南政法大学

5代目となる国家安全大臣は現職の陳文清だ。陳文清は1960年1月に現在の四川省眉山《びざん》市仁寿《じんじゅ》県で生まれた。父親は警察官であり、陳文清は「太子党」の一員ではない。

陳文清の父親は、20年連続で四川省の模範的人物に選ばれるほどの優秀な警察官だった。若き日の陳文清はその父親から大きな影響を受けている。たとえば陳文清は、中国最高学府の「清華大学や北京大学に十分合格できるだけの点数を引っ提げて、西南政法大学法律学部に出願しようと固く決心していたが、そのように決心したのは父親の影響を深く受けていたからだ」と回想している（「創多個〝最年軽〟紀録的陳文清」）。父子の念願がかなって、陳文清は1980年9月に重慶市にある西南政法大学法律学部に入学することができた（84年7月に卒業）。

西南政法大学は日本ではそれほど知られていないが、かつて国民革命軍の将校を輩出した黄埔《こうほ》軍官学校になぞらえて、「法学界の黄埔軍官学校」と言われるほど、今日の中国の法曹界や政界に数多の人材を送り出している（「西南政法大学―法学界的黄埔軍校！　可惜牠的名声與実力並不相符！」）。清華大学や北京大学ではなく、ほかならぬ西南政法大学を目指すようにという父親の勧めも、あながち的外れなものではなかったのである。

なお、西南政法大学OBの出世頭は、陳文清と同い年ながら、一足早く1978年に入学した周《しゅう》強《きょう》だ。周強は胡錦濤と同じ共青団の人脈に属しており、共青団トップ（第一書記）や湖南《こなん》省トップ（党委員会書記）を経て、今日、最高人民法院長の座にある。胡錦濤政権時代には日本で「次の次の時代を担う有望株」と報じられたことがある（『朝日新聞』2006年9月30日付け朝刊）。近年では、習近平政権の方針に迎合した発言が目立つようになり、最高人民法院長の立場で「司法の独立など西側の誤った思想は断固拒否する」と公言した際には、中国内外に大きな波紋を呼んだ（『朝日新聞』2017年

陳文清（1960-）1983年、中共に入党。四川省国家安全庁長や同省人民検察院検察長などを歴任していた間、同省トップを務めていた周永康と近い関係にあった。2006年、習近平の地盤である福建省の規律検査委員会トップ（書記）に就任し、習と接点をもつ。その後、中央規律検査委員会副書記を務め、周永康の失脚に寄与する。国家安全省に異動して、16年より大臣を務める。

1月17日付け朝刊)。

話を陳文清に戻すことにしよう。陳文清の西南政法大学のOB人脈において注目すべき点とは、陳が国家安全省トップ(党委員会書記)に就任するのと前後して、反腐敗闘争により失脚した同省次官(反テロ・防諜工作担当)の馬建が、陳よりも4歳年長ながら、クラスメートだったことである。また両者は、西南政法大学OBの国家安全省次官経験者によってともに引き立てられていた(26)(翁衍慶、2018: p. 145)。陳文清と馬建との間で、なにがしかの交流があったことはまちがいないだろう。なお馬建は周永康の人脈に連なっていた。周永康の命令の下で、馬建は次官の職権を利用し、党幹部のスキャンダルの把握を目的として「高級幹部」の個人データバンクを構築していたのである。

四川省時代──周永康との関係

陳文清は、在学中の1983年3月に中共に入党し、84年7月に大学を卒業すると、父親の影響もあってか、警察畑の道を歩むことにする。四川省楽山《らくざん》市の公安局派出所を皮切りに、同市の公安局で出世を重ね、92年12月には同市公安局長に就任した。もっとも陳文清は、部下に危険な現場を任せて、自らは安全なオフィスで待機しているような官僚タイプではなかったようだ。楽山市五通橋《ごつうきょう》区公安分局長だった88年11月に、自ら生命の危険を冒してまで、射撃名人の凶悪犯を逮捕する現場に立ち会ったのである(「創多個〝最年軽〟紀録的陳文清」)。

陳文清は、1994年8月に公安省の系統組織から国家安全省のそれに異動することとなり、四川省国家安全庁副庁長に就任し、98年1月には同庁長に昇格した。陳文清の四川省国家安全庁長としての活躍ぶりについては、『人民日報』系列の『環球時報《かんきゅう》』の電子版が次のように報じている。陳文清は自らチームを率いて各地で捜査に当たるなどした結果、「四川省の安全工作はあっという間に全国の先頭に躍り出るようになり、同省の党委員会や中央の国家安全省から高い評価を得るに至った」と（「肖捷曾是国税総局最年軽局長　被評努力超常人」）。陳文清はこうした活躍ぶりが認められて、2002年4月に42歳で四川省人民検察院検察長に抜擢されている（06年8月まで）。就任当時、省クラスの検察長としては最年少だった（翁衍慶、2018: p. 143）。

もっとも、陳文清の四川省国家安全庁での活躍ぶりは、法輪功からすれば苛烈な弾圧を意味するものであった。法輪功サイドによれば、江沢民政権が一斉弾圧を開始した1999年7月から2004年2月までの間に、四川省（重慶直轄市を除く）では、拷問の末に死に至らしめられた信徒が少なくとも60名に上り、その死者数は全国第5位だったというのである。陳文清の活躍ぶりもあって、「四川省は法輪功に対する弾圧が最も深刻な省の一つになった」というのだ（「陳文清卸中紀委副書記　被伝将任国安部長」）。

また、陳文清は四川省国家安全庁長に在任中、知識人による民主化の動きに対しても、容赦ない弾圧を加えている。当時、四川省では人権活動家の黄琦《こうき》が「六四天網《てんもう》」というウェブサイトを立ち上げて、官僚の汚職や人権侵害を告発していた。そうした告発は、一部の官製メディアからはもとより、当時国務院総理だった朱鎔基《しゅようき》からも注目されていた。2000年2月に朱鎔基が「六四天網」の告発に基づいて、調査チームを四川省に送り込もうとしたところ、「陳文清の委託を受けたと称する」同省国家安全庁の幹部が「六四天網」の事務所に押し入り、黄琦を脅迫する事態となった。最終的に四川省当局は黄琦を連行して、5年の懲役刑を科したのである（黄琦、2006）。

なお、陳文清の四川省時代の政治人脈において注目すべき点は、江沢民派の重鎮だった周永康との関係である。周永康は1999年から2002年にかけて四川省トップ（党委員会書記）の座にあったが、その間、陳文清は四川省国家安全庁長を務めていた。前述のように『環球時報』の電子版は、陳文清の活躍ぶりによって「四川省の安全工作はあっという間に全国の先頭に躍り出るようになり、同省の党委員会や中央の国家安全省から高い評価を得るに至った」と報じていた。「同省の党委員会」とは言うまでもなく、周永康自身を指している。すなわち陳文清は当時、周永康の覚えがめでたい幹部の一人になっていたのである。四川省時代の陳文清は、周永康を通して江沢民派に属していたと言ってよいだろう。

蛇の道は蛇

陳文清にとって幸いだったのは、その後、習近平の牙城だった福建省に転出できたことだ。陳文清は2006年8月に46歳で、福建省の党幹部の腐敗を取り締まる同省規律検査委員会トップ（書記）に転任したのである。就任当時、省クラスの規律検査委員会トップとしては最年少だった。

習近平は、1985年6月から2002年9月まで福建省で省長をはじめとする要職を歴任しており、陳文清が福建省に転出した06年8月には、浙江省トップ（党委員会書記）を務めていたものの、まだ福建省には多数の側近が残っていた。習近平の側近は、陳文清を福建省に引き抜くに当たって、習の意見を求めたところ、習は陳の履歴を見て、まだ若いことから、指導者として成長する余地が大きいと考えて同意したのである。陳文清は習近平の期待に背くことなく、福建省で治績をあげた。そうしたことから、陳文清は元々習近平の派閥に属していたわけではなかったものの、習の信頼を勝ち得るに至る（翁衍慶、2018: pp. 143–144）。

習近平は2012年11月に総書記に就任すると、激烈な反腐敗闘争を展開するようになった。反腐敗闘争を担う機関は、習近平の右腕・王岐山をトップ（書記）にいただく中央規律検査委員会だ。陳文清は習近平の信頼を勝ち得たこともあって、同月に52歳で中央規律検査委員会副書記に抜擢されている。就任当時、中央規律検査委員会の副書記のなかでは最年少だった（「創多個〝最年軽〟紀録的陳文清」）。陳文清は、周永康に対する反腐敗闘争の陣頭指揮を任され、「周永康特捜班」の責任者の一人となり、自ら周の事案の捜査に当たっている。前述のように、かつて陳文清は周永康の覚えがめでたい幹部の一人だったが、まさに周からすれば、飼い犬に手を噛《か》まれるように感じたことだろう。

陳文清は王岐山の下で、周永康をはじめとする「トラ」の退治に大いに貢献したことから、習近平や王の信頼をさらに勝ち得るに至った。こうした信頼を背景に、陳文清は2015年4月に国家安全省党委員会書記に任命される。習近平が江沢民派から実権を奪うに当たって、国家安全省の掌握は、人民解放軍の掌握に次いで重要なものだったのである（翁衍慶、2018: p. 145）。

もっとも法輪功サイドによれば、習近平や王岐山は、陳文清が有能で信頼できるという理由からだけで、国家安全省党委員会書記に任命したわけではないということだ。国家安全省は、長らく江沢民派の影響下にあり、２００７年から12年にかけて同省を管轄する中央政法委員会トップには周永康が就いていた。陳文清のように、かつて周永康を通して江沢民派に属していた者ならば、その内情に詳しいことから、国家安全省内の江派の腐敗を徹底的に追及できるだろうと見込まれたのである。蛇《じゃ》の道は蛇《へび》というわけだ。陳文清に「功を立てて自分の罪（筆者注：かつて周永康を通して江沢民派に属していたことを指す）の埋め合わせをする」機会が与えられたとも見なされよう（「耿恵昌去職　習攻破国安部堡塁（完整版）」）。

しかし、陳文清の国家安全省党委員会書記就任は、省内の江沢民派の残存勢力からはもとより、省外の退職した老幹部からも抵抗を受けるようになる。陳文清は習近平の意向を受けて、国家安全省の海外の諜報網を激烈な反腐敗闘争の具にしようと目論んでいたが、そうなれば、退職した老幹部らが海外に隠匿した巨額の資産も摘発されかねなかったからである。(27) こうして陳文清の失脚を画策するためなのか、陳と馬建・周永康との間の特別な関係を強調するような風聞が流されるようになる。陳文清が２０１５年４月に国家安全省党委員会書記に就任しながら、その後、同省大臣に就任するのに１年半近くを要するという異例の事態になったのは、そうした風聞のせいだったと言われている（翁衍慶、2018: p. 145）。

なお前述のように、周永康と不離不即の関係を築いていた国家安全大臣の耿恵昌は、反腐敗闘争により失脚する事態を免れて、2016年11月に大臣の座を陳文清に譲ると、全国政治協商会議関連の栄誉職に就いた。一方、江沢民派の元大臣・許永躍は、馬建の失脚後、馬を抜擢した責任を問われる形で、当局の監視下に置かれるようになったと見られている。

二つの影響と日本人スパイ狩り

さて、陳文清の国家安全省党委員会書記への就任は、同省の活動にどのような影響をもたらしたのだろうか。国家安全省の活動が秘匿性を帯びているために、確かなことは言えないが、諸状況からして以下の二点が挙げられるだろう。

第一に、反腐敗闘争のみならず、外国絡みの各種の工作までもが、過剰なまでに習近平の意向を汲みとろうとするあまりに、暴走しかねないということである。陳文清は、かつて周永康を通して江沢民派に属していたという事実に加えて、馬建・周との間の特別な関係を強調するような風聞にさらされるに至った。陳文清は習近平への忠誠心を、周囲から多少なりとも疑われているにちがいない。そのため陳文清は、馬建・周永康の一味ではないことを証立《あかしだ》て、揺るぎない忠誠心を示すために、過剰なまでに習近平の意向を汲みとらざるを得ない状況に陥っているだろう。陳文清のこうした状況は、反腐敗闘争だけでなく、外国絡みの各種の工作にも反映されて、暴走を誘発しかねないのである(28)。

第二に、反腐敗闘争の影響を受けて、外国絡みの各種の工作の評価基準までもが、歪められかねないということである。鄧小平が国家安全省を設置したのは、それ以前の情報機関が専ら政敵(そのなかには鄧自身も含まれる）の打倒に利用された末に、国外での諜報工作の能力を欠如させるに至ったためだと言われている。鄧小平は、国家安全省が党内の政争から距離を置き、外国絡みの各種の工作を積極的に展開することを期待していたのである。国家安全省の諜報網を介した党幹部に対する監視や盗聴は、1990年代半ばの北京市トップ・陳希同の失脚以来、再び行なわれるようになった。ただしその頃は上記のような鄧小平の考えがなおも尊重されていたためか、そうした党幹部に対する監視や盗聴は比較的抑制されたものになっていたと言える。

しかし今日、前述のような鄧小平の考えは顧みられなくなっている。習近平は反腐敗闘争という大義名分の下、陳文清を通して、国家安全省をそれ以前の情報機関に相似したものにしてしまったのである。その象徴は、2017年10月の中共第19回全国代表大会で選出された中央委員・中央委員候補の顔ぶれだ。再選を拒まれた者が多数に上り、実に75パーセントが新人と入れ替わったのである（『日経速報ニュースアーカイブ』2017年11月1日付け）。再選を拒まれた者は、国家安全省の諜報網を介した監視や盗聴によって、失脚につながるような腐敗を摘発されなくても、なにがしかの問題を洗い出されたのだろう。文化大革命に際して、康生は中共第8期の中央委員・中央委員候補全体の71パーセントを失脚リストに載せて、新人との大幅な入れ替えを図ったが、それを彷彿とさせる異常な事態だと言えよう。

こうした異常な事態をもたらした反腐敗闘争は、外国絡みの各種の工作にも大きな影響を及ぼさずにはいられないだろう。国家安全省の諜報網が反腐敗闘争に利用されたために、外国絡みの各種の工作がいささか停滞を余儀なくされたというだけではない。外国絡みの各種の工作に当たって、それ本来の評価基準ではなく、反腐敗闘争の評価基準に基づいて、その良し悪しが判断されかねない事態にまで陥っているのである。

こうした二つの影響は、日本人スパイ狩りにも見出される。２０１４年から15年にかけての「反スパイ法」や「国家安全法」の制定は、スパイ活動の取り締まりの徹底を目論む習近平の意向を反映したものであることはまちがいないだろう。その頃から陳文清の指導の下で、国家安全省当局はスパイ狩りを始め、日本人もターゲットにされるようになった。その結果、15年以降にスパイ容疑で拘束された日本人は、20年7月の時点で、少なくとも15名に上り、そのうち9名に懲役の実刑判決が下されている（『朝日新聞』２０２０年7月2日付け朝刊）。

しかし、そのなかにはとうていスパイ行為とは見なされ得ないケースもあったと指摘されている。たとえば、温泉掘削に協力した日本人の50歳代の男性は「特殊な装置で地下を調べていたところ、秘密の地下基地をのぞいてしまった」ためにスパイ容疑で拘束されたというのである（矢板明夫ほか、2020: p. 72）。

それが事実ならば、50歳代の男性のケースは、陳文清率いる国家安全省の当局が、スパイ活動の取り締まりの徹底を目論む習近平の意向を過剰なまでに汲みとろうとするあまりに暴走した結果だと見てよいだろう。また50歳代の男性のケースは、外国絡みの防諜工作の評価基準が、反腐敗闘争の影響を受けて、歪められていることも示唆している。すなわち外国絡みの防諜工作も、反腐敗闘争と同様に、大衆の喝采を評価基準の一つとするようになって、スパイもどきであれ何であれ、狩ったスパイの数だけを誇るようになってしまっているのである。実際、中国のインターネット上では、日本人の「全ての民がスパイだ（全民皆諜）」という言説が広まっていることもあって（「中国抓的日本間諜怎麼越来越多了？　専家解読」）、日本人スパイ狩りには喝采が送られている。

終章　習近平政権の動向

第1節　習近平のロール・モデル――毛沢東か鄧小平か

中国をめぐる一連の事態

昨今、中国をめぐって「民主化への弾圧」「国際的孤立」「支配の正統性の危機」といった一連の事態が起こっている。順に見ていくことにしよう。

習近平政権は香港において「民主化への弾圧」の意志を鮮明にしている。習近平政権は、2020年6月に「香港国家安全維持法」を施行すると、「民主の女神」と呼ばれている周庭や、中国共産党(以下、中共)に批判的な論調で知られる香港紙『リンゴ日報』創業者の黎智英《れいちえい》をはじめとする多くの民主派を逮捕したのである。また21年になると民主派の影響力を削ぐために、選挙制度の改変にまで着手するようになった。香港における「民主化への弾圧」は、新疆ウイグル自治区における「ジェノサイド」とともに、国際社会から重大な懸念が寄せられている。

習近平（1953-）国務院副総理などを歴任した習仲勲の息子。文化大革命期には父親ともども迫害され、7年間、陝西省の寒村で「下放」を強いられる。1974年、中共に入党。福建省長、浙江省トップ（党委員会書記）、上海市トップ（党委員会書記）、政治局常務委員、国家副主席などを歴任。2012年、胡錦濤の後任として総書記・党中央軍事委員会主席に就任（国家主席には13年に就任）。近年、集団指導体制に代わって一強支配体制を築く。（写真・朝日新聞社提供）

２０２０年10月に東京で開催された日本、米国、オーストラリア、インドの４カ国外相会談を機に定例化した「クアッド」は、まさに昨今の中国の「国際的孤立」を象徴する事象だと言えるだろう（無論のこと中国政府は、楊潔篪《ようけつち》政治局委員の「米国や西側諸国が国際世論を代表することはない」という発言に見られるように〈『朝日新聞』２０２１年４月17日付け朝刊〉、「国際的孤立」を認めないだろうが）。「クアッド」は中国を念頭に置いて「自由で開かれたインド太平洋」の実現に向けた結束を確認したのである。

ポンペオ米国務長官（当時）に至ってはさらに踏み込んで、外相会談に際し「４カ国が連携し、国民を（筆者注：中国）共産党の腐敗や搾取、威圧から守る重要性は増している」と強調して、対中包囲網につなげる狙いを露《あら》わにしている（『朝日新聞』２０２０年10月7日付け朝刊）。バイデン米大統領も中国についてはポンペオと同じ認識に立って、「クアッド」を継承・発展させる意志を明確にしており、初の首脳会談を自ら呼び掛けて、21年3月に実現させた。

一方、中国国内では、米中対立の長期化や、コロナ禍の世界的拡大による経済変調もあって、終身独裁者を目指している習近平国家主席が「支配の正統性の危機」に直面しているようだ。それを端的に示しているのが、習近平の右腕・王岐山の幼なじみの著名な企業家・任志強《じんしきょう》による批判だ。任志強は、名指ししないまでも、習近平を「衣服を剝《は》ぎ取られてもまだ皇帝として振る舞おうとする道化者」とこき下ろしたのである（現在、任志強は当局によって拘束されている）。任志強の批判に見られるように、習近平は本来の支持層においてすら確固たる支持を得ているとは言い難い状況にある。

任志強
（写真・朝日新聞社提供）

筆者は、長年にわたって中国現代史の研究に携わってきたが、昨今の「民主化への弾圧」「国際的孤立」「支配の正統性の危機」といった一連の事態に対して、ある種の「既視感」を覚えるものである。約60年前の毛沢東も、約30年前の鄧小平も、同様の事態に見舞われていたからだ[1]。

毛沢東も鄧小平もともに独裁的なリーダーシップを発揮して、「民主化への弾圧」を躊躇しなかったが、「国際的孤立」

や「支配の正統性の危機」といった難局に対しては、どのような対処方針をとっていたのだろうか。誤解を恐れずに、両者の対処方針を単純化すると、毛沢東は「強硬な姿勢」だったのに対して、鄧小平は「柔軟な姿勢」だったと言える。両者は実に対照的だったのである。

「強硬な姿勢」の毛沢東

まず、約60年前の毛沢東について見ていこう。毛沢東は中国国民党との内戦に勝利すると、1949年10月に中華人民共和国を樹立し、中国の最高指導者になった。56年には「百花斉放・百家争鳴」の運動を発動して、言論の自由の解禁に踏み切り、知識人に対して自由な発言を促した。しかし予想に反して、知識人の間から中共に対する批判が噴出すると、毛沢東は驚愕し、翌57年6月、知識人に「右派」というレッテルを貼って弾圧を加える「反右派闘争」を開始し、独裁色を強めるようになる。これが毛沢東による「民主化への弾圧」のあらましだ。

当時、中国とソ連は同盟関係にあったが、1956年2月、フルシチョフによるスターリン批判を機に、両国の関係が悪化し始めた。ソ連は59年6月に中ソ国防新技術協定を破棄し、翌60年7月にソ連人技術者を一斉に引き揚げるなどして、中国は「国際的孤立」に陥る（59年3月のダライ・ラマ14世のインド亡命を機に中印国境紛争が起こったことも、中国の「国際的孤立」に拍車をかけた）。しかし毛沢東は、フルシチョフに譲歩してソ連との関係改善に乗り出すどころか、「強硬な姿勢」を崩さず、ついに米国に加えてソ連も敵視するようになったのである。

一方、1958年に毛沢東の強力な指導の下で大躍進運動［92頁参照］が発動され、「15年で英国に追いつく」をスローガンにして、鉄鋼の大増産や人民公社の設立などが図られたが、数千万もの餓死者を出すという惨憺《さんたん》たる結末で終わった。党幹部の間からは大躍進運動に対する批判が起こり、ひいては毛沢東に「支配の正統性の危機」が生じるようになる。その結果、翌59年4月、毛沢東は国家主席の座を党内序列第2位の劉少奇に譲り、実権を手放すことを余儀なくされるようになった。

しかし、毛沢東は1966年にプロレタリア文化大革命（以下、文化大革命）を発動して、「強硬な姿勢」で巻き返しに出る。実権を握っていた劉少奇らを追い落としただけでなく、公安省といった暴力装置を完全に掌握するかたわら、国民の間で自らへの個人崇拝を強力に推進したのである。こうして毛沢東は国民を恐怖のうちに洗脳して、史上かつてないほどカリスマ的な独裁者になった。

「柔軟な姿勢」の鄧小平

1976年9月に毛沢東の死去によって文化大革命は終了し、鄧小平が中国の事実上の最高指導者になった。89年4月に改革派リーダーの胡耀邦前総書記（当時）が急逝したのを機に、民主化運動は空前の盛り上がりを見せた。鄧小平は6月、民主化を求めて北京の天安門広場に集まっていた学生や市民への武力弾圧に踏み切る。こうした鄧小平による「民主化への弾圧」がかの有名な天安門事件である。

天安門事件はライブ中継されたこともあって、世界中に大きな衝撃を与えた。中国は米国をはじめとする西側諸国から経済制裁を科されて、「国際的孤立」を余儀なくされる。そこで鄧小平は「国際的孤立」からの脱却を目指して「柔軟な姿勢」を打ち出し、「韜光養晦《とうこうようかい》」という外交方針を立てたのである。「韜光養晦」とは、主権・領土問題に関する中国側の原則を守りつつも、そうした問題をいったん棚上げして、関係各国との良好な関係の維持を優先させるというものだ。鄧小平は「韜光養晦」の下で、台湾を含む近隣地域・諸国との関係改善から手掛けた。たとえば領土問題を抱え、中越戦争で戦火を交えたベトナムとの関係を1991年11月に正常化している。鄧小平はこのように近隣地域・諸国との関係を固めた上で、最終的に西側諸国との関係改善も成し遂げたのである。

一方、鄧小平の民主化運動に対する厳しい弾圧姿勢は、国民の間からはもとより、党幹部の間からも反発を呼んでいた。胡耀邦の後を継いで総書記に就任した趙紫陽までもが公然と鄧小平に反旗を翻していたのである。天安門事件の前後にかけて、鄧小平は「支配の正統性の危機」に直面するようになる。

そこで鄧小平は「柔軟な姿勢」で臨んで、豊かになりたいという国民の渇望に応える方針を立てる。欧米諸国に警戒感を示しつつも、積極的に外資を導入して、経済成長を図り、その果実を国民にもたらして、生活レベル全般を向上させようとしたのである。この方針を実現できさえすれば、鄧小平自身への支持、ひいては鄧の後継者に指名された江沢民総書記への支持も確固たるものにすることができると見通していたのだ。前出の「韜光養晦」という外交方針が、外資の円滑な導入に寄与したことは言うまでもない。鄧小平が外資の受け皿として期待を寄せていた経済特区の深圳は、今日ファーウェイやテンセントなど中国を代表する企業が本社を構えており、経済大国となった中国を象徴する都市になっている。

毛沢東をロール・モデルにする

以上の通り、同じ中国の最高指導者でも毛沢東と鄧小平は全くタイプが異なっていた。習近平は昨今の中国の「国際的孤立」や自らの「支配の正統性の危機」に対処するに当たって、毛沢東をロール・モデルにしていると言えそうだ。

実は習近平は四半世紀も前から毛沢東をロール・モデルにすべきだと示唆していた。中共は１９８１年６月の第11期６中全会での「歴史決議」において、文化大革命だけでなく大躍進運動も否定する公式見解を出していた。しかし習近平は96年に発表した論文「基本国策─自力更生から対外開放へ」で、大躍進運動に対する党の否定的な公式見解には一切触れることなく、大躍進運動と同時期に確立された毛沢東の自主独立の外交方針や、それに基づく自力更生の経済政策を高く評価していたのである。習近平がこの論文を発表した当時、江沢民政権は鄧小平の「韜光養晦」という外交方針や、それに基づく外資に依存した経済政策を継承していたが、習はそれに暗に異を唱えていたとも言えるだろう（柴田哲雄、2016: pp. 95–99）。

そもそも昨今の中国の「国際的孤立」は、習近平政権が毛沢東流の外交方針を採用したことに起因している。米中関係が１９７９年１月の国交正常化以来、最悪のレベルになったのは、習近平政権が米国の覇権に挑戦する意志を隠さなくなったためである。特にこれまで米国の軍事・経済面での世界的優位性を支えてきた技術覇権に対して、習近平政権はあからさまに挑戦する意志を示している。米中関係の悪化と軌を一にして、中国とオーストラリア・英国などとの関係にまで暗雲が垂れ込めるようになった。

また習近平政権は、尖閣《せんかく》諸島やヒマラヤ高地、南シナ海をめぐって、日本やインド、ベトナムといった近隣諸国に対しても攻勢に出ていることから、それらアジア諸国での対中世論は厳しさを増すようになっている。こうした習近平政権の毛沢東流の外交方針を受けて、日本、米国、オーストラリア、インドの4カ国は「クアッド」の結成に踏み切ったのである。

習近平は自ら招き寄せた感のある中国の「国際的孤立」に対して、今後どのように対処するつもりだろうか。鄧小平流の外交方針は「国際的孤立」からの脱却に当たって、米国との決定的な対立を回避することに主眼を置き、かつ近隣地域・諸国との関係改善から手掛けるというものであった。しかし2021年8月の時点で、習近平にはそのどちらにも（対日関係改善も含めて）熱意があるようには見受けられない。

一方、習近平は昨今の「支配の正統性の危機」を前にして、国民を恐怖のうちに洗脳する毛沢東流の手法に傾斜していると言えそうだ。習近平は目下、中央政法委員会傘下の公安省などに対して激烈な反腐敗闘争を仕掛けて、自らに絶対的な忠誠を誓う組織につくり変えようとしているのである。

「支配の正統性の危機」が深刻化して、習近平政権の不安定化、ひいては政変という万一の事態に備えて、公安省といった暴力装置の完全掌握を目指しているのだろう。また習近平は自らの名を冠した思想（「習近平の新時代の中国の特色ある社会主義思想」）を中共の規約に盛り込むなどして、自らへの個人崇拝を推進しているのである。

習近平が毛沢東流の手法に傾斜している一因として、国民に経済成長の果実をもたらすことによって支持を確固たるものにするという鄧小平流の手法を、採用したくても採用できなくなっていることがあるだろう。米中対立の長期化と、コロナ禍の世界的拡大により、中国の経済成長に明確な見通しが立たなくなっているのである。2021年3月の全国人民代表大会で「第14次5カ年計画」の経済成長率の目標が明示されなかったことに、それが象徴的に示されていると言えるだろう。

第2節　陳一新──中央政法委員会における反腐敗闘争

かつての政敵の牙城

1980年1月に設置された中央政法委員会は公安省、国家安全省、法院（裁判所）、検察院、司法省などを傘下に置いている。治安機関の公安省や情報機関の国家安全省などは人民解放軍とともに暴力装置を構成している。そのため中央政法委員会トップ（書記）は、党内の序列いかんに関わりなく、潜在的に絶大な権力を有していると言える。

近年、中央政法委員会トップの絶大な権力をまざまざと見せつけたのは周永康だ。周永康は2007年から12年にかけて中央政法委員会トップを務めていたが、党内序列第9位だったにもかかわらず、その絶大な権力を実際に駆使して、胡錦濤や温家宝らに無言のプレッシャーを与えていた。

当時、習近平にとっても、周永康率いる中央政法委員会とその傘下機関は、まさに政敵の牙城だった。習近平は胡錦濤の後を継いで総書記に就任したが、周永康は中央政法委員会の絶大な権力をバックに、重慶市トップ（党委員会書記）の薄熙来を習に取って代わらせようと謀略を練っていたのである。

しかし2012年2月、王立軍事件［182－183頁参照］が起こったことを機に、周永康や薄熙来らの謀略が露見する。習近平ら指導部は、周永康や薄熙来をはじめとする謀略の加担者を失脚に追い込み、中央政法委員会の傘下機関の高官であった周の側近も次々に摘発していった。

もっとも習近平は、周永康とその側近を痛撃したにもかかわらず、今日に至るまで中央政法委員会とその傘下機関を完全に掌握するには至っていない。習近平は側近を中央政法委員会トップに起用することさえ果たせていないのである。習近平は2016年に「核心」と称されて一強支配体制を築いたにもかかわらず、なぜそうすることができなかったのだろうか。

習近平の側近は、習の地方政府在任時期の元部下たちだが、彼らの官職は元来高位なものとは言えなかった。中国では従来「一人が出世して権勢を握れば、一族郎党までそのおかげを被る」と言われてきた。しかし中共内には年功序列や漸進《ぜんしん》的な昇進を重んじる政治文化がそれなりに根付いていたことから、習近平でさえそうした政治文化に逆らえなかったのである（胡平、2020）。

かくして習近平は、周永康の後任の中央政法委員会トップに、周と同じく江沢民派に属する孟建《もうけん》柱《ちゅう》を充てるという人事に同意せざるを得なかった（『日経速報ニュースアーカイブ』2020年4月22日付け）。現在、中央政法委員会トップである郭声琨《かくせいこん》も習近平の側近ではなく、元国家副主席の曽慶紅に近いと見られている（『日本経済新聞』2012年12月29日付け朝刊）。ちなみに曽慶紅は元来習近平とも近い関係だったが、かつては同じ石油閥に属する周永康も引き立てていた。

党員の腐敗を取り締まる中央規律検査委員会は、2020年に入ってから、中央政法委員会前トップ・孟建柱のかつての部下の公安省次官や重慶市公安局長、上海市公安局長らを次々に規律違反の容疑で摘発した。その隠された真の狙いは「今なお周（筆者注：永康）氏を支持し、現政権に不満を抱く勢力」を粛清することにある（『朝日新聞』2020年8月21日付け朝刊）。習近平の目には（すでに引退した孟建柱も含めて）かつての政敵の残党が中央政法委員会とその傘下機関に依然として巣食ってきたように映っているだろう。

なお、習近平は、政権の座に就くと、中央政法委員会とその傘下機関を完全に掌握できなかったせいだろうか、同委員会トップの絶大な権限を抑制する策に出ている。中央政法委員会トップは、近年、政治局常務委員であった羅幹《らかん》と周永康が前後して担っていたが、習近平はそれを格下の政治局委員に担わせることにしたのである。中央政法委員会前・現トップの孟建柱と郭声琨は、政治局委員に過ぎない。また習近平は、中国版NSC（National Security Council、国家安全保障会議）と呼ばれる国家安全委員会を2014年1月に発足させ、自ら主席に就任し、中央政法委員会トップを差し置いて、公安省や国家安全省、武装警察を直接指揮できるようにしたのである（葉茂之ほか、2014: p. 112）。

「教育整頓」工作

習近平は、2020年に入ってから中央政法委員会とその傘下機関の完全掌握を目指す動きを見せるようになる。「教育整頓《せいとん》（整頓は粛清の意）」工作という名の反腐敗運動を発動し、それを通して中央政法委員会とその傘下機関において、習近平の絶対的な権威を確立しようとしているのである。

「教育整頓」工作は、陝西省延安において展開された整風運動〔73－74頁参照〕という中共党員の思想改造を目指した政治キャンペーンになぞらえられている。毛沢東は整風運動を通して、王明派と、そのバックにいるコミンテルンの影響力を排除し、中共内において自らの絶対的な権威を確立しようとした。

「教育整頓」工作の発動は、習近平の危機意識の裏返しとも言えるだろう。鄧小平は、毛沢東の終身独裁によってもたらされた治世の混乱の再来を許さないため、1982年12月に全面改正した憲法において、国家主席・副主席については2期10年を超えて就任することができないという旨の条文を加えた。本来であれば、習近平は2023年に国家主席の引退を迎え、それに伴って前年の中共第20回全国代表大会（以下、第20回党大会）で総書記の引退も余儀なくされるはずだが、憲法を改正し当該条文を削除するなどして、続投の地ならしに努めてきたのである。

しかし習近平の続投に対しては、ただでさえ異議がくすぶっていた上に、米中対立が長期化し、コロナ禍の世界的拡大による経済変調も重なったために、党内外から習に対する批判の声が出てくるようになる。習近平は、続投に対する批判の高まり、ひいては政変という万一の事態に備えて、第20回党大会の開催前に、中央政法委員会とその傘下機関、特に暴力装置の一端を担う公安省などの完全掌握を急いだのだと考えられる。

では、ここで「教育整頓」工作の工程表を見ることにしよう。2020年7月初旬に中央政法委員会は「教育整頓」工作の開始を告げる「全国政法隊伍教育整頓試点工作動員会（試点は実験の意）」（以下「動員会」）を招集した。「動員会」の開催に合わせて7月より一部の地方の政法委員会とその傘下機関において試験的に「教育整頓」工作を実施し（10月まで）、21年から全国各地の政法委員会とその傘下機関において同工作を展開して、第20回党大会の開催を控えた22年の第1四半期までに完了することになっている（「全国政法隊伍教育整頓試点工作啓動」）。

送り込まれた習近平の側近

「教育整頓」工作の責任者に当たる「全国政法隊伍教育整頓試点弁公室」主任に任命されたのは、中央政法委員会秘書長の陳一新《ちんいっしん》だ。陳一新は1959年9月に浙江省泰順《たいじゅん》県で生まれ、81年7月に小中学校の教員を養成する麗水《れいすい》師範専科学校（現在は麗水学院）物理学部を卒業した後、同省で官途に就いた。もし陳一新が習近平の知遇を得ることがなければ、単なる地方役人として人生を終えたことだろう。習近平は2002年11月に浙江省トップ（党委員会書記）に就任したが、その頃、陳一新は同省党委員会弁公庁副主任や副秘書長を務め、習に仕える機会を得る。このようにして陳一新は習近平の側近の一人となり、かつて習の政敵の牙城だった中央政法委員会に送り込まれることになったのである。

なお、2020年に武漢市で新型コロナウイルスの感染が広がると、陳一新は「中央指導組」の副組長に抜擢されて、2月に現地入りしている。陳一新が抜擢されたのは、習近平の信頼が厚い上に、16年から18年まで武漢市トップ（党委員会書記）を務めて、同市の事情に精通していたからだ。更迭が決定された湖北省や武漢市のトップに代わって、陳一新は陣頭指揮を執り、感染拡大を抑え込むこ

陳一新（1959-）1982年、中共に入党。浙江省で官途に就き、習近平が2002年に同省トップ（党委員会書記）に就任すると、同省党委員会弁公庁副主任などとして習に仕える。温州市トップ（党委員会書記）を経て、16年から18年まで武漢市トップ（党委員会書記）を務める。武漢市における新型コロナウイルスの感染拡大の抑止に寄与する。18年に中央政法委員会秘書長に就任し「教育整頓」工作の責任者となる。

とに成功したことから、「浮上した新星」として日本でもその名を知られるようになる（『日経産業新聞』2020年4月14日付け）。

陳一新は、新型コロナの感染拡大を抑え込んだ実績からも明らかなように、抜群の能吏《のうり》だと言ってよいだろう。習近平は可能ならば陳一新を、陳が無理ならば他の側近を中央政法委員会トップに起用したかったにちがいない。しかし前述のように、中共内に根付いていた年功序列や漸進的な昇進を重んじるという政治文化に、習近平でさえ逆らえなかったのである。ということで、陳一新の昇進もまた概ね漸進的なものになった。陳一新が2018年3月に中央政法委員会に送り込まれたものの、秘書長という役職でしかなかったのは、17年10月の中共第19回全国代表大会（以下、第19回党大会）でようやく中央委員候補になったに過ぎず、書記どころか、副書記になる資格さえなかったからだ。

習近平が「教育整頓」工作を発動したのは、郭声琨の中央政法委員会トップとしての権力を空洞化する一方で、陳一新に同委員会の実権を掌握させるためだと指摘されている。「教育整頓」工作によって、中央政法委員会とその傘下機関の深刻な腐敗が明るみに出されれば、郭声琨はトップとしての責任を問われて、少なくとも内々に自己批判を迫られるにちがいない。そうなれば自ずと郭声琨の権威は地に堕ちるだろう。一方、陳一新は、単なる中央政法委員会秘書長に過ぎないとはいえ、「教育整頓」工作の責任者として、同委員会とその傘下機関の幹部を摘発する権限を一手に握ることにより、同委員会の実権を掌握することが可能になるというわけだ。

ただし、第20回党大会で、陳一新が中央政法委員会トップに任命されて、名実ともに同委員会の権力を掌握するに至るかというと、そう簡単ではなさそうだ。中央委員候補の陳一新が第20回党大会で中央委員を飛び越して政治局委員に昇格し、中央政法委員会トップに就任するのは難しいという指摘がなされているのである。第20回党大会では、習近平の側近で公安省筆頭次官の王小洪《おうしょうこう》が、中央委員から政治局委員に昇格して、中央政法委員会トップに就任する一方で、陳一新は中央委員に昇格して、公安大臣に就任するのではないかと予測されている。

なお、王小洪は1957年7月に福建省福州市で生まれ、同省で官途に就いた。習近平が90年から96年にかけて福州市トップ（党委員会書記）を務めていた間に、王小洪は同市公安局副局長として習に仕えている。王小洪は一貫して公安畑を歩み、北京市公安局長も務めた。一方、現在公安大臣の趙《ちょう》克志《こくし》は、共産主義青年団（以下、共青団）出身の上、習近平の勤務経験のない山東省で長らく官途に就いた後、中央政界入りしたことから、習とは距離があるものと思われる。趙克志は、王小洪と同じく中央委員だが、貴州省や河北省のトップ（党委員会書記）を歴任しており、キャリアの点では王をはるかに上回っている。しかしながら趙克志は公安畑の職務経験が全くないまま公安大臣に就任したために、王小洪が実質的に公安省を掌握しているものと見られる（胡平、2020）。

「両面人」の粛清をめぐって

習近平が中央政法委員会とその傘下機関において絶対的な権威を確立するためには、周永康を支持する高官を摘発したり、側近の陳一新に同委員会の実権を掌握させたりするだけでは十分だと言えない。最高クラスの幹部から現場クラスの幹部に至るまで、習近平に対する絶対的な忠誠心を植え付ける必要がある。しかしそれは一筋縄ではいかないようだ。

というのは、陳一新の「動員会」での講話の言葉を借りれば、中央政法委員会とその傘下機関には、「党」すなわち総書記たる習近平に対して不忠実かつ不誠実な「両面人（面従腹背《めんじゅうふくはい》の人物）」や、悪徳業者などをかばう「保護傘《ほごさん》（庇護者）」が巣くっているからだ（「全国政法隊伍教育整頓試点工作啓動」）。「両面人」はしばしば「保護傘」も兼ねてきた。「教育整頓」工作は、そうした「両面人」にして「保護傘」、すなわち表では習近平に絶対的な忠誠を誓いながらも、陰では悪徳業者などへの義理を優先して、司直の手が及ばぬようにしてきた幹部をターゲットにしている。

では、２０２０年7月から10月にかけて試験的に実施された「教育整頓」工作の状況を、河南《かなん》省霊《れい》宝《ほう》市のケースに即して見ていくことにしよう。「教育整頓」工作は、7月から8月にかけての学習と教育の第一段階、その後の捜査と摘発の第二段階、改善と総括の第三段階に分けられる。学習と教育の第一段階では、霊宝市公安局の幹部や警察官４００名を集めた会場で、失脚した同市公安局副局長の懺悔《ざんげ》の肉声の録音を聞かせるといった異様な光景が見られた。懺悔の肉声は以下の通りである。

私はかつて皆さんと同様に組織が与えてくれる手厚い待遇を享受していました。しかし幸運続きのためにいつしか傲慢になって、組織の要求を忘れ、規律を守るという正しい路線を踏みにじるようになり、一家団欒《だんらん》の楽しみを享受する年齢でとらわれの身になって、地位も名誉も失ってしまったのです（黄孝光、2020: p. 36）。

このようにある種の恐怖感を植え付けられた上で、関係筋によると、毎日のように学習と試験を課されたため、霊宝市公安局の幹部や警察官の間では「緊張した雰囲気が蔓延するようになった」ということである。

本来ならば、学習と教育の第一段階を経た後に、捜査と摘発の第二段階に入るのだが、実は2018年からすでに霊宝市では捜査と摘発が大々的に実行に移されている。霊宝市には金鉱があるが、悪徳な金鉱業者を、同市トップ（党委員会書記）をはじめとする党政の高官が長年にわたって庇護する「保護傘」になってきた。そうした党政の高官が軒並み失脚に追い込まれ、19年末までに少なくとも22名の前職者や現職者が査問に付されたり、刑罰を科されたりしたのである。

その中には霊宝市政法委員会の関係者も含まれており、同委員会トップの書記を筆頭に、同市公安局長や同市検察院検察長などが失脚に追い込まれている。その結果、関係者によれば、「教育整頓」工作が始まった時点で、霊宝市政法委員会とその傘下機関は「徹底的に壊滅させられていた」というのである。

ということで、捜査と摘発の第二段階における粛清の対象者は、これまで辛くも捜査や摘発を免れてきた幹部ということになる。第二段階の具体的な詳細は不明だが、関係筋は「大きな粛清の嵐がやって来るだろう」と予測しており、「もし身辺のある人物に突然連絡がとれなくなったら、おおかた査問に付されているにちがいない」と語っていることから、捜査と摘発は大々的に行なわれたものと見られる（黄孝光、2020: pp. 36–38）。

こうした霊宝市などを舞台とした「教育整頓」工作に対して、インターネット上では称賛の声が飛び交っている。もとより中国ではインターネット上の言論は検閲されているために、「教育整頓」工作に対する批判の声は見つかり次第、削除されるだろう。それでも称賛の声は、現場クラスの幹部の腐敗によって長年にわたり様々な不利益を被ってきた民衆の本音だと見てよいだろう。習近平は「教育整頓」工作を通して、民衆からの熱烈な支持を獲得しつつあると言える。

もっとも、民衆から熱烈な支持を得るのはまだしも、幹部に習近平への絶対的な忠誠心を植え付けるのは至難の業にちがいない。よしんば習近平が「教育整頓」工作によって、自らに対して面従腹背な態度をとる「両面人」にして、悪徳業者などを庇護する「保護傘」を根こそぎ粛清できたとしても、「両面人」ではあるものの「保護傘」とは言えない者まであぶり出すことができないからだ。

海外民主化運動の活動家・張傑《ちょうけつ》が指摘するように、そもそも習近平自身が江沢民や胡錦濤に対して、面従腹背の態度をとり続けた「両面人」ではなかったのだろうか。すなわち習近平は次期最高指導者に内定する過程で、江沢民と胡錦濤に対して、とりわけ江に対して、その意向を尊重し続ける旨を確約し、一強支配体制を築くなどという野心をおくびにも出さなかったのではないだろうか。そうでなければ、どうして江沢民や胡錦濤から後継者としてのお墨付きを得られただろうか。

習近平は、「教育整頓」工作によって「両面人」にして「保護傘」を根こそぎ粛清できたとしても、また第20回党大会で側近を中央政法委員会トップに起用できたとしても、幹部が自らに対して絶対的な忠誠心を抱いているかどうか確信をもてず、疑心暗鬼に陥るにちがいない。習近平自身もそうだったのだから、なおさらだ。習近平は今後も中央政法委員会とその傘下機関において、整風運動になぞらえられる政治キャンペーンを発動せざるを得なくなるだろう。毛沢東が延安の整風運動以後も、幹部の絶対的な忠誠心に疑いを抱いて、繰り返し同運動を発動したように、である（整風運動が極限にまで達したものこそが文化大革命だ）。かくして張傑が予測するように、毛沢東の整風運動と同様に、習近平の「教育整頓」工作も破綻を来たすことだろう（張傑、2020）。

第3節　陳全国――「ジェノサイド」を立案・指揮した能吏

「ジェノサイド」をめぐって

２０１８年8月に発表された国連人種差別撤廃委員会の報告によると、近年、新疆ウイグル自治区では、テロ取り締まりのための再教育という名目の下、ウイグル族やカザフ族などのムスリム系少数民族が、最小で数万人、最大で１００万人以上も強制収容所（中国側は「職業技能教育訓練センター」と称する）に送られてきた（Concluding observations on the combined fourteenth to seventeenth periodic reports of China [including Hong Kong, China and Macao, China] p. 7）。国際人権ＮＧＯのアムネスティ・インターナショナルが21年6月に発表したレポートによっても、17年以降、数十万人、あるいは100万人以上が強制収容所に送られてきた（それとは別に数十万人が監獄に送られてきた）。強制収容所では精神的虐待に加えて、拷問が組織的に行なわれており、死者さえも出ている（China: Draconian repression of Muslims in Xinjiang amounts to crimes against humanity）。さらに21年2月のBBCの報道によれば、強制収容所では、女性の被拘束者が不妊手術を強いられたり、組織的なレイプ被害を受けたりしているという（'Their goal is to destroy everyone': Uighur camp detainees allege systematic rape）。

強制収容所の被拘束者の大部分は、新疆ウイグル自治区内の少数民族のうち最大の人口を擁するウイグル族だ。なお同自治区政府の2020年12月発表の統計によると、同自治区の総人口は2500万人余りであり、ウイグル族の人口は約1150万人である。強制収容所に送られたウイグル族の割合は、最悪の場合、およそ10人に1人ということになる。

また、ドイツの中国研究者のエイドリアン・ゼンズによると、強制収容所での大規模な拘束とは別に、貧困対策の一環として職業訓練と労働移動を進めるという名目で、数十万人規模のウイグル族などムスリム系少数民族が、軍隊式管理の下、綿花畑での強制労働を科せられているという。2018年に新疆ウイグル自治区の3地区（アクス・ホータン・カシュガル地区）だけで、少なくとも約57万人に上るとのことだ。強制労働を科せられている人々の一部は強制収容所の元被拘束者だという（Adrian Zenz, 2020a: p. 7, 9, 12）。周知のように、強制労働によって収穫された綿花は世界の主要衣料ブランドに供給されていることから、欧米諸国や日本で大きな問題となっている。

こうしたウイグル族などへの大規模な弾圧に対して、米国のトランプ前政権は「ジェノサイド」と認定し、バイデン政権もそれを踏襲している。なお1948年12月に国連で採択されたジェノサイド条約によると、「ジェノサイド」は民族的・宗教的集団を破壊する目的で、集団構成員を殺害したり、肉体的・精神的危害を加えたり、肉体的破滅をもたらす生活条件下に置いたり、出生防止措置を科したりする行為の総称とされている。米国政府の「ジェノサイド」認定に対して、中国政府は「言語道断で下心のあるデマだ（王毅《おうき》外相の発言）」などと反論している（『朝日新聞』2021年3月8日付け朝刊）。

中国政府のより詳しい反論について見ていこう。中国政府も2020年9月に発表した白書において、国連人種差別撤廃委員会やアムネスティ・インターナショナルの告発を裏付けるように、強制収容所、すなわち「職業技能教育訓練センター」などにおいて、14年から19年にかけて年平均で延べ約128万8000人（南疆《なんきょう》地方に限ると、年平均で延べ約45万1000人）もの人々に「訓練」を実施してきたと認めている。ただし「訓練」の結果、参加者全員が少なくとも一つ以上の職業技能を修得するなどして、安定した就業を実現できたと自画自賛しているのである（「『新疆的労働就業保障』白皮書（全文）」）。しかしながらこうした中国政府の公式発表は国際社会を納得させるには至っていない。国連人権高等弁務官の実態調査を事実上拒んでいるからだ（2021年8月現在）。

昨今のウイグル族などへの大規模な弾圧の直接的な契機となったのは、習近平が2014年4月に新疆ウイグル自治区を視察しているさなかに、イスラム過激派がウルムチの鉄道駅で爆破事件を起こしたことである。これを機に習近平はウイグル族などに対する従来の方針を抜本的に見直すことにする。従来の方針は「物資」に重きを置いていた。イスラム過激派のテロ行為を含む同自治区の独立を求める動きの背景には、ウイグル族などの貧困状態があると認めて、その解消を目指すというものだった。一方、習近平の新たな方針は「精神」に重きを置いている。独立を求める動きの背景には、ウイグル族などのイスラム教信仰や固有の民族性があると認めて、それらの一掃を目指すというものになったのである（James A. Millward, 2019）。後述するように、習近平の新たな方針の帰結として、ウイグル族などに対する「ジェノサイド」が引き起こされたと言えるだろう。

では、習近平の新たな方針を受けて、新疆ウイグル自治区で「ジェノサイド」を具体的に立案・指

陳全国（1955-）1976年、中共に入党。河南省で官途に就き、同省副省長や同省党組織部長などを歴任する。その後、河北省長などを務め、李剛事件を巧みに処理する。2011年にチベット自治区トップ（党委員会書記）に就任すると、ハードを主としソフトを従とした大衆統制を実施し、大規模な抗議事件を封じ込める。16年に新疆ウイグル自治区トップ（党委員会書記）に就任すると、ウイグル族などに対して「ジェノサイド」を実施し、国際的な非難を浴びる。（写真・朝日新聞社提供）

揮した人物とは一体誰だろうか。これに関して、2020年7月にトランプ前政権は、新疆ウイグル自治区トップ（党委員会書記）の陳全国をはじめとする幹部4名、及び同自治区公安庁に対して制裁を科すと発表している[2]（『朝日新聞』2020年7月11日付け朝刊）。こうしたことから「ジェノサイド」を具体的に立案・指揮した中心人物が陳全国であり、その手足となったのが新疆ウイグル自治区公安庁のスタッフであることがうかがえるだろう。実際、公安庁の警察官が組織的なレイプにも加わっていたという証言がBBCで報じられている（'Their goal is to destroy everyone': Uighur camp detainees allege systematic rape）。

また、新疆ウイグル自治区国家安全庁は、トルコや日本など国外のウイグル族などのコミュニティや外国の支援者の動向を把握するために、脅迫を交えながら、ウイグル族などを盛んにスパイに勧誘している（「在日ウイグル人をスパイ勧誘する手口」）。スパイのなかには、トルコで政治的庇護を申請して、スパイ活動を強いられたなどと告発に踏み切る者もいたが、同自治区国家安全庁はそうした者に対する報復活動も手掛けていると見られる（Self-proclaimed Uyghur former Chinese spy shot by unknown assailant in Turkey）。陳全国が同自治区国家安全庁の活動に相当程度まで関与しているのはまちがいないだろう。なお国外在住のウイグル族などは、スパイによる監視に加えて、中国に残った家族を強制収容所に送り込まれるなどして、二重三重に圧力をかけられている。そのため中国政府に対して抗議の声を上げようにも、なかなか上げられない状況にある。

陳全国とは一体どのような人物なのだろうか。陳全国には中央政法委員会、及びその傘下の公安省や国家安全省での職務経験はないが、新疆ウイグル自治区の公安庁や国家安全庁によるウイグル族などへの大規模な弾圧の中心人物であることから、本節で取り上げることにする。

出世を重ねる能吏

陳全国の経歴から見ていくことにしよう。陳全国は1955年11月に現在の河南省駐馬店《ちゅうばてん》市平輿《へいよ》県の農民の家庭に生まれた。習近平などと違って「太子党」ではなく、典型的な叩き上げのエリートだ。陳全国は、数少ないチャンスを確実にものにすることで、出世の足掛かりをつかんできた。73年に人民解放軍の兵士となり、76年に中共に入党すると、77年に駐馬店の自動車部品工場の工員になった。陳全国に訪れた最初のチャンスは、大学入試の再開だった。陳全国は、大学入試が再開された最初の年に、非常に高い倍率を突破して、河南省トップの鄭州《ていしゅう》大学経済学部の合格を見事に勝ちとっている。ちなみに陳全国と同い年の李克強も同時期に中国最難関の北京大学法学部に合格した。

陳全国は1978年に大学に入学したが、在学中に二度目のチャンスが訪れる。80年に「選調生（選抜生）」制度が再開されたのである。この制度は、各省の党委員会が大学生のなかから優秀者を選抜して、地方の現場で経験を積ませた後に、将来の指導者の候補にするというものだ。陳全国はこのチャンスももものにして、最初の「選調生」に選ばれている。習近平と違って、特別なコネクションをもたない陳全国にとって、鄭州大学に合格したことに続いて「選調生」に選ばれたことは、党官僚としての出世の足掛かりをつかんだことを意味していた。

陳全国の出世は順調そのものである。1981年に大学を卒業した後、最初に赴任したのは故郷の平輿県の辛店《しんてん》人民公社（現在は辛店郷政府）だった。その7年後の88年に、陳全国は河南省遂平《すいへい》県トップ（党委員会書記）に就任したが、文化大革命後の同省の県トップのなかでは最年少だった（夏自釗、2013: p. 30）。

1998年に陳全国は、河南省漯河《らが》市のナンバー2（党委員会副書記・市長）から同省の副省長に昇格し、以後、2000年に同省党委員会人事部門トップ（組織部長）に、03年に同省党委員会副書記に相次いで就任した。その後、09年に河北省ナンバー2（党委員会副書記・省長）に昇格し、11年にはついにチベット自治区トップ（党委員会書記）に抜擢されるまでになった。

なお、2002年から04年にかけて、李克強が河南省トップ（党委員会書記）を務めたが、その間、陳全国は部下として李に仕えていた。こうした経緯から、陳全国は李克強の腹心と見なされており（『朝日新聞』2016年9月14日付け朝刊）、胡錦濤派に分類されている。ただし陳全国には、胡錦濤や李克強らの権力基盤である共青団での職務経験はない。

また、陳全国は勤務のかたわら、1997年に経済学の修士学位を取得し（武漢汽車工業大学工商管理学部経済学専攻より）、2004年には管理学の博士学位を取得している（武漢理工大学管理学部管理科学・工程専攻より）。博士論文の題目は「中部地区における労力資本の蓄積と経済発展との間の相関性についての研究」というものだ。陳全国は、河南省の指導者として多忙な日々を送りながらも、公務の合間を縫って、同省の経済状況に関する知見を学術的に集大成していたのである。日本の財務省のキャリア組のなかにも、激務の合間を縫って、博士号を取得するような強者がいるが、陳全国はそうした強者と同様に、抜群の能吏だと言ってよいだろう。

ただし、海外のネット上には、陳全国の博士論文が剽窃《ひょうせつ》だらけだという噂が出回っている（ちなみに習近平も地方政府在任中に、農村の市場化に関する研究によって清華大学から博士号を取得したが、やはり代筆疑惑が持ち上がっている）。

しかし、たとえ剽窃の噂が確かだとしても、陳全国が抜群の能吏であることはまちがいない。陳全国が2011年にチベット自治区トップに抜擢されたのは、党中央によって、長年にわたる地方での職務経験に加えて、河南・河北両省での治績が高く評価されたからだ（夏自釗、2013: p. 33）。この場合の治績とは、経済発展だけでなく大衆統制にも比重が置かれていると言ってよい。陳全国の大衆統制の手腕を端的に示しているのが、日本でも話題になった李剛《りごう》事件への対処だ。

2010年10月、河北大学の構内で二人の女子大生が自動車に轢《ひ》かれた際に（しかも一人は死亡した）、加害者である運転手の男性が「訴えられるなら訴えてみろ、俺の親父は李剛（河北省保定《ほてい》市公安分局副局長）だぞ」と放言して立ち去ったところ、これがインターネットを通して大々的に広まった。ネット掲示板は怒りの書き込みであふれ、「俺の親父は李剛だぞ」という替え歌までつくられたほどだ(3)。

李剛事件の騒ぎがここまで大きくなったのは、「太子党」の特権階級化を象徴する事件だったからだと言えるだろう。それだけに同事件への対処を一歩でも誤れば、世論の批判の矛先《ほこさき》は党中央に向かいかねなかった。陳全国は当時、河北省ナンバー2だったが、時宜《じぎ》を得た声明を出すことで、沸騰する世論の沈静化に成功している。陳全国は「太子党」の加害男性を特別扱いせずに「法律に従って厳粛に処理する」とした上で、すでに同事件を担当する専門チームを編成して、河北大学で処理に当たらせているなどと伝えたのである(「陳全国—従河南曽経最年軽的県委書記到新疆党委書記」)。仮に陳全国が加害男性をかばい、インターネット上で世論の怒りを焚《た》きつけた人々を逮捕するなどしていれば、世論の鎮静化に失敗していただろう(もっとも後日、加害男性に下された判決は予想よりも軽い懲役6年であったことから、陳全国も最終的にはある程度までかばったと言えるが)。

李剛事件のエピソードからも明らかなように、陳全国は大衆統制の能力を十二分にそなえていたと言ってよいだろう。党中央は一貫して社会の安定の維持を最重要視してきたが、その実現の鍵の一つは、言うまでもなく指導者の大衆統制の能力である。そこで陳全国に、複雑な民族問題を抱えるチベット自治区のトップとして、白羽の矢が立ったのだろう。

チベット自治区での大衆統制の施策

陳全国がチベット自治区で、社会の安定の維持を図るために行なってきた大衆統制の施策を見ることにしよう。それはハードを主としてソフトを従とする方針に基づいていたと言える。ハード面については、次のような施策を行なっている。第一に、派出所(便民警務站《べんみんけいむたん》)の大幅な増設だ。陳全国が2011年にチベット自治区トップに就任してからたった1年の間に、区都のラサでは、500メートルに満たない間隔で派出所が林立するに至った。第二に、警察関係者の大幅な増員だ。陳全国がチベット自治区トップに就任していた5年間に増員された総数は、その前の5年間に増員された総数の4倍以上に上った。第三に、新たなテクノロジーを利用したハイテク監視の展開だ。人工知能やビッグデータなどを駆使することで、監視カメラが自動的に顔認証を行ない得るようになった（**Adrian Zenz ほか、2017: p. 17**）。

一方、ソフト面については、習近平によって掲げられた「大衆路線」を通して、次のような施策を行なっている。陳全国は10万人に及ぶ当局のスタッフを、チベット族の各村落に派遣して駐在させることにした。スタッフたちはチベット族の村人を監視する義務を負っていただけではない。陳全国自らがチベット族の村落を視察した際に、村人を「親戚」と呼んで、農作業を手伝ったり、後日村人を自宅に招いたりしたように、スタッフたちもチベット族の村人から親しみをもたれることを、ひいては中共のイメージの向上に資することを期待されていたのである。

また、中国政府への抵抗運動を長年中心的に担ってきたチベット仏教の聖職者に対しても、陳全国は「大衆路線」を適用している。その際、陳全国は自ら聖職者を「市民」や「友人」と呼んで、寺院に足を運んで聖職者を訪ねたり、聖職者を自宅に招いたりした（**「陳全国―従河南曽経最年軽的県委書記到新疆党委書記」**）。当局のスタッフはもとより聖職者を厳しく監視してきたが、それに加えて陳全国の上記の振る舞いを見倣って、聖職者を積極的に懐柔することも求められるようになったと言えるだろう。

陳全国は、チベット自治区のトップに就任していた間に、こうしたハードとソフトの使い分けにより、同自治区内で焼身自殺を含む大規模な抗議事件の発生をほぼ未然に封じ込めることに成功している。2008年3月の「チベット騒乱」から今日に至るまで、特に聖職者の間では、抗議の焼身自殺が多発するようになった（累計で150名以上に上る）。しかし陳全国の在任中、チベット自治区内での焼身自殺者は8名にとどまっている。一方、チベット自治区周辺のチベット族の集住地域では、同時期にも依然として焼身自殺を含む大規模な抗議事件が多発傾向にあった（Adrian Zenz ほか、2017: p. 17）。

新疆ウイグル自治区での大衆統制の施策

陳全国がチベット自治区でいかんなく発揮した大衆統制の施策は、党中央から非常に高い評価を得るに至った。そこで2016年8月、チベット自治区以上に問題が深刻化していた新疆ウイグル自治区のトップに横滑りすることになる。新疆ウイグル自治区は、かねてイスラム過激派によるテロ事件に悩まされてきた上に、「一帯一路（アジア、欧州、アフリカ大陸にまたがる経済圏構想）」の「核心区（コア地域）」とされたことによって、社会の安定の維持を喫緊の課題としていたのである。中華人民共和国の成立以来、この二つの自治区のトップに就任した者が陳全国以外にいないことからも、異例の人事だったことがうかがえるだろう。なお陳全国は17年10月の第19回党大会で政治局委員に昇格し、トップ25入りを果たしている。

陳全国が新疆ウイグル自治区で社会の安定の維持を図るために行なってきた大衆統制の施策も、基本的にチベット自治区でのそれを踏襲していたと言える。ただし新疆ウイグル自治区の方がチベット自治区よりも、ハード面の比率がはるかに高くなって、「ジェノサイド」の域にまで達している。前述のように、習近平がウイグル族などからイスラム教信仰や固有の民族性を一掃するという方針を新たに打ち出したからだ。

ハード面から見ていこう。陳全国はチベット自治区にはなかった強制収容所を、新疆ウイグル自治区の各地に次々と設置し、最悪の場合、100万人以上のウイグル族などを拘束してきたと見られる。(4) また拘束を免れたウイグル族などに対しても監視と抑圧を強化している。対人口比でチベット自治区以上に、派出所を増設し、警察関係者を増員したほか（Adrian Zenz ほか、2017: p. 19）、ハイテク監視もより大々的に展開するようになったのである。たとえば住民を把握するための各戸へのQRコードの貼り付けは、チベット族の集住地域では四川省カンゼ・チベット族自治州でのみ実施されたが、新疆ウイグル自治区では域内全域で実施されている（The origin of the 'Xinjiang model' in Tibet under Chen Quanguo: Securitizing ethnicity and accelerating assimilation）。

一方、ソフト面についても、陳全国はチベット自治区での施策を踏襲してきたと言える。100万人余にも上る当局のスタッフを、ウイグル族などの各コミュニティに派遣して駐在させ、各家庭に「親戚」として出入りさせているのである。スタッフたちの役割はもとより監視だ。スタッフたちは、監視対象者がイスラム教への信仰や民族へのアイデンティティをどの程度抱いているのか、また強制収容所送りになった家族に対してどのような感情を抱いているのか把握して、問題があると見なした者を当局に通報する義務を負っている。当局は通報された者のなかから、強制収容所に送り込む者を決定しているのである（Darren Byler, 2018）。

他方でスタッフたちは「ウイグル族の「親戚」の悩みごと相談に乗り、冠婚葬祭にも参加する」ことも義務付けられている（『東京新聞』2019年1月25日付け朝刊）。スタッフたちはウイグル族などから親しみをもたれて、ひいては中共のイメージの向上に資することも期待されているのである。無論のことスタッフたちが、拘束されたり消息不明になったりした家族をめぐる悩みごとの相談に乗ることはあり得ない（Darren Byler, 2018）。こうしたソフトな施策は、陳全国の前任者・張春賢《ちょうしゅんけん》によって、2014年に「大衆路線」の一環として、20万人もの当局のスタッフを動員して発動された「大衆の実情を探り、大衆の生活を思いやり、大衆の心を一つにする」活動の延長とも言えるだろう（張定元、2014: pp. 19–20）。

陳全国はこうしたハードとソフトの使い分けによって、少なくとも新疆ウイグル自治区に赴任してから2021年8月現在までの間、大規模なテロ事件を未然に封じ込めることに成功しているようだ。今日、陳全国が22年の第20回党大会で、習近平への忠誠心とあいまって（陳は最も早く習を「核心」と呼んだ党幹部の一人だ）、二つの民族自治区における社会の安定の維持という治績をひっさげて、政治局委員から政治局常務委員に昇格する、すなわちトップ7入りするのではないかと予測されている（The architect of China's Muslim camps is a rising star under Xi）。

大躍進運動とプロレタリア文化大革命

昨今、中国はグローバル経済の一翼を担うようになったが、それに伴いジェノサイド条約を含む国際条約の批准を通して、国際社会の倫理規範に対する遵守も誓約するようになっている。そうした環境下にもかかわらず、習近平のお墨付きを得ているとはいえ、陳全国がウイグル族などに「ジェノサイド」を実施して、平然としていられるのには驚くばかりだ。

陳全国は河南省在任中、党の人事部門のトップとして、グローバル経済に対応し得る幹部の育成の重要性を説いていた（陳全国、2003: p. 8）。当然のことながら、中国が国際社会の倫理規範に対して遵守を誓約してきたことの重みについても十分に承知しているはずだ。それゆえに陳全国は今日、ある種の確信をもって「ジェノサイド」を実施していると言ってよいだろう。陳全国のそうした確信はどのようにして育まれたのだろうか。これについては一切資料がないので、推測するよりほかないが、筆者は大躍進運動や文化大革命の影響に着目している。

陳全国の幼少期から青年期にかけての故郷・平輿県の状況から見ることにしよう。１９５８年に大躍進運動が始まると、平輿県では成人の８人に１人が飢餓・暴行・自殺などによる不自然な死を強いられている[5]（The architect of China's Muslim camps is a rising star under Xi）。また文化大革命が発動されると、平輿県も否応《いやおう》なくその渦中に巻き込まれた。たとえば70年3月には平輿県で「一打三反（反革命に打撃を与え、汚職と窃盗に反対し、投機と空売買《くうばいばい》に反対し、派手と浪費に反対する）」の現場会議が開催された。「一打三反」によって、平輿県を含む駐馬店地区では冤罪事案が多発し（たとえば反革命事件について見ると、摘発が２９４件、逮捕者が３８２人に上った）、11人が死刑宣告されたほか（当時は公開処刑）、11人が自殺に追い込まれるなどしている（駐馬店市地方史誌編纂委員会、2001：上巻 p. 411）。

陳全国が大躍進運動や文化大革命の期間中、どのように過ごしていたかは不明である。しかし少なくとも、陳全国が周囲で多発していた冤罪事案に巻き込まれるなどして、迫害を被るようなことはなかったものと思われる。それだからこそ陳全国は１９７３年に人民解放軍に入隊することができたのだろう（当時、人民解放軍は、事実上機能不全に陥っていた党に代わって、秩序の維持を担っていた）。一方、陳全国は幼年期から青年期という人間形成の重要な時期に、不自然な死や不条理な暴力を相次いで見聞きしたことにより、そうしたことに対して無感覚になっていったのかもしれない。

思想改造と「アイデンティティ改造」

陳全国の文化大革命に対する見方については判然としていない。しかし筆者は、新疆ウイグル自治区での大衆統制の施策を見る限り、陳全国が文化大革命期に広範に行なわれるようになった思想改造に魅力を感じていることはまちがいないように思われる。当時、造反派は反革命分子に対して、毛沢東語録の暗唱などを強いるだけでなく、長期にわたって精神的・肉体的に虐待を加えたり、強制労働を科したりしていた。改心して反革命思想を放棄し、真の共産主義者になったと認められさえすれば、虐待や強制労働から免れ、元の生活に戻れるということを示唆することで、思想改造に導こうとしていたのである。

陳全国が、新疆ウイグル自治区内の強制収容所で実施していることは、まさにそれを応用した「アイデンティティ改造」とも言えるものだ。強制収容所の公安庁スタッフは、ウイグル族などに対して、習近平思想の受容や中国語の習得などを強いるだけでなく、長期にわたって精神的・肉体的に虐待を加えている。改心してイスラム教信仰や固有の民族性を放棄し、真の中華民族になった、すなわち漢族に同化したと認められさえすれば、虐待から免れ、元の生活に戻れると示唆することで、「アイデンティティ改造」に導こうとしているのである。

なお、前出のエイドリアン・ゼンズによれば、綿花畑における強制労働は、生産コストの低減を目的にしていることもさることながら、強制収容所送りを免れたウイグル族などに対する監視と支配も目的にしているという。エイドリアン・ゼンズは、強制労働の現場においても強制収容所と似通った点が見出されるとしている。当局のスタッフは強制労働の合間に、ウイグル族などに対して革命歌の歌唱や中国語の習得などを強いているというのである（**Adrian Zenz, 2020a: p. 7, 12**）。そうした点を踏まえると、強制労働の現場においてもある程度まで「アイデンティティ改造」が導入されていると言ってよいだろう。改心してイスラム教信仰や固有の民族性を放棄し、真の中華民族になった、すなわち漢族に同化したと認められさえすれば、強制労働から免れ、元の生活に戻れると示唆することで、「アイデンティティ改造」に導こうとしているのである。

文化大革命に際しては、思想改造が最も困難だという理由で、特に幹部や知識人が迫害の対象となっていた。それと同様に昨今「アイデンティティ改造」が最も困難だと見なされているためか、ウイグル族などのエリートが例外なく拘束の対象となっている。拘束の対象となっているエリートには、イスラム教の指導者はもとより、なんとこれまで体制派だった中共党員の幹部や知識人まで含まれているのである。

『人民日報』系列の『環球時報』の電子版に掲載されたある論説によれば、ウイグル族などの「両面人（面従腹背の人物）」、すなわち表では中国に忠誠を誓いながらも、陰では新疆ウイグル自治区の独立を支持する人々のなかには「党員幹部」さえも含まれているという。そうした「党員幹部」が「三《さん》股《こ》勢力（イスラム過激勢力・民族分裂勢力・テロ勢力）」の「保護傘（庇護者）」になってきたというのである（**牛長振、2017**）。中国当局がウイグル族などの体制派のエリートに対して抱いている不信感の根深さがうかがえるだろう。

常識に照らせば、思想改造に比べて「アイデンティティ改造」の方が、はるかに困難であることは言うまでもない。思想、すなわち政治的・社会的見解については、個人がその生涯において変えることは多々起こり得る。一方、アイデンティティ、すなわち信仰や固有の民族性については、個人がその生涯において変えることは滅多に起こり得ない。信仰や固有の民族性は通常、個人を超えた集団が幾世代、幾十世代にもわたって培ってきたものだからだ。

こうしたことに加えて、ウイグル族などの体制派のエリートの多くは、もとより習近平思想を含む中共のイデオロギーを深く理解し、中国語を第二言語として完全に習得するなどしており、漢族のエリートのように振る舞うことができる。そのためウイグル族などの体制派のエリートに対しては、漢族への同化を促すために、今更のように習近平思想の受容や中国語の習得などを強いたところで、あまり意味をなさないだろう。

また、そもそもウイグル族などのムスリム系少数民族である限り、誰しもが「アイデンティティ改造」の対象になり得る。「アイデンティティ改造」の対象がエリートのみならず大衆まで際限なく拡大された結果、最悪の場合、100万人以上のウイグル族などが拘束されるに至った。言うまでもないことだが、強制収容所に送られるウイグル族などの大衆の数が増えれば増えるほど、一人一人の「アイデンティティ改造」はなおざりにならざるを得ないだろう。

もっとも、たとえ被拘束者の数をぐっと絞り込んだところで、ウイグル族などの大衆の「アイデンティティ改造」は困難だと言える。中国政府はここ数十年もの間、大量の漢族を新疆ウイグル自治区に移住させてきた。その結果、今日ではウイグル族と漢族が隣り合って暮らす状況になっている。それにもかかわらず、ウイグル族の大衆は漢族に同化するどころか、漢族と通婚するなどして融和することさえまれな状況にあるのだ[6]。こうした状況を踏まえるのならば、ウイグル族などの大衆を強制収容所に送り込み、漢族への同化を強いたところで、その内心に強い反感を呼び起こすだけだろう。

ウイグル族などの「アイデンティティ改造」は、対象がエリートであれ、大衆であれ、いずれも早々に困難に突き当たったことから、「ジェノサイド」に行きつくのは時間の問題だったと言ってよい。ウイグル族などを漢族に同化させられないのなら、ウイグル族などを殲滅する以外にないからである。

国際社会は一刻も早く中国政府にウイグル族などに対する「ジェノサイド」をやめさせるべきである。日本政府も米国やEUなどと足並みをそろえて、制裁の実施に踏み切るべきではないだろうか。もっとも制裁には限界があり、それだけで「ジェノサイド」をやめさせることはできないだろう。

筆者は、日本の学術関係者をはじめとする民間人も中国との交流に際して、反発されるのを覚悟の上で「ジェノサイド」の問題を積極的に提起すべきだと考える。結局のところ、良心的な漢族の人々が在野から「ジェノサイド」に反対する声を上げ、党内の良識ある漢族の幹部がそれに呼応しない限り、中国政府に「ジェノサイド」をやめさせることはできないからである。

あとがき

筆者が中国の情報機関に興味を抱き始めたのは、拙著『中国民主化・民族運動の現在—海外諸団体の動向』（集広舎）を執筆するために、2010年4月から翌年3月までニューヨークに滞在していた時のことだ。

当時、筆者はニューヨークのフラッシングにある中国の民主化運動各派の事務所を訪ね回っていた。その時、国家安全省当局のスパイの暗躍によって、リーダー格の活動家たちが相互に疑心暗鬼に陥っている状況を目の当たりにしたのである。国家安全省当局は、日本の特別高等警察が日本共産党を壊滅させるために、スパイMを党中枢に送り込んだような戦術を採用していた。異国の地でともに苦労しながら民主化運動に取り組んできたリーダー格の活動家が、ある日国家安全省当局のスパイだと判明しようものなら、誰しもが衝撃のあまり疑心暗鬼に陥るにちがいない。

もっとも10年ほど前には国家安全省当局は、筆者にとって中国に渡航でもしない限り、近い存在とは言えなかった。しかし近年、国家安全省当局は筆者の属する日本のコミュニティにまで接近するようになった。国家安全省当局の追及の手は、中国現代史関連の学会の関係者にまで伸びるようになったのである。国家安全省当局によって拘束された日本人研究者は、これまでのところ北海道大学教授だけだ。しかし周知のように、日本で教鞭を執る中国人研究者が幾名も中国に帰国した際に拘束されている。

特に筆者が衝撃を受けたのは、京都での学会の帰りに共通の知人の自家用車にたまたま乗り合わせて、たわいのない雑談を交わした中国人研究者が、その数カ月後に中国で拘束されたという情報に接した時だった。その中国人研究者は、特に中国政府にとってセンシティブな問題を取り上げたこともなければ、アカデミズムの枠を超えて活躍することもなかっただけに、なおさらである（今は無事に日本に戻っている）。

また、数カ月の拘束を経て無事日本に戻ってきたある中国人研究者は最近、日本在住のウイグル族の若者まで使って、習近平政権によるウイグル族などに対する「ジェノサイド」は米国の捏造《ねつぞう》に過ぎないなどと盛んに吹聴《ふいちょう》している。筆者はパソコンの画面越しにそうした姿を見ていたが、その中国人研究者に対して憤りよりも、むしろ痛々しさを覚えた。そしてその中国人研究者に加えられた国家安全省当局の圧力を想像して、思わず身震いしたものである。筆者が本書の執筆を思い立った背景には、以上のような事情がある。

筆者は、情報機関は必要悪の存在だと考えている。それゆえ、その要職者は工作に当たって、あくまでも目的を必要最小限度の安全保障に限定した上で、慎重に実施すべきだろう。またその要職者は、民主主義や基本的人権の尊重といった規範も遵守すべきだろう。

そうした観点からすれば、日本の情報機関の要職者さえ及第できるか怪しいと言わざるを得ない。たとえば公表資料において、ヘイトスピーチ団体を「右派系グループ」とし、ヘイトスピーチに反対する人々を「右派系グループを「レイシスト」と批判する勢力」とした上で、両者の間で「小競《こぜ》り合い」が発生したなどと記述するのはいかがなものだろうか。これでは言外に右派と左派のグループが「小競り合い」を起こした、すなわち喧嘩両成敗《けんかりょうせいばい》だとにおわせているようなものではないか。筆者はこうした記述を目にするにつけて、米国のトランプ前大統領が、白人至上主義団体と反対派の衝突をめぐって、「両者に非がある」と声明したことを想起するものである。

本書で取り上げた中国の情報機関の指導者についてはどうだろうか。彼らはいずれも及第からはほど遠いと言えよう。しかしながら喬石はそのなかでもマシな方に分類される。習近平政権の情報機関の指導者は、せめて喬石の理念に立ち返るべきではないだろうか。仮に今日、喬石が中央政法委員会トップ（書記）ならば、日本で教鞭を執っている中国人研究者を次から次へと拘束するような真似はしなかったにちがいない。

本書の執筆に当たって、実に多くの方々からご支援をいただいた。岡崎清宜氏と役重善洋氏には本書の草稿を入念にチェックしていただいた。両氏には格別の謝意を申し上げたい。また『論座』の担当者の竪場勝司氏と『現代ビジネス』の編集者の岸田勇人氏にも謝意を申し上げたい。中国現代史研究会東海例会と現代中国学会東海部会で、第1章と第2章の草稿をもとにした拙論を発表したが、その際、馬場毅先生をはじめ幾名もの先生方から貴重なコメントをいただいた。コメントを下さった先生方に感謝申し上げたい。コロナ禍の前には時折、東京・中日新聞論説委員の加藤直人氏より串カツ屋で中国の政治情勢について様々なご教示をいただいた。加藤氏に感謝申し上げたい。

本書の執筆時期はちょうどコロナ禍と重なっていた。周知のようにコロナ禍のために、奉職先を含む全国の教育機関では、授業が混乱を極めた。そうしたさなかだったにもかかわらず、筆者が授業の混乱を最小限に抑えて、本書の執筆に打ち込むことができたのは、同僚の教職員の方々によるご助力のおかげである。同僚の教職員の方々に謝意を申し上げたい。

また旧帝大の文系学部を上回るほどの手厚い研究支援体制を維持していただいている理事会の方々にも謝意を申し上げたい。ただし本書の内容の全責任は筆者一人が負うものであって、奉職先とは一切関係がないことを断っておく。

朝日新聞出版書籍編集部長の三宮博信氏、及び朝日選書の前・現編集長の増渕有氏と内山美加子氏には、本書の出版に当たって多大なご尽力を賜った。御三方に感謝申し上げたい。担当編集者の奈良ゆみ子氏には、拙著の草稿全体にわたって有益なご助言をいただいた。奈良氏に厚く御礼申し上げたい。中村彩子氏、仲澤香織氏、坂本由佳氏、渋谷瞳子氏、戸畑道男氏、髙木夕子氏、田辺陽子氏、岩中菜々子氏、武田梨央氏、及び宮野純子氏にもひとかたならぬご支援をいただいた。各氏に感謝申し上げたい。

最後に、筆者が曲がりなりにも本書を書き上げることができたのは、愛犬・ショコラとの散歩や韓流ドラマ（「たった一人の私の味方」「結婚契約」など）のおかげで良い息抜きができたからである。犬とドラマに感謝など不要だろうが、一言書き加えておきたい。

2021年8月

柴田　哲雄

関係略年表

西暦	中国などでの主な出来事	本書に関係する中国の情報機関	本書に登場する情報機関トップの動向
	1840-42 アヘン戦争勃発。英国に香港島割譲。 1911-12 辛亥革命勃発、中華民国成立。		1898 康生出生。 1906 潘漢年出生。
1917	ロシア革命勃発。		凌雲出生。
1918			
1919	五・四運動発生。		
1920			
1921	中国共産党結成。		
1922			

1923			喬石出生。
1924	第一次国共合作成立。		
1925	五・三〇事件発生。		1925-26 潘漢年、中共に入党。／康生、中共に入党。
1926	「三一八事件」発生。北伐開始。		
1927	上海クーデターにより第一次国共内戦勃発。	中央軍事委員会傘下に特務工作処が設置される。後、改組により中央特別委員会傘下の中央特科になる。トップに顧順章が就く。	
1928	国民政府、全国統一を宣言。		
1929			
1930			潘漢年、中国左翼作家連盟の創立に尽力。／康生、国民政府当局に逮捕され寝返る？
1931	満州事変勃発。中華ソビエト共和国臨時政府、瑞金で成立。	顧順章の寝返りにより中央特科の人員が入れ替わる。陳雲がトップに就く。	潘漢年、中央特科情報科長に就任。／康生、中央特科保衛科長に就任。
1932	第一次上海事変勃発。		

西暦	中国などでの主な出来事	本書に関係する中国の情報機関	本書に登場する情報機関トップの動向
1933	1933-34　福建人民政府成立・瓦解。		康生、モスクワに行き王明の側近として駐コミンテルン中共代表団副団長や政治局委員などに就任。中共党員に対する大粛清に加担。
1934	1934-36　長征。		1934-35　潘漢年、長征に参加、中途でモスクワに向かう。
1935	遵義会議開催。	コミンテルンの指示により中央特科が廃止に。	
1936	西安事件発生。		潘漢年、国共間の予備交渉を担う。
1937	盧溝橋事件により日中戦争勃発。中ソ不可侵条約締結。第二次国共合作成立。		潘漢年、香港や上海で対日諜報・謀略工作を指導。／康生、延安に行き毛沢東の側近となり、江青と結び付く。
1938			賈春旺出生。
1939		中央社会部が設置される。トップに康生が就く。	潘漢年、中央社会部副部長に就任。／康生、中央社会部長に就任、その後、中央情報部長に就任。
1940			喬石、中共に入党。
1941	皖南事件勃発。ゾルゲ事件発生。太平洋戦争勃発。上海租界・香港陥落。	中央社会部を基礎として、軍事委員会参謀部の一部を合併し、中央情報部が設置される。トップに康生が就く。	潘漢年、独ソ戦勃発間近と報告。

1942	整風運動発動。「中共諜報団」事件発生。		康生「戴笠事件」を摘発。／周永康出生。／許永躍出生。
1943			潘漢年、中央華中局情報部長に就任、汪兆銘と面会。／康生「搶救運動」を発動。
1944			
1945	第7回党大会開催。日本降伏。重慶で毛沢東と蔣介石が会談。		潘漢年、毛沢東から称賛を受ける。／康生、「搶救運動」について批判を受ける。
1946	「五・四指示」発出。第二次国共内戦勃発。		1946-48 康生、土地改革を指導。
1947	全国土地会議で「中国土地法大綱」採択。		喬石「一・二九同済流血事件」に立ち会う。
1948			
1949	中華人民共和国成立。	中央社会部が中央軍事委員会公安部（後に公安省）などに改編される。公安部のトップに羅瑞卿が就く。中央情報部が中央軍事委員会情報部に改編され、その後も組織の改編が相次ぐ。トップにはいずれも李克農が就く。	潘漢年、上海市副市長や中央華東局委員などに就任。／康生、中央華東局第二書記などに就任。

西暦	中国などでの主な出来事	本書に関係する中国の情報機関	本書に登場する情報機関トップの動向
1950	中ソ友好同盟相互援助条約調印。中国人民義勇軍、朝鮮戦争参戦。		康生、病気療養。
1951	「三反・五反運動」発動。	党中央対外連絡部が設置される。トップに王稼祥が就く。	耿恵昌出生。
1952			
1953	「新三反運動」発動。		
1954	高崗・饒漱石事件発生。		
1955		中央情報部、中央軍事委員会情報部などの流れをくむ党中央調査部が設置される。トップに李克農が就く。	潘漢年、逮捕される。／凌雲、揚帆を査問。／陳全国出生。
1956	スターリン批判起こる。「百花斉放・百家争鳴」提唱。		康生、政治局委員候補に降格。
1957	反右派闘争発動。		
1958	大躍進運動発動。		康生「教育革命」を鼓吹。
1959	毛沢東に代わって劉少奇が		康生、彭徳懐らを批判。／陳一新出生。

	国家主席に就任。廬山会議開催。		
1960			陳文清出生。
1961	経済調整政策実施。		
1962	毛沢東、七千人大会で自己批判するが、8期10中全会で階級闘争重視を強調。		康生、小説『劉志丹』事件を惹起、中央書記処書記に就任。
1963	中ソ論争が公然化。		潘漢年、スパイ罪により15年の有期刑と政治的権利の終身剥奪の判決が下される。
1964	初の原爆実験に成功。		
1965			凌雲、公安省次官に就任。
1966	プロレタリア文化大革命発動。劉少奇や鄧小平らが失脚。	党最高クラスの幹部の調査のために中央特捜事件審査小組が設置される。	康生、中央文化革命小組顧問に就任し、劉少奇や鄧小平をはじめとする実権派幹部などを迫害。／凌雲、失脚し後に投獄される。賈春旺、下放される。
1967			喬石、「五七幹部学校」に下放される。
1968			
1969	中ソ国境紛争勃発。		康生、政治局常務委員に就任。

西暦	中国などでの主な出来事	本書に関係する中国の情報機関	本書に登場する情報機関トップの動向
1970			康生、中央組織宣伝組長に就任。
1971	林彪事件発生。		喬石、党中央対外連絡部へ復職。
1972	ニクソン米大統領訪中。日中国交正常化実現。		賈春旺、清華大学へ復職。
1973			康生、党中央副主席に就任し、序列第3位となる。
1974			康生、江青を告発。
1975			康生死去、弔辞で「中国人民の偉大なプロレタリア階級革命家」と称えられる。／凌雲、公安省へ復職。
1976	周恩来死去。毛沢東死去。「四人組」逮捕。文化大革命終了。華国鋒、国務院総理に続き、党中央主席、中央軍事委員会主席就任。		
1977			潘漢年死去。
1978	日中平和友好条約締結。第11期3中全会開催、鄧小平の主導の下、改革開放路線決定。「北京の春」発生。		

1979	米中国交正常化実現。経済特別区設置。		
1980	趙紫陽、国務院総理就任。	中央政法委員会が設置される。トップに彭真が就く。	康生、弔辞が取り消され、党籍を剥奪される。
1981	第11期6中全会で「歴史決議」採択。鄧小平、党中央軍事委員会主席就任。胡耀邦、党中央主席（後に総書記）就任。		
1982			潘漢年、名誉回復を遂げる。／喬石、党中央対外連絡部長に就任。
1983	「整党」実施。	党中央調査部と公安省政治保衛局などが合併して国家安全省が設置される。トップに凌雲が就く。	凌雲、国家安全大臣に就任。
1984			
1985	兪強声亡命事件発生。		喬石、中央政法委員会書記、政治局委員、中央書記処書記に就任。／賈春旺、国家安全大臣に就任。
1986	学生デモ発生。		喬石、国務院副総理に就任、学生運動への対処に当たって、胡耀邦の方針に則る。

西暦	中国などでの主な出来事	本書に関係する中国の情報機関	本書に登場する情報機関トップの動向
1987	趙紫陽、総書記就任。		喬石、政治局常務委員、中央規律検査委員会書記に就任。
1988	李鵬、国務院総理就任。中央政法委員会が中央政法領導小組に改組される。		
1989	天安門事件発生。江沢民、総書記就任。		喬石、民主化運動に対して抑制的な対応をとろうとしたために、総書記への就任を鄧小平によって拒まれる。／賈春旺、血の弾圧に口実を与える報告書を提出。
1990			
1991			
1992	鄧小平、「南巡講話」発表。第14回党大会で「社会主義市場経済」が提起される。		
1993			喬石、全国人民代表大会常務委員会委員長に就任。
1994			
1995	北京市トップの陳希同、失脚。		

1996			周永康、中国石油天然ガス総公司社長に就任。
1997	鄧小平死去。香港返還実現。		
1998	朱鎔基、国務院総理就任。		喬石、政界を引退。／周永康、国土資源大臣に就任。／賈春旺、公安大臣に就任。許永躍、国家安全大臣に就任。陳文清、四川省国家安全庁長に就任。
1999	法輪功を一斉弾圧。		周永康、四川省党委員会書記に就任。
2000	西部大開発開始。		
2001	中国、世界貿易機関（WTO）に加盟。		
2002	胡錦濤、総書記就任。		賈春旺、最高人民検察院検察長に就任。／陳一新、浙江省党委員会書記の習近平に仕える。
2003	温家宝、国務院総理就任。		周永康、公安大臣に就任。
2004			
2005			
2006			陳文清、福建省規律検査委員会書記に就任。
2007			周永康、政治局常務委員・中央政法委員会書記に就任。／耿恵昌、国家安全大臣に就任。

西暦	中国などでの主な出来事	本書に関係する中国の情報機関	本書に登場する情報機関トップの動向
2008	「チベット騒乱」発生。北京オリンピック開催。		
2009	ウルムチで7・5事件発生。		
2010	上海万博開催。劉暁波、獄中でノーベル平和賞を受賞。中国GDPが世界第2位に。		耿恵昌「M行動プラン」を実施。／陳全国、李剛事件に対処。
2011			陳全国、チベット自治区党委員会書記に就任。
2012	習近平、総書記就任。		喬石『喬石が民主と法制を語る』を出版。／周永康、王立軍事件が発生し、クーデター計画が露見。／陳文清、中央規律検査委員会副書記に就任し「周永康特捜班」を率いる。
2013	李克強、国務院総理就任。		
2014	香港で雨傘運動発生。	国家安全委員会が設置される。トップに習近平が就く。	
2015			喬石死去。／周永康、収賄と職権乱用、国家機密漏洩により無期懲役と政治的権利の終身剥奪などの判決が下される。／許永躍、馬建抜擢の責任を問われ

			て自宅軟禁の処分を受ける。陳文清、国家安全省党委員会書記に就任。
2016			陳文清、国家安全大臣に就任。／陳全国、新疆ウイグル自治区党委員会書記に就任。
2017			陳全国、ウイグル族などを強制収容所で大量拘束する。
2018	国家主席の任期制限撤廃。米中「新冷戦」開始。		凌雲死去。／陳一新、中央政法委員会秘書長に就任。
2019	香港で逃亡犯条例案反対デモ発生。新型コロナ感染、武漢で確認される。		
2020	香港国家安全維持法施行。		陳全国、米国政府より制裁を科される。陳一新「教育整頓」工作を発動。
2021			

人名索引

＊注、引用・参考文献一覧、年表を除く。

［さ行］

［た行］

［な行・は行］

[ま行]

[や行]

[ら行]

注

まえがき

(1)　無論のこと、米国の国益のための工作に問題がないわけではない。たとえばFBIが近年、テロ対策に絡んでイスラム教徒の市民らに対して人権侵害を行なっていることは大きな問題だと言えよう。

第1部

(1)　中共の最高軍事機関である中央軍事委員会は、時期によって中央軍事部、中央革命軍事委員会、人民革命軍事委員会などと名称を目まぐるしく変えている。本書では煩雑さを避けるために、名称を中央軍事委員会で統一している。

(2)　中央華中局は中央地方局の一つである。第一次国共内戦期(1927–37年)からプロレタリア文化大革命期(1969–76年)にかけて、中共中央と各省(各根拠地)党委員会との間には中央地方局が設置されていた。中共中央は中央地方局のトップに中央政治局委員や中央委員などを任命して、複数の省(根拠地)党委員会に対する指導に当たらせていたのである。中央華中局は1941年に設置され、45年に中央華東局の設置に伴って解消された。その他、本書に登場する中央地方局としては、中央東南局、中央西北局、中央東北局、中央北方局が挙げられる。なお中央華東局、中央西北局、中央東北局は中華人民共和国成立後にも存続し、六大行政区の一つとなっている。

第1章

(1)　引用した一節は、潘漢年「苦哇鳥的故事」。初出は『語糸』第2巻第35期。

(2)　当時、魯迅は潘漢年の説得を受け容れたものの、決して潘に好意を抱いていたわけではない。魯迅は早熟の才人だった潘漢年ら「革命文学者、年若く美貌で、歯は白く唇は赤い者」こそが「天生の文豪」だと皮肉っていたのである(魯迅, 1981: p.117／丸山昇, 2010: p. 130)。

(3)　国民政府当局に潜入し、顧順章の裏切りを報告した工作員とは銭壮飛〈せんそうひ〉である。

(4)　中共が1921年7月に結成されてから、43年3月までの間、中共トップの地位の名称は一定しなかった。たとえば陳独秀が中共トップだった期間(1921–27年)だけでも、名称は「中央局書記」「中央執行委員会委員長」「中

央執行委員会総書記」「中央委員会総書記」と変遷している。また瞿秋白〈くしゅうはく〉が中共トップに就任した際には、緊急事態ということもあって、それらしい名称すら冠せられなかった。そうしたことから、本書では煩雑さを避けるために、その期間の中共トップの地位の名称を明記しないことにする。中共トップの地位の名称は43年3月以降定まるが、82年9月までが「主席」であり、それ以降は「総書記」である。

(5)　「伍豪公告」の一件には後日談がある。1966年にプロレタリア文化大革命が発動されると、党内序列第2位の劉少奇らは失脚を余儀なくされたが、第3位の周恩来は辛くも政治生命を保った。しかし毛沢東夫人・江青らによって「伍豪公告」が取り上げられ、周恩来がかつて中共を裏切ったと指弾されるようになる。そのため周恩来は癌に侵されていたにもかかわらず、死去の直前まで苦しい弁明に追い込まれたのである。

その際、江青らの意向を受けて周恩来を追及していた造反派はもとより、周自身さえも、潘漢年が周少山の名義で出した脱党を否定する公告の存在を知らなかったか、もしくは忘れていた。そのため双方ともに当時、獄中にあった潘漢年に対して、事情聴取を行なわなかった。もし潘漢年に対して事情聴取さえ行なっていれば、周恩来の疑惑はすぐに晴れただろうと、李一氓〈りいつぼう〉は悔しさを交えながら指摘している(李一氓, 1995: pp.126–127)。なお李一氓も潘漢年と同様に中央特科で工作に携わり、中華人民共和国成立後には主として外交畑を歩んだ。また党中央対外連絡部に異動した際には、直属の部下だった喬石の昇進を後押ししている。

(6)　潘漢年の従兄とは、後年中共の機関紙『新華日報』の初代社長に就任した潘梓年〈はんしねん〉である。また潘梓年とともに文学者の丁玲〈ていれい〉も逮捕されている。

(7)　本項「第二次国共合作に向けた予備交渉」の本文と注記(9)と(10)の全般的な記述に当たっては(謝黎萍, 1995)を参照した。

(8)　国民政府代表の陳立夫〈ちんりっぷ〉は回想録のなかで、周恩来も潘漢年とともに交渉に臨んでいたとしており、蔣介石も回想録のなかで同様の証言をしている。ただし蔣介石は国民政府の代表を陳果夫と誤解している(陳立夫, 1997, 邦訳：上巻 pp. 228–229／蔣介石, 1962, 邦訳：p. 69)。一方、周恩来の伝記は、周が交渉に臨んだとはしていない(金冲及, 1992, 邦訳 ：中巻 p. 59)。

(9)　陳立夫が第二次国共合作のための条件として提示したのは次の4点である。①中共が誠心誠意合作したいのなら、どのような条件も付してはならない。②中共の政権と軍隊を解散する。③中共軍は3000人にとどめて、師長以上の軍幹部は一律に解職して出国し、半年後に能力に応じて採用する。文民幹部は能力に応じて国民政府各省で採用する。④中共軍の問題が片付き次第、中共の政治要求に対して善処する。

(10)　蔣介石は、潘漢年と陳立夫の会談が始まる前までは、中共に対して融和的な条件を、陳の部下を通して提示しており、中共も前向きに検討する意

向を示していた。融和的な条件とは次の4点である。①中共軍の対日参戦を歓迎する。②対日参戦する中共軍を蔣介石直系の中央軍と同等に扱う。③中共は民意機関を通して国民政府に政治的主張を行ない得る。④中共は特定の地域でその綱領を実施に移してもよい。

蔣介石が融和的な条件を示唆するようになった背景には、1936年6月に「両広事変」が勃発したために、対中共攻撃の余裕を失ったことがある。「両広事変」とは、広東・広西両省の軍事実力者である陳済棠〈ちんさいとう〉、及び李宗仁〈りそうじん〉・白崇禧〈はくすうき〉が、両省の地盤を蔣介石が接収しようとすることに反対して、抗日を大義名分として蔣に反旗を翻したというものだ。

しかし「両広事変」は1936年10月になると、蔣介石の勝利に終わった。そこで蔣介石は中共に対して再び強硬な姿勢で臨むようになり、それは、陳立夫が会談に際して提示した条件にも反映されるようになったのである。

(11) 袁殊が対日協力者になるまでの略歴については(関智英, 2019: pp. 232-235)を参照されたい。

(12) 岩井英一によれば、潘漢年との初顔合わせは興亜建国運動が「公開活動を積極的に進めた時期であった」という(岩井英一, 1983: p. 155)。興亜建国運動は1940年2月16日、上海のホテルに新聞記者を招いて一般に公開されている(関智英, 2019: p. 241)。

(13) 潘漢年研究者の尹騏〈いんき〉について、潘側から提供される情報の受け取り役を務めていた小泉清一は、次のように指摘している。「潘漢年に関して、かなり尹騏は資料を持っています。公安関係者ですから、公安の档案などはかなり自由に見られるんでしょう」と(小泉清一ほか, 2003: p. 213)。

(14) 潘漢年側から提供される情報の受け取り役を務めていた小泉清一は、情報の報酬の支払いについて、「潘漢年には直接岩井さんからは渡してないと思うが、袁殊から行ってるのか」と推測している。その上で、「潘漢年は、日本側からの金銭の受け取りは、すべて袁殊のお膳立てによる形をとり、万一、党や上部の取調べに対して、自分は中国共産党のためになるような調査活動を敵の金で上手にまかなったんだと、自分の功績にする気持ちが働いているとしか、思わないなあ」と述べている(小泉清一ほか, 2003: p. 213, 215)。

(15) ある中国研究者とは戦後、拓殖大学教授を務めた草野文男である。

(16) 日本軍の特務機関とは岡田芳政〈おかだよしまさ〉中佐が率いる香港興亜機関である。香港興亜機関については(小谷賢, 2008: pp. 55-56)を参照されたい。

(17) 潘漢年が1955年4月に失脚すると、劉暁ら江蘇省党委員会関係者の移動に当たって、潘がとった安全確保のための尽力は、称賛から一転していわゆる「鎮江〈ちんこう〉事件」へと化してしまった。潘漢年が汪兆銘政権軍を率いて、根拠地に攻撃を仕掛け、多くの中共軍兵士を殺傷したとでっち

上げられたのである（趙先，1985: p. 131）。

なお、潘漢年は、安徽省淮南の根拠地から上海に工作員を送り込む際にも、安全確保のために同行している。1943年の春節明けに同行した際には、汪兆銘政権の特務機関トップ・李士群との協力関係に十全な信頼を寄せられた上に、また自らの生家に宿泊したためだろうか、潘漢年は緊張を解いたように、同行者のうら若い女性工作員らを相手に、以下のように個人的な思いを語ることがあった。

> 潘漢年は言った。振り返って自分が青年時代に書いた文章を読むと、本当に顔が赤くなるのを覚えるよ。また彼は深く感情を込めて言った。「私は子どもが好きなんだ。自分がこの年齢まで生きてきて、子どもが一人もいないということを思うと、本当に残念なことだ」（呉小佩ほか，1995: p. 153）。

潘漢年は、岩井英一や李士群らの前では、高級なスーツを着こなし富豪を装うなど、手練手管を弄〈ろう〉する工作員らしい隙のない立ち居振る舞いをしていた。しかし安全確保のために幾日も同行して寝食をともにしていた同志の前では、このように時に素顔を見せることもあった。

(18) 岩井英一によれば、潘漢年と影佐禎昭との交渉が始まったのは「恰度〈ちょうど〉影佐少佐が承認後の汪兆銘政府から最高軍事顧問に招聘〈しょうへい〉された後のことである」という（岩井英一，1983: p. 164）。汪兆銘政権が日本政府から正式に承認されたのは1940年11月のことである。

(19) 「清郷工作」については（柴田哲雄，2009: pp. 27-29）を参照されたい。

(20) 「中共諜報団」事件［本文46頁を参照］で逮捕された潘漢年の配下の工作員・李徳生〈りとくせい〉（本名は李鴻宝〈りこうほう〉、紀綱〈きこう〉という変名も用いる）は、日本国内での尋問を経て、中国の日本軍占領地に送還され投獄された。1944年に入ると、日本軍は李徳生を釈放し使者に仕立てて、江蘇省北部の中共の根拠地に派遣し、中共軍との間で部分的停戦に向けた交渉を行ないたい旨を伝達させている（弦音，2013: p. 16）。

(21) 一時期中共トップに立ちながら、毛沢東にとって代わられた王明は次のように述べている。「毛沢東は、秘密裡〈り〉に、党政治局にも諮らずに（中略）新四軍の総政治部主任饒漱石に対し、反蔣介石の合作について日本軍および汪精衛〈おうせいえい〉の代表者と交渉するため彼〔饒漱石〕の名で代表者を派遣し、同時に日本軍および汪精衛に対する軍事行動を停止するよう指令を発した」。「饒漱石が毛沢東の指示により日本軍と汪精衛との交渉の代表として派遣した」者こそ潘漢年だった、と（王明，1976，邦訳：p. 223）。

(22) 周仏海は1945年5月11日付けの日記に「重慶がたびたび人を派遣し、共同して反共に当たることの交渉に来、しかも日本軍が共産党掃討に加わることを望んでいる」と書いている（周仏海，1992，邦訳：p. 778）。

(23) 潘漢年の配下の工作員で「中共諜報団」事件で逮捕された李徳生によると、潘は「日本の同志は当にならないから吾々に対し日本人側同志との関

係を断つ様に、と命じて」きたという。しかし日本人工作員との連絡を担当していた李徳生ら中国人工作員は「西里や中西等日本人側同志に対し絶対の信頼を持って」いたのである(「中共諜報団李徳生訊問調書(警視庁特高第一課、昭和十七年)」p. 628)。

(24) 「岩井公館」に無線通信員として潜り込んでいた者とは劉人寿〈りゅうじんじゅ〉である。

(25) 周仏海の身辺に客人として潜り込んでいた者とは華克之〈かこくし〉である。

(26) 当時、米国政府は英国の情報機関からドイツのソ連侵攻計画について報告を受けていた(小谷賢, 2007: pp. 178–179)。

(27) 第二に関しては、西里竜夫が1941年夏頃、米国は「日本の南進態勢が日と共に実現されつつあるので日本に対し石油の輸出を禁止して対日経済圧迫を行い日本の南進を阻止せんとして居る」と連絡員に報告している。また第三に関しても、西里竜夫は11月頃、「日本海軍の石油貯蔵量は六ヶ月、陸軍の貯蔵量は三ヶ月分である」として、石油貯蔵量が底をつく前に、日本が米国を相手に「今にも開戦しようとする可能性がある」と連絡員に報告している(「中共諜報団李徳生訊問調書(警視庁特高第一課、昭和十七年)」p. 662)。また中西功も12月初めに「満鉄上海事務所が本社に報告する厳秘情報」のなかから、以下のような「日本の南方進撃部隊の編制」を抜き書きして、連絡員に手渡している。

タイ進駐部隊　飯田中将　兵力不明
馬来部隊　今村中将　三、四ヶ師
フィリッピン部隊　本間中将　四ヶ師
蘭印部隊　山下中将　兵力不明
(註)山下中将と今村中将とが変更になったことは後になり判明す(福本勝清, 1996: p. 430)。

(28) 中西功は「昭和十二年に支那事変が勃発し、中共が上海に八路軍弁事処を創立し、中共中央委員潘漢年が其処長となり、中共中央の上海に於ける総責任者となったときには、吾々の組織もそれに統轄されていたと思います」と供述している(福本勝清, 1996: p. 213)。また潘漢年の配下の工作員で「中共諜報団」事件で逮捕された李徳生も、潘が1937年秋から冬にかけて「上海党代表であると共に上海情報科の責任者を兼ねて居た」と供述している(「中共諜報団李徳生訊問調書(警視庁特高第一課、昭和十七年)」p. 611)。

(29) 岩井英一によれば、岩井が「広東に転任の後、一時徴用で華北戦線に従軍していた特調班の柴田竜男が除隊帰班後一度袁殊主幹、潘漢年と一緒に江北方面に旅行して」いたという(岩井英一, 1983: p. 166)。

(30) 一時期中共トップを務めていた王明によれば、饒漱石は、中共やその傘下の抗日救国団体に加入していた「青年男女数万」に「敵のスパイ」「民族の裏切者」「反革命者」というレッテルを貼って、根拠地から放逐〈ほうちく〉していたという(王明, 1976, 邦訳: p. 184)。

(31)　潘漢年夫妻が北京郊外にある労働改造所にいた1962年夏、潘夫人が北京の市場で旧友と偶然再会した。潘漢年夫妻は旧友宅に食事に招かれたが、その際、潘は45年4月に延安で毛沢東に面会した時に、汪兆銘との面会の件を事後報告しようとしたものの、しそびれた経緯についておおよそ以下のように語っている。

潘漢年が延安に到着し、楊家嶺〈ようかれい〉にいた毛主席に会いに行ったところ、毛主席は書類を読んでいるところだった。毛主席は非常に喜んで潘漢年と握手し、ついでに傍〈かたわ〉らの書架から酒瓶を取り出して、コップに一杯注ぐと潘に手渡し、自らのコップにも一杯注いで、潘の工作の勝利を祝福して杯をあげた。潘漢年によれば、プチブルジョア階級の体裁ぶるところと個人的英雄主義のせいで、言おうとしていたことを引っ込めてしまったとのことだった。潘漢年は延安を離れる時、深く後悔するようになった(唐瑜, 1985: pp. 63–64)。

(32)　本項「逮捕」の全般的な記述に当たっては(王凡, 2011: pp. 400–413)を参照した。

(33)　揚帆は名誉回復を果たした晩年、胡均鶴について以下のように述べている。

いわゆる数多の反革命分子を庇護したという問題において、特に言及されているのは、上海の解放以前に、丹陽〈たんよう〉の中央華東局の饒漱石のもとを訪れて、功を立てて罪の埋め合わせをしたいと申し出た敵側の元スパイ(筆者注：胡均鶴を指す)だ。その元スパイは抗戦時期に潘漢年同志との間で関係を築き、日本が我々の根拠地に対して行なう「清郷工作」や掃討などの重要な情報を、我々に提供してくれていた。1942年、我が上海地下党(筆者注：江蘇省党委員会を指す)の指導者の同志、劉暁(中略)らが上海から安徽省淮南の根拠地に移動したが、その元スパイの部下に当たる鎮江の責任者が直々に護送してくれたおかげで、安全に根拠地にたどり着くことができたのである。(中略)その元スパイの重用に当たっては、饒漱石の了承を得ていただけではない。党中央の主管部門にも了承を求めたところ、上海において反革命分子粛清工作に協力させるようにという明確な回答が返ってきた。だが結果として、潘漢年同志と私の「犯罪行為」となってしまったのである(揚帆, 1989: pp. 55–56)。

(34)　一時期中共トップを務めていた王明は、胡均鶴について次のように述べている。「三重スパイ(彼は蔣介石の諜報部員であり、日本と汪精衛との諜報部員であったし、さらに潘漢年の努力によって日本と汪精衛、それに蔣介石の陣営の中に潜入した新四軍の逆スパイにもなったわけである)であったために、彼と潘漢年との交渉の内容は、蔣介石のスパイ機関を通じて迅速に在中国の米・英諜報部の責任者の手に渡った」と。王明も、潘漢年が意図的だったわけではないにせよ、結果的に胡均鶴という国民党スパイを匿うという失態を犯したことについては認めていたと言えるだろう(王明,

1976, 邦訳: p. 224)。

第2章

(1)　高名な中国古代文化の研究者のドイツ人校長はリヒャルト・ウィルヘルムであり、溥儀の元家庭教師は陸潤庠〈りくじゅんしょう〉である。その他には「状元(科挙の最終試験の首席合格者)」の王寿彭〈おうじゅほう〉が教鞭を執っていた。

(2)　虞洽卿は四明銀行や寧紹〈ねいしょう〉輪船公司〈こんす〉などを経営していただけでなく、上海総商会会長となって、蔣介石を財政面で支援していた。

(3)　羅章龍が1933年4月に逮捕されると「中共中央非常委員会」は消滅した。羅章龍は蔡元培〈さいげんばい〉の尽力で釈放されたと述べている(曹仲彬, 2009: p. 73)。

(4)　「ボリシェヴィキ」や「ボリシェヴィズム」は、中共の党内闘争に際して、政敵・反対派を「ボリシェヴィキ」や「ボリシェヴィズム」に反するものとして批判・糾弾することを可能にする政治用語であった。一時期中共トップを務めた瞿秋白も前任者の陳独秀らを批判する際に、こうした政治用語を用いていた(江田憲治, 2013: p. 345)。

　なお、陳独秀から王明に至るまでの歴代中共トップは、1945年4月の中共第7回全国代表大会で採択された「若干の歴史問題に関する決議」において、次のような総括を受けている。陳独秀は投降主義路線という過ちを犯し、瞿秋白と李立三、王明はそれぞれ第一次・二次・三次左傾路線という過ちを犯した、と。

(5)　康生が何孟雄ら反王明派を国民政府当局に売り渡したという説は、康が死後に党籍を剝奪された後、新たな一次史料の発掘に基づいて提起されるようになった(王菊如, 2001: p. 48)。ジョン・バイロンらは、康生が売り渡したと断定している(ジョン・バイロンほか, 2011: 上巻 pp. 94–95)。なお反王明派の一人である羅章龍は「何孟雄が獄中から手紙を書き送り、この度の逮捕が王明や顧順章と関係があると示唆していた」と述べている(曹仲彬, 2009: p. 71)。

(6)　銃殺刑に処された複数の若手左翼作家とは、柔石〈じゅうせき〉や胡也頻〈こやひん〉ら5名のことである。

(7)　李立三夫人のロシア人女性は、康生は物腰が優雅であり、李に対しても丁寧で温和な態度をとっていたなどとも述べている(周海濱, 2015: p. 43)。

(8)　モスクワの中山〈ちゅうざん〉大学(正式名称は孫逸仙〈そんいっせん〉労働大学)の初代学長をトロツキー派のラデックが務めていたことから、トロツキー派を支持する中国人学生が多かったのも事実である。ただし1927年11月の合同反対派(ジノビエフ・カーメネフ派とトロツキー派の連合)がスターリンに対して行なった最後の闘争とも言うべき「赤の広場」事件の

後、トロツキー派の十余人の中国人学生は中共から除名され、帰国させられている(岸田五郎, 1992: pp. 11-13)。

(9) 武胡景は、康生の故郷・山東省で中共の要職を務めていた際、国民政府当局によって逮捕されたが、脱獄に成功した。1932年1月に上海で臨時中央軍事委員会トップ(書記)に任命され、33年5月には康生の後を引き継いで、中央特科の総責任者となり、上海中央局保衛部長に就任している(王健英, 2013b: pp. 22-23)。康生と武胡景はともに上海で中共中央の要職を歴任し、中央特科の総責任者を前後して担っていた上に、山東省にゆかりがあったことから、モスクワで再会した際、少なくとも表面的には親しくしていただろう。

武胡景が中央特科の総責任者になってから、上海に残留していた中共の各機関は国民政府当局の弾圧によって壊滅状態になった。そのため武胡景をはじめとする中央特科の指導者は、コミンテルンのミフや、当時中共トップだった王明、康生らから国民政府のスパイではないかと疑われるようになる。

武胡景の粛清の決定打になったのは、武夫人によれば、王明の面目を潰したことだという。コミンテルン第7回大会で、武胡景が国民政府支配地域での中共組織の実態を報告したために、王明の報告が実績を誇張したものに過ぎないことを明るみに出してしまったのである。こうして武胡景はトロツキストのスパイとしてソ連当局に突き出されることになったが、武との関係性から康生が主導したものと見られている(王健英, 2013a: pp. 52-54)。なお林青山は、康生が武胡景との親しい関係を利用して、武から王明への不満を聞き出したとしている(林青山, 1996: pp. 43-46)。

(10) 王明は1925年にモスクワに留学すると、当時、中山大学学長などの要職にあったミフの寵愛を受けて、学生の指導者に取り立てられた。これに対して、兪秀松や周達文、董亦湘らを中心とする学生は強く反発した。そこで王明は、彼ら3名を含む数多の学生が「江浙(筆者注:江蘇省と浙江省を指す)同郷会」を結成して、中共内で分派活動を行なっている上に、蔣介石から経済援助を受けたり、日本当局とも結託したりしていると告発したのである。しかし当時、駐コミンテルン中共代表団長を務めていた瞿秋白らの尽力により、ソ連・コミンテルン当局も中共中央も「江浙同郷会」などという分派は存在しないという結論を出している。

なお、当時の一次史料の精査に基づく学術論文(李永昌, 2004)も「江浙同郷会」は存在しなかったという結論を出している。(李永昌, 2004)によれば、「江浙同郷会」の名簿が記載された密告手紙は複数残っているという。そのうち会員数が最多だった名簿には129名が列挙されており、それぞれ「正式会員」「名誉会員」「シンパ」に分類されていた。また「江浙同郷会」と銘打たれていたものの、その名簿には、貴州省や湖南省といった他省の出身者が中心人物として挙げられていただけでなく、2名の朝鮮人の氏名も記載されていた(李永昌, 2004: p. 82)。このように「江浙同郷会」の名

称と実態が乖離していたことも、でっち上げの証左だと言えるかもしれない。

兪秀松や周達文、董亦湘はその後、モスクワのレーニン学院で教鞭を執るようになったが、依然として王明による中共の指導権の掌握に反対していた。そこで康生はスターリンによる大粛清に乗じて、彼ら3名をトロツキストとしてソ連当局に突き出すことにしたのである。康生は中共の機関誌に発表した論説で、彼ら3名に中国のトロツキストや日本のスパイというレッテルを貼った(張尚金, 2016: p. 45)。最終的に彼ら3名は処刑されたり、獄死を遂げたりしている。

周達文と董亦湘はスターリン死後の1950年代にソ連当局により冤罪だったと認められて名誉回復を遂げた。しかし王明は56年から74年の死去までソ連に滞在して、両者の名誉回復を目の当たりにしていたにもかかわらず、終始自らの過ちを認めることを拒んでいたようだ。王明は延安で毛沢東と論争した際に、自ら述べたとする次のような発言、すなわち「トロツキストと陳独秀によって組織された、いわゆる「江西・浙江同郷会」(原文ママ)に対して積極的に闘う」をそのまま回想録に載せていたのである(王明, 1976, 邦訳: p. 155)。

(11) 毛沢東は詩詞をつくったり、書道をたしなんだりしていたが、康生もまた中共の最高クラスの幹部のなかでは珍しく、詩詞を含む中国の伝統文化全般について深い造詣があり、書道の腕前も一流だった。詩詞や書道も康生が毛沢東に取り入る際の重要なツールとなっている(馮錫剛, 2009: p. 35)。

(12) 江青の元秘書・楊銀禄〈ようぎんろく〉は、中央党校で出会う以前に、二人が知り合っていたか否かについては十分な証拠がないとしている(楊銀禄, 2012: p. 20)。

(13) ソ連タス通信特派員のウラジミロフは、康生の手下の医師が「"治療"と称して、王明の身体を再起不能にしてしまった」と日記に書いている(ピョートル・ウラジミロフ, 1975: 上巻 p. 110)。

(14) 中統と軍統の概略については(松田康博, 2000: p. 115)を参照されたい。

(15) (国防部情報局, 1979)は、沈之岳が1939年中に中共内部への潜入を中止せざるを得なくなったことから、新四軍の秘密の作戦計画を探知して、軍統当局に伝えたのは、沈が新四軍内につくり上げた秘密の組織だとしている(国防部情報局, 1979: 上巻 pp. 212–213)。

(16) 文化大革命前に党中央調査部長を務めた孔原の息子・孔丹も、康生が防諜工作などに一定程度貢献したと評価している(孔丹, 2015: p. 141)。

(17) ソ連タス通信特派員のウラジミロフによれば、康生は諜報工作に際しては、専ら伝統的な秘密結社を利用していたという(ピョートル・ウラジミロフ, 1975: 上巻 p. 77)。

(18) 第二次国共内戦期の土地改革の詳細については(田中恭子, 1996)第4章以降を参照されたい。

(19) 康生と饒漱石はライバル関係にあったが、他方で共通の政敵である黎玉〈れいぎょく〉に対しては共闘している。黎玉は日中戦争勃発前から山東省で中共幹部として工作に当たり、戦後には中央華東局副書記に就任した。黎玉は土地改革に際して、康生や饒漱石とは異なり、比較的穏健な指導を行なっていた。康生は饒漱石とともにそうした指導に対して「富農路線」というレッテルを貼り、渤海〈ぼっかい〉地区などで次々に幹部を更迭した挙句、黎玉に対してもセクト主義、地方主義といったレッテルを貼って批判し、権限の縮小を受け容れさせたのである(黎玉, 2017)。

(20) 康生は中央書記処トップ(書記)に就任すると、その他にも全国政治協商会議副主席や全国人民代表大会常務委員会副委員長といった名誉職の色彩の濃いポストに就いた。また中央理論小組組長や『毛沢東選集』出版委員会副主任といったイデオロギー部門の責任者の地位にも就いている。

(21) 日本人の訪問客は以下のようなエピソードを紹介している。

(筆者注:康生は)数年前大変重い病気にかかり、睡眠療法をさせられたが、かれは、いつも逆療法を採用し、睡〈ねむ〉(原文ママ)れなければ、何時間でも書物をよみ体を限界にまでおしやつてのち自然睡眠に入るやり方をとつたということである。一見ひ弱わそうな体でこのような逆療法をとり得るかれの精神力には、じんじよう(原文ママ)一様でないものが感じられる(浅川謙次, 1966: p. 5)。

(22) 康生と党中央調査部長・孔原との関係について一瞥〈いちべつ〉しておこう。孔原はモスクワで特務訓練を受けていた際、康生と知り合った。孔原は帰国後、中央社会部で副部長を務め、康生の部下になった。康生と孔原の関係は少なくとも文化大革命前までは良好であり、孔原夫妻が多忙な折には、息子の孔丹を康生夫人・曹軼欧に託すほどであった。孔丹は曹軼欧を「曹ママ(曹媽媽)」と呼んでいた。それでも康生は文化大革命が発動されると、孔原を「裏切り者・スパイ・外国との内通者」のリストに載せている。孔原は1967年から独房で監禁されることになった。もっとも73年に孔丹が孔原の健康状態を理由に、監獄から病院に移ることを康生に求めると、康はあっさりと許可を出している(孔丹, 2015: pp. 5-6, p.46, pp. 127-128)。

(23) たとえば康生の元秘書・沙韜の罪状「証拠」については、党中央調査部の造反派が1967年8月に集めている。そうした「証拠」に基づき、沙韜は8年間も投獄されることになったのである(魏小蘭, 2007: p. 55)。

(24) 文化大革命の終了後、中国政府は中央特捜事件審査小組のスタッフの内訳について、公安省からの出向者が圧倒的多数を占めていると見なしていた。しかし公安省政治保衛局で凌雲の部下を務めていた胡治安〈こちあん〉は、事実に反すると指摘している(胡治安, 2014: p. 28)。

(25) 北京大学哲学部総支部書記は聶元梓〈じょうげんし〉である。

(26) 康生の元秘書・黄宗漢は以下のように回想している。

康生は(筆者注:聶元梓らの壁新聞が貼り出される直前の1966年5月の

政治局拡大会議で採択された)『五・一六通知』で言及されている「我々の傍らで眠っているフルシチョフ風の人物」が劉少奇だとは知らなかった。(中略)この会議で康生は発言に際し、劉少奇に対して自己批判を行なっていたのである。康生は次のように述べている。「王明路線の時期、私は過ちを犯した。当時、プロフィンテルン(筆者注:コミンテルンの指導下に結成された赤色労働組合インターナショナルの略称)の文書に少奇同志が右傾機会主義者だと書いてあった。当時、私はそれを信じてしまい、少奇同志が労働運動において右傾機会主義を行なっていると攻撃し、さらに『闘争』誌上に少奇同志に反対する文章を載せ、謝康と署名した。このことについて、誰かを恨むことはできず、ただ自らの思想の過ちを恨むだけである。少奇同志が国民党の支配地域で毛主席の路線を体現していたことを見落としていたのである」と(閻長貴, 2013: p. 46)。

(27) 康生の元部下・曽彦修は以下のように述べている。

(筆者注:1948年の春節の際に)康生は私たちに薄一波ら61名がどのように出獄したか非常に明快に話してくれた。61名の出獄はおおよそかくかくしかじかの表に記入され、かくかくしかじかの新聞に掲載されて、手続きが処理されたということであった(曽彦修, 2009: p. 39)。

(28) 康生は1968年9月の江青宛の書簡のなかでは、劉少奇の罪状をさらに誇張して「ソ連共産党に我が党の機密を売っていた」「ソ連共産党の力を借りて毛主席の指導を覆そうと企んでいた」「日本帝国主義による中国侵略のために骨を折っていた」「米帝国主義の諜報機関のために奉仕していた」と断罪している(「中共中央批転中央紀律検査委員会関於康生・謝富治問題的両個審査報告(1980. 10. 16)」p. 431)。

(29) 同じ頃、康生は党中央組織部の関係者に、全国人民代表大会と全国政治協商会議のそれぞれの常務委員の失脚リストを作成させている。中共の党籍を有する第3期全国人民代表大会常務委員のうち、裏切り者・スパイ・反革命修正主義者などは41名に上った。その数は党籍を有する常務委員全体の59パーセントに相当する。中共の党籍を有する第4期全国政治協商会議常務委員のうち、同様の者は54名に上った。その数は党籍を有する常務委員全体の64パーセントに相当する。無論のこと全国人民代表大会でも全国政治協商会議でも、非中共党員の常務委員の失脚リストは別に作成されていた。しかし康生は飽き足らずにさらに失脚リストの人数を増やすべきだと指示していたのである。

(30) 「趙健民特務事件」のあらましについては(暁蔚, 2012)を、「内モンゴル人民革命党事件」のあらましについては(楊海英, 2008)をそれぞれ参照した。

(31) 林彪側近で人民解放軍副総参謀長などを歴任した呉法憲は、毛沢東が康生に対してここまで細やかな気遣いを示したのは「主として康生が廬山会議で大功を立てたからだ」としている。廬山会議とは、1970年8月、9月に開催された第9期2中全会のことだ。また「大功を立てた」とは、林彪や陳

伯達〈ちんはくたつ〉らが毛沢東天才論を提起したり、林の就任を狙って国家主席のポストの再設置を主張したりしたことに対して、毛沢東が批判し、陳を失脚に追いやった際に、康生が毛を助けたことを指している。

(32) 康生の元秘書・黄宗漢は、康には毛沢東に倣った「清廉」な側面があったとして、以下のように述べている。

子どもに対しても、康生は毛沢東と同様に要求が厳しかった。康生には前妻との間に労働者となった娘がいたが、生活はとても苦しかった。息子の張子石が「文革」のさなかに済南から浙江に異動した際にも、康生は同意しなかった。康生は硯〈すずり〉や書画など多くの文化財を収集していた。康生は臨終に当たって、そうした文化財をどうしたらよいのか、子どもにいくつか残すべきか問われたが、いや、全て国家に渡すようにと言った。8000元の預金も子どもには残さなかった(閻長貴, 2013: p. 47)。

なお、康生が収集した文化財の大半は、文化大革命に際して紅衛兵が「四旧(旧思想、旧文化、旧風俗、旧習慣)」を破壊するという名目の下で、著名な収集家や図書館・博物館から略奪したものである(ジョン・バイロンほか, 2011: 下巻 pp. 211–216)。

(33) 江青の元秘書・楊銀禄によれば、1970年の中秋節に毛沢東が江に「もちトウモロコシ」を5個贈り、江が康生にそのうちの1個を贈った際、康は秘書の黄宗漢に対して次のような趣旨のことを語ったという。毛沢東は5個の「もちトウモロコシ」によって、軍事委員会弁事組の5人(筆者注：第9期2中全会に際して自己批判を求められた林彪夫人の葉群〈ようぐん〉、及び林側近の李作鵬や呉法憲、黄永勝〈こうえいしょう〉、邱会作〈きゅうかいさく〉を指しているものと思われる)を暗示しているのだ。江青が軍事委員会弁事組の5人をこれ以上批判しないように警告を与えたのだ。こうしたことから「毛主席の江青に対する見方に変化が起こったことが見て取れるというものだ」と(楊銀禄, 2012: p. 20)。

(34) 康生の元秘書・李鑫が最初に華国鋒に「四人組」逮捕を進言したとしているのは(楊継縄, 1998: 上巻 p. 80)や(徐慶全, 2020)である。一方、それに疑義を呈しているのは(李海文, 2013)である。

(35) 康生の元秘書・李鑫が華国鋒に最初に「四人組」逮捕を進言したことを否定する動きについて、江青の元秘書・閻長貴〈えんちょうき〉と胡耀邦の伝記研究者・鄭仲兵〈ていちゅうへい〉は以下のように述べている。

閻長貴：(中略)現在「四人組」逮捕について書いたものは李鑫について言及していない。(中略)2年前、中央警衛団政治委員の武健華〈ぶけんか〉が執筆した「四人組」逮捕についての文章では、李鑫の進言に触れていたが、ある刊行物に発表する時になって、削除されてしまった。武健華はわざわざ「なぜ削除したのか？」と問うたところ、刊行物側の回答は上からの意見ということだった。

鄭仲兵：皇帝が変われば大臣も全部変わる。たとえば現在中央は康生

に対して完全に否定しているが、康の秘書の李鑫も悪人だというのは、こうしたロジックからだ(李伝俊ほか, 2012: p. 6)。

(36) 康生の元秘書・黄宗漢によれば、「ある人物が李鑫を打倒しようとしたところ、鄧小平が李を守り、引き続き中央弁公庁副主任の職務を担わせた」という(閻長貴, 2013: p. 46)。

(37) 康生の元秘書・黄宗漢は次のように述べている。「第11期3中全会前の中央工作会議で、陳雲が康生を名指しして、康の過ちは深刻であることから、中央に康を批判するように要求したものの、鄧小平は(筆者注:当初)賛成しなかった」と(閻長貴, 2013: p. 46)。これが事実だとすれば、鄧小平は「四人組」逮捕に際しての康生の間接的な貢献を、非公式ながら評価していたのかもしれない。

第2部

第3章

(1) 本項「抗日戦争下の潜伏」の全般的な記述に当たっては(高新, 1995: pp. 9-19)を参照した。

(2) 1938年から45年までに、喬石を含めて中共に入党した南方中学の学生は29名に上り、そのうち9名が日本軍との戦闘や、その後の国民党との内戦で犠牲になった。ちなみに当該期間の南方中学の学生数は総計で1744名だったことから、中共に入党した同校の学生数は決して多いとは言えないだろう(顧肖栄, 2019: p. 8)。

(3) 本項「第二次国共内戦下の地下工作」の全般的な記述に当たっては(高新, 1995: pp. 21-34)を参照した(喬石夫人の郁文に関する記述を除く)。

(4) 喬石の親族のうち、最も悲惨だったのは、夫人の郁文の従姉で、陳布雷の実の娘である陳璉〈ちんれん〉(1919年生まれ)だ。陳璉は、従妹の郁文よりも一足早く39年に中共に入党した。新婚間もない陳璉と夫の袁永熙〈えんえいき〉は、47年に国民政府当局によって逮捕されたが、中共党員だと自白せず、確たる証拠もなかったことから、単なるシンパだと見なされた。そして蔣介石直々のとりなしによって、二人は始末書を提出した上で釈放される。二人は中共を裏切って、同志を国民政府当局に売るようなことをしなかったことから、釈放後も中共の要職に就くことができた。

しかし、この始末書が後に陳璉と袁永熙の破滅をもたらす。袁永熙は、始末書を理由に処分を受けるなど理不尽な目に遭ってきたことから、1956年に自由な発言を奨励する「百花斉放・百家争鳴」の運動が始まると、党に対して苦情を申し立てた。その結果、翌57年6月に「反右派闘争」が起こると、袁永熙は「右派」と認定されて失脚してしまった。陳璉は三人の子どもがいたにもかかわらず、離婚を決断する。離婚に踏み切らなければ、

当然のことながら夫に続き、陳璉も「右派」というレッテルを貼られて、失脚を余儀なくされる上に、何よりも三人の子どもの将来が閉ざされてしまうからである。

しかし、陳璉の悲劇はさらに続く。文化大革命が発動されると、陳璉は始末書を口実にして、紅衛兵から迫害を受けるようになり、1967年11月に自死したのである。享年48だった。遺書には「同志たち、私が逮捕された状況については、1949年の説明が真実そのままです。この点について、あなた方は将来理解されるでしょうが、私はその日まで待つことができません」と書かれていた。陳璉と袁永熙が名誉回復を遂げたのは、文化大革命終了後のことである(高新, 1995: pp. 53–55, 76–79)。

(5) 「生活会」における胡耀邦の自己批判と出席者の胡への批判については(荒井利明, 2011: pp. 296–302)を参照されたい。

(6) 喬石が「生活会」で発言した内容は以下の通りである。

> 1985年7月14日、小平同志は(筆者注：政治局常務委員の胡)啓立同志と私を相手に語った。(中略)耀邦同志が陸鏗〈りくこう〉(筆者注：中国出身で「反右派闘争」で罪を問われて以来、22年間も投獄された香港の著名なジャーナリスト)と交わした話の問題について専ら語った。当時、小平同志は、耀邦同志が「四つの基本原則(筆者注：社会主義、プロレタリア独裁、中共の指導、マルクス・レーニン主義と毛沢東思想の堅持を指す)」について多く話すべきだったが、全然明確に話さなかったと指摘した。小平同志は、耀邦同志が陸鏗と交わした話は少なくとも適切でなく、一部の話は重々しさを欠き、完全に迎合したものだと厳しく指摘した(鄧力群, 2006: p. 443)。

(7) 『天安門文書』は、中国政府内の改革派が編者の張良(仮名)の手を経てリークした内部文書である。『天安門文書』の出版に当たって、英語版の監修を務めた著名な米国人研究者のアンドリュー・J・ネイサンは「まぎれもない本物である」と述べている(張良, 2001, 邦訳: pp. 14-15)。

参考までに李鵬の日記において、本文で取り上げた会議で、喬石がどのような態度をとっていたか見ることにしよう。なお李鵬が自らの日記を香港で出版しようとしたのは、血の弾圧の責任を問う世論に対して自己弁護するためだったと指摘されている。そのため李鵬の日記は『天安門文書』に比べれば、信憑〈しんぴょう〉性が低いと言えるだろう。

①についてであるが、4月24日午後8時の会議での議論の状況は以下のようである。

> (筆者注：喬石を含む)出席者全員が一致して現下の情勢が深刻であると認めていた。北京から始まり全国に波及していった学生運動は、実際のところ背後で何者かによって操られ、騒ぎを起こすように煽られているのである。これは組織的かつ計画的で、共産党の打倒を目的とする政治闘争だ。中央は立場を鮮明にして強力な措置をとり制止させなければならない。方針については、まず北京を安定させ、続いて全

国を安定させることにする(李鵬ほか，2010？: p. 83)。

李鵬の日記では『天安門文書』と異なり、喬石は李と同様に学生らの民主化運動を「動乱」と見なしていたのである。

②について見ていこう。5月17日午後4時に開かれた会議で(筆者注：『天安門文書』における午後8時に開催された会議と同一か？)、趙紫陽は「目下の困難を解決する唯一の方法は「四・二六」社説(筆者注:4月26日の『人民日報』の「動乱」社説を指す)を否定することだ」と口を切った。それに対して喬石は「「四・二六」社説は完全に正しいと明確に述べた」のである。『天安門文書』では5月17日朝の会議で、喬石は「動乱」社説の一部に対して態度を保留していたが、李鵬の日記ではそうした記述は見当たらない。

5月17日午後4時の会議で最も注目すべきなのは、鄧小平による戒厳令布告の提起に対して、趙紫陽がただ一人反対に回り「この方針を私は執行できない」と述べる一方で、喬石が「うなずいて同意を示した」という点である(李鵬ほか，2010？: p. 170, 172)。このように戒厳令布告をめぐる喬石の態度については、李鵬の日記と『天安門文書』とでは記述が大きく異なっている。

④について見ていこう。5月22日午後8時に開かれた会議で、喬石は以下のように発言している。

> 目下、軍隊を抑止力としながら、適当なチャンスを見つけて(筆者注:天安門広場の)整理を行なうべきだ。もしこのようにして問題を解決できれば、最も良いだろう。部隊が(筆者注：北京)市内に入ることを長引かせてきた理由は、武力に訴えたくないからであって、流血を避けるためである。しかし長引かせるのもダメだ。我々は問題の解決のために尽力するが、流血の事態にすべきではない。現在、もし軍隊が後退すれば、彼らは勝利と見なすだろう。だが軍隊がずっと路上で待機していてもダメであって、天安門広場に行かなければならない(李鵬ほか，2010？: p. 212)。

『天安門文書』においても5月22日夜の会議で、喬石は上記の発言の趣旨と同様の主張を行なっている。

(8) 喬石は、趙紫陽とその側近に対して厳罰を科そうとする李鵬らに抗し、寛大な措置を求めていた。趙紫陽の党籍問題について、李鵬らが剝奪を主張したのに対して、喬石は反対を表明し(『朝日新聞』1990年1月12日付け朝刊)、また趙の元秘書・鮑彤〈ほうとう〉の処分が議題になった際にも、李らが法的処分を主張したのに対して、喬はより軽い党内処分(党内職務の解任や党籍剝奪など)にとどめるべきだと反論したのである(高新，1995: p. 227)。趙紫陽は、喬石の尽力もあってか、党籍を保留され、「同志」という呼称も残された。一方、鮑彤は、喬石の努力も空しく法的処分を受けて、国家機密漏洩罪などで懲役7年の刑を科されている。

なお、胡啓立は天安門事件後、政治局常務委員と中央書記処トップ(書

記)を解任された。しかし1991年に復活が認められ、機械電子工業省次官や中央委員に就任すると、93年に電子工業大臣に昇格している。

(9)　喬石と江沢民には因縁浅からぬものがある。江沢民は喬石よりも2歳ほど年下で、学生時代には喬の指導の下で中共の地下工作に参加していた。喬石は江沢民の中共入党に際しての保証人だったと言われている(『朝日新聞』1997年9月20日付け夕刊)。

(10)　喬石が態度を明確にしないという鄧小平や趙紫陽の批判と関連するが、『北京之春』という海外民主化運動の雑誌に掲載された評論は、喬の考えが全く外部に伝わってこないのは、「個性の欠如」の表れだと指摘している。すなわち喬石について、人々は「本当の姿を全く見たことがなく、何が好きで何が嫌いかわからず、つまるところ何を考えているのかわからない」というのである。そして喬石の「個性の欠如」は、長年にわたる秘密工作によってもたらされた一種の性格の歪みだとしている(葉漢風, 1998)。

(11)　喬石による「最上の選択」の実践例として、4月19日の新華門前での対処が挙げられるだろう。新華門とは、党・政府の重要機関や、鄧小平をはじめとする要人の住居がある中南海の正門に当たる。当時、新華門の前で示威活動をしていた学生や市民は、中南海に押し入ろうとして、警備隊と小競り合いを起こしていた。喬石は現場近辺に居合わせていたが、喬がとった措置とは、流血の事態を極力避けるために、警察と兵士に武器を携行させず、大型バスを手配して、学生らを無理やり乗せて連れ去る、というものだった。それでも学生らは、警備隊が革靴や武装ベルトで踏みつけたり打ちつけたりしたと非難した。

高新(北京師範大学の同僚だった劉暁波とともに、天安門広場でハンストを行なったため、後に逮捕された)は、中央政法領導小組のトップが喬石ではなく、李鵬のような強硬派だったならば、学生や市民は、革靴や武装ベルトだけでなく、銃剣や銃弾にも直面していただろうと指摘している。そして天安門事件よりも一足早く流血の事態になり、新華門の前で「三一八事件」の再来を目にしただろうとしている。「三一八事件」とは、1926年3月18日、北京大学や北京師範大学の学生ら数千人が北京政府に対して平和的な請願デモを行なっていたところ、警備隊が発砲して約50人の死者と多数の負傷者を出したという事件だ(高新, 1995: pp. 221-223)。

(12)　喬石が民主化運動の参加者への逮捕や拘束に当たって、抑制的な態度をとった事例を見ていこう。当時、留置所では、法律や規定が全く顧慮されないような事態が進行しており、一部では超法規的な処刑さえ行なわれていた。そこで喬石は自ら乗り出し「留置や尋問に際しては、既存の規定に厳格に基づいて執行しなければならない」などと指示を出して、そうした事態に歯止めをかけようとしている(喬石, 2012b: 上巻 p. 192)。また当時、人民解放軍の兵士が、公安分局や派出所に次々にやって来ては、逮捕者を殴打するといった事態が起こっていた。そこで喬石は、人民解放軍の幹部に対しても、公安分局や派出所への兵士の出入りを禁止するように要求し

ている(高新, 1995: p. 227)。

(13) 四川省成都では、武装警察は6月4日から5日にかけて学生や市民に対して血の弾圧に踏み切っている。成都での学生や市民の死者数は、北京の523名に次ぐ277名に上った。成都の武装警察が血の弾圧に踏み切った背景には、四川省が鄧小平の出身地だったことから、当局が鄧のそうした方針に素直に従ったことがあると言えるだろう(加藤青延, 2020: pp. 29–31)。

(14) 王希哲は、文化大革命末期の1974年に、「李一哲〈りいってつ〉」という集団ペンネームで壁新聞を貼り出して、民主化運動の口火を切ったことで知られている。なお89年に民主化運動が空前の盛り上がりを見せていた際、劉暁波は北京師範大学講師の身分で米国に留学中だったが、帰国して学生らとともにハンストに参加した。天安門事件の血の弾圧のさなかにも天安門広場に最後まで踏みとどまっている。一方、王希哲は89年当時、獄中でとらわれの身だった。

(15) 天安門事件直後、逮捕を免れた民主化運動の活動家の一部は、地下に潜ってテロ活動を行なうようになった。たとえば1989年12月、喬石が北京西郊の国家安全省に向かう途中で、爆弾テロに遭遇し、幸い無事だったものの、随行員から死傷者が出たという情報が漏れ伝わっている(『朝日新聞』1990年1月10日付け朝刊)。90年に公安大臣に就任した陶駟駒〈とうしく〉は、当然のことながら、こうしたテロ事件への対策に全力で取り組んだ。

その一方で、陶駟駒は、テロとの関わりがない活動家については、治安維持の費用対効果の面からも、希望通りに海外に出国させた方がよいと考え、その旨を中央政法委員会に進言している。というのは、活動家が亡命先で仲間割れを起こして、中国国内への影響力を大幅に低下させていたからである(鄭義, 1996: pp. 207–208, 210–211)。王希哲に続いて、魏京生が1998年3月に米国に出国するなど、著名な活動家がわりと容易に海外に亡命できるようになったのは、陶駟駒の進言を喬石が認可したからだろう。実際、喬石は「王希哲のような輩が立ち去ろうとするなら、門を開けてやれ」と言い放っている(葉漢風, 1998)。

(16) ミャンマーの軍事政権の弾圧方針は中国政府のそれと類似していると言えるだろう。ミャンマーの軍事政権は、軍事独裁体制を揺るがしかねないだけでなく、ミャンマーの領土の一部の喪失ももたらしかねないという理由で、少数民族の独立を求める活動に対しては、主要民族・ビルマ族の民主化運動以上に、徹底した弾圧を加えてきたのである。

第4章

(1) 余秋里や曽慶紅、周永康、呉儀、張高麗〈ちょうこうれい〉といった「石油閥」の有力政治家の略歴については(渡辺紫乃, 2013: pp. 74–76)を参照されたい。

(2) 中国の主張する排他的経済水域(EEZ)は、日本の主張するEEZと東シナ

海で重複しており、境界は未確定なままである。中国は大陸棚の終端部を、日本は両国の海岸からの中間線(以下、日中中間線)をそれぞれ採用しているからだ。こうした状況ゆえ、日本は中国を刺激してまでガス田開発に動こうとはしなかった。

これに対して、中国は日本にとっての「例外」を試みては、常態化させるということを積み重ねて、一方的にガス田の開発・生産に乗り出してきた。まず1990年代半ばより、中国は日中中間線を越えて、日本側海域で資源探査を行なうという「例外」を試みて、日本の抗議をよそに常態化させた。

周永康の国家資源大臣在任中の1999年、中国はついにガス田の生産に踏み切る。最初に生産を開始したガス田は、日中中間線から約70キロ中国側に位置していることから、日本が抗議しづらい平湖〈へいこ〉ガス田だ。しかし2003年に中国は、日中中間線から約4キロ中国側に位置しているだけの白樺ガス田(中国名は春暁〈しゅんぎょう〉)の開発に着手するという「例外」を試みる。案の定、日本政府が、白樺ガス田の鉱脈は日中中間線にまたがっており、日本のEEZ内の資源が吸い取られかねないと強く抗議する事態になった。そこで中国政府は、日本政府の抗議を受け容れる形で、08年6月に白樺ガス田を含むガス田の共同開発に正式に合意することにした。もっともその後、日中関係の悪化もあって、中国はなし崩し的に合意を反故〈ほご〉にし、今日、日中中間線の中国側海域に、白樺ガス田を含む16カ所ものガス田の開発・生産を常態化させるに至ったのである。

中国が日本にとっての「例外」を試みては、常態化させるということを首尾よく積み重ねることができたのは、諜報工作を通じて、日本政府の予想される反応を的確に把握したり、謀略工作を通じて、日本の世論の反発を和らげようとしたりしてきたからだろう。周永康も国土資源大臣時代に平湖ガス田の生産を開始したり、白樺ガス田の開発を計画したりした際には、情報機関から日本政府の予想される反応などについてレクチャーを受けていたにちがいない。

(3) 2003年3月、周永康が公安大臣に就任するに当たって、当時党の人事を担当する党中央組織部長を務めていた賀国強〈がこくきょう〉は、次のように周を称えている。周永康が「四川省全体の経済・社会の健全な発展を促すために、社会・政治の安定の維持などの上で多くの工作を行ない、顕著な成果を得た」と(王暁明ほか, 2008: p. 58)。

(4) 「弁明書」が果たして実際に周永康自らが執筆したか否かについては不明だが、たとえ偽書だとしても、真書に見せかけるためには、ある程度まで周本人の思想や感情を踏まえる必要があるだろう。本書ではそうした点を考慮して、周永康の失脚の核心以外の部分に限り、参考までに「弁明書」の記述を引用するものである。

(5) 国際人権団体「クリスチャン・ソリダリティ・ワールドワイド」の東アジア・チームリーダーなどを務めるベネディクト・ロジャースは次のよう

に述べている。元来死刑囚ではない「多くの良心の囚人―法輪功の信徒やウイグル族のイスラム教徒、チベット族の仏教徒、「地下」教会の信徒が医学的検査を受けさせられ、強制的に臓器を摘出させられてきた」。「これらの臓器は移植用に大量に売買されてきた」と（Benedict Rogers, 2019）。

(6)　昨今、周永康が「中国一の酷吏」のお株をすっかり奪われている実態について、マスコミ報道や中国内外のNGOの事例に即して補足しておこう。

マスコミ報道についてであるが、周永康が公安大臣や中央政法委員会トップを歴任していた2003年から12年ごろまでを、中国のマスコミ関係者は「黄金の10年」と呼んでいる。広東省の週刊紙『南方週末』をはじめとする「都市報」と呼ばれる各地の大衆紙が、従来の報道のタブーを破って、独自の調査報道を競うようになり、地方政府幹部や警察の横暴、官民の癒着を暴くようになったのである（『朝日新聞』2019年4月25日付け朝刊）。「都市報」は、党中央宣伝部の指導下に置かれてきたが、実際には公安省などによって監視され、違法な報道を取り締まられてきた（上田篤盛, 2016: p. 123）。すなわち周永康は「都市報」の報道に対して、相対的に寛大な姿勢で臨んでいたと言えるだろう。一方、今日、習近平の意向に基づく党中央宣伝部や公安省の締め付けによって、「都市報」の独自の調査報道は、質も量も「黄金の10年」の「100分の1にも」満たないという状態にまで落ち込んでいる（『朝日新聞』2019年4月25日付け朝刊）。

次いで、中国内外のNGOについて見ていこう。周永康の下では、中共の指導という原則に抵触しないような設立趣旨を掲げる国内のNGO（たとえばB型肝炎やHIVの感染者らへの差別撤廃運動に従事している「北京益仁平センター」）の活動だけでなく、そうした国内のNGOに対する国外のNGO（たとえば「米国民主主義基金（NED）」）の支援活動も、事実上黙認されてきた（柴田哲雄, 2011: p. 11）。一方、今日習近平の下では、新たに制定された法律によって、NEDなどの国外のNGOの支援活動が禁じられ、さらに国外のNGOの支援を受けてきた「北京益仁平センター」などの国内のNGOの活動も軒並み停止に追い込まれている（柴田哲雄, 2019: pp. 218–219）。

では、周永康が「中国一の酷吏」のお株を奪われた要因とは何だろうか。第一に、胡錦濤や温家宝の影響力はもとより、江沢民の影響力も大幅に低下したことが挙げられる。胡錦濤・温家宝と江沢民は権力をめぐって角逐〈かくちく〉しながらも、広範かつ深刻な弾圧が常態化した毛沢東時代の再来を明確に拒絶していた点では共通している。この三者は周永康よりも党内序列が上位なだけに（江沢民は序列1.5位と呼ばれていた）、周は「中国一の酷吏」を目指しながらも、この三者の毛沢東時代の再来を許さないという意向を尊重せざるを得なかっただろう。

特に温家宝は、天安門事件で失脚した趙紫陽の元側近で、改革派に属していたこともあって、周永康による厳しい弾圧に一定の歯止めをかける役割を果たしてきたと見られている。たとえば法輪功サイドによれば、温家

宝は2011年の政治局会議で、まだ息のある法輪功の信徒からの臓器の摘出をめぐって、周永康と激論を交わした際に、以下のように詰問したという。

君、生きている人体から臓器を摘出する際に、麻酔さえ打たないとは、人間がやることなのか？　我々は現在に至るまで、こうした問題と向き合ってきておらず、解決できていない。君は人民にどうやって説明するつもりなのか？（「周永康活摘器官的秘密」）

真偽のほどは不明とはいえ、実際に温家宝が周永康に対してこのように詰問したとしても、何らの違和感もないだろう。

一方、習近平は一強支配体制を築く過程で、この三者の影響力を一掃しようとするのと並行して、毛沢東時代を再評価し、その再来を目指すような動きを見せている。また習近平政権内には、かつての温家宝のように弾圧の横行に歯止めをかけられる有力な改革派が見当たらない状況である。

第二に、経済発展と社会の安定の維持との比重が変化したことが挙げられる。周永康は経済発展の方を社会の安定の維持よりも重視する方針をとってきた。そのため社会の安定の維持に脅威を与えかねない個人や集団であっても、経済発展に寄与し得る限りは、弾圧の対象から外していたのである。たとえばNEDなど国外のNGOの支援活動が黙認されてきたのは、NEDなどを中国から締め出すことによって、欧米を中心とした外資の直接投資に水を差すことを恐れたからにほかならない（柴田哲雄，2011: p. 15）。

一方、習近平の意向を受けた新疆ウイグル自治区トップ（党委員会書記）の陳全国は、社会の安定の維持の方を経済発展よりもはるかに重視する方針をとっている。そのため社会の安定の維持に、多少なりとも脅威を与えかねない集団と見なせば、たとえ経済発展に寄与することが確実視されていても、弾圧の対象としているのである。たとえば同自治区カシュガル地区莎車〈さしゃ〉県トップ（党委員会書記）の王勇智〈おうゆうち〉への処分に、そうした方針を垣間見ることができるだろう。

王勇智は、強制収容所に送り込まれていた約7000人のウイグル族を独断で釈放したところ、2018年3月に党の指示に背いたとして失脚した。しかし王勇智がそのような挙に出たのは、莎車県の経済成長の目標を達成するためだった。王勇智も当初は陳全国の指示に従って、莎車県内に強制収容所を建設し、2万人ものウイグル族を拘束していた。ところが深刻な労働力不足に陥り、莎車県の経済成長の目標を達成できない恐れに直面してしまったのである。昨今、中国の地方幹部は、管轄地域における経済成長の目標の達成いかんによって評価され、その後の出世が決まっていく傾向がある。そこで王勇智は焦慮して、労働力不足の解消のために、釈放に踏み切ったのである（James A. Millward，2019）。

(7)　国務院副総理などを歴任した長老の薄一波は、令計画の父親と長年にわたって友人関係にあり、令を我が子同然のように可愛がっていたことから、政治力を用いて1979年に北京の共青団中央宣伝部に異動させたと取り沙汰

されている(石光剣ほか, 2014: p. 160)。

(8) 周永康は、王立軍事件の翌月に起こった令計画の息子の事故死を内密に処理するため、令と話し合っていた際に、プランBを提起したと取り沙汰されている。プランBとは次のようなものである。2012年の第18回党大会で、令計画を政治局常務委員に昇格させ、国家副主席などに就任させる。さらに14年に開催される中央委員会全体会議で、投票により習近平を罷免して、令計画を新総書記に選出する。しかし当時の北京市公安局長が令計画の息子の事故死の真相を胡錦濤や習近平らに報告したために、プランBも頓挫してしまった。その後、周永康は窮余の策として、習近平の暗殺を少なくとも2回図ったと取り沙汰されている(石光剣ほか, 2014: p. 152, 164, pp. 166–167)。

(9) 朝日新聞にも以下のような消息筋の話が掲載されている。

> 東南アジア諸国連合(ASEAN)加盟国の有力紙編集幹部が2012年、親しい中国人学者に明かしたところによると、指導部が交代する党大会を控えた同年初夏、同紙香港支局に情報提供の電話が入った。
> 「中国最高指導部メンバーの情報だ。関心があるならオフィスに来てほしい」
> 記者が指定された場所に行くと、男が書架を指さし「好きなものを一つ、持って行っていい」と言った。
> 棚に並んでいたのは、7冊の分厚いファイル。胡錦濤氏と周永康前書記を除く、当時国家副主席だった習氏ら7人の党政治局常務委員の親族の資産やビジネスに関する資料だった(『朝日新聞』2015年4月5日付け朝刊)。

(10) 周永康の信用を失墜させるためなのか、香港メディアや海外の中国語メディアによって、周にまつわる真偽入り乱れたスキャンダルが報じられている。朝日新聞のまとめによると、次のようなものである。周永康一族は総計900億元(約1兆5300億円)の財産を没収された。周永康には国営中央テレビに関係していた女性アナウンサーや女優など29名もの愛人がいた。周永康の前妻は事故死したとされているが、実は周が事故死に見せかけて殺害した(『朝日新聞』2014年8月2日付け朝刊)。

(11) 郭文貴のバックにはその他に曽慶紅がいるのではないかと取り沙汰されている。そもそも馬建が国家安全省の次官に就任できたのは、曽慶紅の推薦のおかげだというのである(莫又民, 2017: pp. 104–105)。

第5章

(1) 江青は病気療養のため1949年、52年、55年と三度にわたってソ連に渡航し、長期滞在していた(何雲峰, 2015: pp. 76–77)。

(2) 実際、台湾の蔣介石政権は1955年4月に「カシミール・プリンセス号事件」と呼ばれる周恩来暗殺未遂事件を起こしている。当時、国務院総理だった

周恩来は、インドネシアのバンドンで開催されるアジア・アフリカ会議に出席するため、カシミール・プリンセス号に搭乗する予定だったが、テロ情報を事前に得たことから、同機の空中爆発に巻き込まれずに済んだ(松田康博, 2002: p. 14)。

(3)　兪啓威夫人、すなわち兪強声・正声の母親は範瑾〈はんきん〉である。

(4)　兪強声は康生の「幹児(父子の誓いをした子ども)」だと取り沙汰されている(「掲秘兪正声兄兪強声叛逃美国間諜案内幕」／柏原竜一, 2013: p. 46)。

(5)　凌雲が死去した際の、中国当局の公式発表によると、凌が正式に引退したのは2004年9月になっているが、国家安全大臣辞任後の職位については明記されていない(「凌雲同志逝世」)。

(6)　凌雲は、溥儀の自伝『わが半生―「満州国」皇帝の自伝』の執筆の経緯について書き記している(凌雲, 1993)。

(7)　賈春旺の父親は賈庭三〈かていさん〉である。

(8)　当時の清華大学の学長は蔣南翔〈しょうなんしょう〉である。

(9)　海外民主化運動の活動家・陳破空も、馮〈ふう〉という姓のスパイによって民聯に亀裂がもたらされたと証言している(陳破空, 2018, 邦訳：pp. 150–151)。

(10)　周知のように民主化運動は、学生らが1989年4月15日に急逝した胡耀邦を哀悼するという形から始まった。しかし李鵬の4月19日付けの日記によれば、賈春旺が自らの現地視察に基づいて「学生が胡耀邦の死去に対して悲しみなど抱いているとは思えない」と口頭報告し、「私(筆者注：李鵬)の警戒心を呼び覚ました」という(李鵬ほか, 2010？: p. 67)。要するに賈春旺は、4月26日付けの『人民日報』の「動乱」社説でさえ認めていた大多数の学生の胡耀邦への哀悼の情を一切否認し、大多数の学生もごく少数の「下心のある者ら」と何ら変わりはないと示唆していたのである。こうした賈春旺の口頭報告を受けて、李鵬は「警戒心」を抱いただけでなく、強硬な解決の決意を固めるに至ったことだろう。

(11)　ただし、国家安全省の工作員の全てが賈春旺の指示に従っていたわけではない。省内の中核とも言うべき30代、40代の大卒のインテリの工作員は、民主化運動活動家についての資料提供を拒むなどしていたのである(『朝日新聞』1989年8月1日付け朝刊)。またなかには、活動家の亡命を密かに手助けした者までいた。

(12)　賈春旺と対照的だったのは、天安門事件当時、公安大臣だった王芳〈おうほう〉である。戒厳令が布告された5月20日、王芳は、配下の武装警察を動員して、天安門広場から学生や市民を強制退去させよという命令を受けた。しかし王芳は、喬石の意向を汲んでいたためだろうか、学生や市民と衝突し、流血の事態になるのは避けられないとして拒否している。王芳は李鵬らの怒りを買って、1990年12月に公安大臣を解任された(鄭義, 1996: pp. 205–206)。

(13)　許永躍の父親は許鳴真〈きょめいしん〉である。

(14)　ジャーナリストのロジェ・ファリゴによれば、許永躍は1976年から82年まで党中央宣伝部副部長の郁文(喬石夫人)の秘書を務めていたという。そのため許永躍が国家安全大臣に就任した当時、ファリゴは、許も前任者の賈春旺と同様に喬石の人脈に属していると見なしていた(ロジェ・ファリゴ, 1999: p. 206)。またジャーナリストの柏原竜一によれば、許永躍は1976年から82年にかけて、もう一人の党中央宣伝部副部長の秘書を務めており、その際に同じく副部長の職にあった郁文と親交を結んでいたという(柏原竜一, 2013: p. 61)。ただし郁文の死去に際して公式発表されたプロフィールにも、郁の死後に出版された記念書籍にも、郁が文化大革命終了後に勤務していた機関として、党中央宣伝部は挙がっていない(「郁文同志逝世享年87歳」／『懐念郁文』編輯組, 2015)。

(15)　許永躍は1996年の論説において「西側敵対勢力の我らを滅ぼさんとする心は死んでおらず、まさに各種のルートを利用して、我らを「西洋化」「分裂化」する戦略を実行しようと試みている」などと述べている(許永躍, 1996: p. 5)。

(16)　法輪功サイドによると、死刑に処された全国人民代表大会常務委員会副委員長の成克傑〈せいこくけつ〉や、懲役15年の刑を科された中国人民銀行副行長の朱小華などは、いずれも国家安全省の諜報網を介した監視や盗聴によって、巨額の収賄罪が発覚したということである(劉文定, 2016)。

(17)　「直轄市(北京、天津、上海、重慶を指し、省・自治区と同等の扱い)」の場合には、中央の国家安全省、「直轄市」の国家安全局、「直轄市」に属する区域の国家安全局分局といったランク別になる。

(18)　柏原竜一は「許永躍は、国家安全部から112もの企業を取り除き、144もの企業との関わりを絶った」と述べている(柏原竜一, 2013: p. 63)。

(19)　台湾の軍事情報局副局長などを歴任した翁衍慶〈おうえんけい〉によれば、耿恵昌は「国際関係学院美国研究所」副所長を経て、1985年から90年まで同所長を務め、92年に「中国現代国際関係研究所(2003年から中国現代国際関係研究院と改名)」所長に転任し、98年9月に国家安全省次官に昇格したという(翁衍慶, 2018: p. 136)。法輪功サイドによれば、耿恵昌は85年に「国際関係学院美国研究所」副所長となり、90年3月から93年4月まで同所長を務め、その後、国家安全省次官に昇格したという(「国安部長耿恵昌高票連任　秘密切割周永康」)。米国で開設されている中国語の情報サイト・阿波羅網によれば、耿恵昌は85年から90年まで「国際関係学院美国研究所」副所長と「中国現代国際関係研究所」副所長を務め、90年から98年まで「中国現代国際関係研究所」所長を務め、98年に国家安全省次官に昇格したという(「耿恵昌官方簡歴超簡単“研究機構”任職経歴因何被刪？」)。

なお、「中国現代国際関係研究所」は国家安全省と党中央対外連絡部が共同運営する研究・教育機関とされている。また「国際関係学院」のホームページによると「美国研究所」は「外語学院(外国語学部)」の付属機関となっているが、2013年に設立されたということである(「美国研究所簡介」)。

ということで、耿恵昌が勤務した「国際関係学院美国研究所」は今日の「外語学院」付属機関の「美国研究所」とは同名の別組織だと見なされるべきだろう。

(20) 耿恵昌は、新聞・雑誌記事を基にして、民主・共和両党の党内をそれぞれ大きく三つのグループ(民主党については、①自由派、②新自由派・中間派、③南部保守派・新保守派／共和党については、①新旧右派、②穏健派、③穏健保守派)に大別した上で、それぞれのグループの政策やレーガン政権との関係を分析し、また米国の社会階層を大企業家・中産層・中下層と区分した上で、それぞれの社会階層の支持傾向を明らかにしている(耿恵昌ほか, 1984: pp. 7–10)。

(21) 『ノーと言える中国―ポスト冷戦時代の政治と感性の選択』は宋強・張蔵蔵・湯正宇・古清生・喬辺の共著である。

(22) 翁衍慶も同様の見方をしている(翁衍慶, 2018: pp. 136–137)。

(23) たとえば(耿恵昌, 2009: p.13)が挙げられる。

(24) たとえば(耿恵昌, 2014b)が挙げられる。

(25) 周永康が党籍を剝奪された2014年12月には、耿恵昌は周を念頭に置いて、「何人であれ、党の大局的な政治方針に違反することを決して許さず、(中略)何人であれ、党の政治規律に違反することを決して許さず、(中略)何人であれ、憲法と法律を超越することを決して許さず」と論説で繰り返し強調している(耿恵昌, 2014a)。

(26) 陳文清と馬建をともに引き立ててきた西南政法大学OBの国家安全省次官経験者は牛平〈ぎゅうへい〉である。

(27) 陳文清が2015年4月に国家安全省党委員会書記に就任するのに先立って、米国では14年6月末より「外国口座税務コンプライアンス法(FATCA)」が施行された。FATCAに基づき、米国市民や米国永住権保有者が中国国内で開設した銀行口座などの情報を、中国側が米国当局に提供する見返りに、中国要人が米国に隠匿している資産などの情報を、米国側が中国当局に提供することになった(Wei Gu, 2014)。退職した老幹部らは、ただでさえこうした圧力を加えられていたことから、陳文清による国家安全省の掌握に対して、よりいっそう神経を尖らせていたのだろう。

(28) 陳文清率いる国家安全省による外国絡みの各種工作の暴走振りについては、国際NGOのフリーダム・ハウスが報告書で取り上げている。報告書によると、陳文清が国家安全省党委員会書記に就任する前年の2014年頃から、同省は公安省や人民解放軍などともに外国で、当該国の法律を無視してまで弾圧を強行し、深刻な人権侵害を引き起こしてきたというのである。国家安全省などのターゲットになったのは、中国国籍か外国国籍かを問わず、ウイグル族・チベット族・モンゴル族などの少数民族、法輪功の信徒、中共を批判する人権活動家やジャーナリスト、香港の民主化運動活動家、及び反腐敗闘争によって告発された元高官などだ。フリーダム・ハウスはこのままでは法の支配といった国際規範までもが歪められかねないと警告

している(Nate Schenkkanほか, 2021: pp. 15–16)。

終章

(1)　20世紀初頭から今日までの120年間に及ぶ中国の現代史をひもとくと、中国は奇しくもおよそ30年の周期で「民主化への弾圧」「国際的孤立」「支配の正統性の危機」といった一連の事態を繰り返していることがわかる。第3周期は約60年前の毛沢東時代であり、第4周期は約30年前の鄧小平時代であって、現在は第5周期に当たっている。ここでは第1周期と第2周期について概観しておこう。

第1周期は清朝末期だ。1898年9月、立憲君主制を目指す改革(戊戌〈ぼじゅつ〉の変法)を、西太后〈せいたいこう〉(咸豊〈かんぽう〉帝の妃、子の同治帝〈どうちてい〉や甥の光緒帝〈こうしょてい〉の摂政〈せっしょう〉となって実権を掌握する)ら保守派はクーデターによって葬った(戊戌の政変)。これが「民主化への弾圧」に当たる。権力を掌握した西太后ら保守派は、1900年6月に「扶清滅洋〈ふしんめつよう〉(清朝を助けて西洋を滅ぼす)」をスローガンに掲げる義和団の武装蜂起を支持して、孤立無援な中国の状況を顧みることなく、列強諸国に宣戦布告した(義和団事件)。これが「国際的孤立」に当たる。惨敗した結果、西太后ら保守派は深刻な「支配の正統性の危機」に直面するようになる。しかし保守派は有効な挽回策を講じることができず、11年の辛亥革命を機に衰退した。

第2周期は中華民国時代だ。1928年、蔣介石は各地の軍閥を撃破して中国の再統一を成し遂げた。蔣介石は、民主化を求める汪兆銘ら国民党有力者による武装蜂起を斥〈しりぞ〉けて、独裁色を強めていった。これが「民主化への弾圧」に当たる。そうしたさなかの31年9月に満州事変が勃発すると、蔣介石は米国や英国、ソ連の対日軍事制裁に期待をかけた。しかし世界恐慌などの影響から、各国は日本に対して軍事制裁はおろか、経済制裁さえ見送る始末だった。中国は37年8月に中ソ不可侵条約を締結するまで、事実上孤立無援の状態で、日本の侵略と向き合わざるを得なくなった。これが「国際的孤立」に当たる。

一方、日本の侵略をみすみす許したことによって、蔣介石に「支配の正統性の危機」が生じるようになる。蔣介石は自らの支配を確固たるものにするために、汪兆銘ら国民党有力者を政権内に取り込んだだけでなく、後年になると内戦停止や積極抗戦といった国民の強い要望にも応えるようになった。すなわち1936年12月の西安事件 **[本文27頁参照]** を経て、内戦状態にあった中共を体制内に取り込み、翌37年7月の盧溝橋事件を機に、全面的な抗日戦に踏み切ることにしたのである。

(2)　米国のトランプ前政権によって制裁を科されたのは、陳全国のほか、王明山(当時、新疆ウイグル自治区公安庁トップ〈党委員会書記〉)、朱海侖〈しゅかいりん〉(2019年1月まで新疆ウイグル自治区政法委員会トップ〈書記〉)、

霍留軍〈かくりゅうぐん〉(王明山の前任の新疆ウイグル自治区公安庁トップ)である。

(3)　李剛事件の詳細や替え歌については(湯城吉信, 2013: pp. 33–36)を参照されたい。

(4)　エイドリアン・ゼンズによれば、強制労働については、新疆ウイグル自治区で実施した方式を、2019年から20年にかけてチベット自治区に導入したという。20年の最初の7カ月だけで50万人以上のチベット族が軍隊式管理の下で「職業訓練」を受けたということである(Adrian Zenz, 2020b: p. 7)。

(5)　公式発表によると、平輿県が属する駐馬店市では、大躍進運動の発動により、死者数が1959年に10万2300人、60年に34万3200人に達している。駐馬店市全体の総人口は、60年末に404万3000人であったが、58年末に比べて34万6300人減少している(駐馬店市地方史誌編纂委員会, 2001: 上巻 p. 399)。

(6)　2014年の調査によると、ウイグル族青年の72パーセント弱は、隣近所の4軒のうち1軒は漢族だと答えている。それにもかかわらず、民族間の融合を反映する指標の一つである漢族との通婚の比率について見ると、ウイグル族青年は1パーセント強でしかなく、モンゴル族青年の27パーセント強はもとより、チベット族青年の6パーセント弱に比べても、著しく低いままである(韓慧ほか, 2015: p. 22)。なお、こうした通婚の比率を劇的に変えるためなのだろうか、日本や欧米の複数のメディアによれば、新疆ウイグル自治区当局はウイグル族の女性に漢族の男性との結婚を強制する政策を進めているという。

引用・参考文献一覧

（日本語文献は五十音順，中国語文献はピンイン順）

・浅川謙次(1966)「康生　新政治局委員―国際経験豊かな闘士」『アジア経済旬報』第658号
・天児慧ほか(1999)『岩波現代中国事典』岩波書店
・荒井利明(2011)『「敗者」からみた中国現代史』日中出版
・石川忠雄ほか(1979)「大躍進運動をめぐる党内論争」『法学研究』第52巻第7号，慶應義塾大学法学研究会
・井上久士(1999)「延安搶救運動について」『駿河台大学論叢』第19号
・岩井英一(1983)『回想の上海』「回想の上海」出版委員会
・岩谷將(2013a)「中国共産党情報組織発展史」『情報史研究』第5号
・岩谷將(2013b)「党を保衛する公安組織―公安組織の設立過程」(国分良成ほか編『現代中国政治外交の原点』慶應義塾大学出版会)
・上田篤盛(2016)『中国が仕掛けるインテリジェンス戦争―国家戦略に基づく分析』並木書房
・江田憲治(2013)「中国共産党史における翻訳概念―『路線』と『コース』をめぐって」(石川禎浩ほか編『近代東アジアにおける翻訳概念の展開―京都大学人文科学研究所附属現代中国研究センター研究報告(2013)』)
・遠藤誉(2015)『毛沢東―日本軍と共謀した男』新潮社
・王明(1976)『王明回想録―中国共産党と毛沢東』高田爾郎ほか訳，経済往来社
・夏衍(1989)『上海に燃ゆ―夏衍自伝』阿部幸夫訳，東方書店
・柏原竜一(2013)『中国の情報機関―世界を席巻する特務工作』祥伝社
・加藤青延(2020)『目撃　天安門事件―歴史的民主化運動の真相』PHPエディターズ・グループ
・川田進(2006)「色達喇栄寺五明仏学院事件に見る中国共産党の宗教政策」『大阪工業大学紀要 人文社会篇』第51巻第2号
・岸田五郎(1992)「モスクワにおける王明の抬頭と『江浙同郷会』事件」『中国研究月報』第530号
・金冲及(1992)『周恩来伝　1898–1949』(上・中・下巻)狭間直樹監訳，阿吽社1992年から93年にかけて刊行
・金冲及(2001)『周恩来伝　1949–1976(第2刷)』(上・下巻)劉俊南ほか訳，岩波書店
・小泉清一ほか(2003)「インタビュー　東亜同文書院・岩井公館・潘漢年の思い出―小泉清一氏に聞く」『中国21』第15号
・興梠一郎(2013)「習近平体制―新指導部の布陣と権力闘争の影」『国際問題』第

620号，日本国際問題研究所
・小谷賢(2007)『日本軍のインテリジェンス―なぜ情報が活かされないのか』講談社
・小谷賢(2008)「日本軍とインテリジェンス―成功と失敗の事例から」『防衛研究所紀要』第11巻第1号
・柴田哲雄(2009)『協力・抵抗・沈黙―汪精衛南京政府のイデオロギーに対する比較史的アプローチ』成文堂
・柴田哲雄(2011)『中国民主化・民族運動の現在―海外諸団体の動向』集広舎
・柴田哲雄(2016)『習近平の政治思想形成』彩流社
・柴田哲雄(2019)『汪兆銘と胡耀邦―民主化を求めた中国指導者の悲劇』彩流社
・謝幼田(2006)『抗日戦争中、中国共産党は何をしていたか―覆い隠された歴史の真実』坂井臣之助訳，草思社
・周仏海(1992)『周仏海日記　1937–1945』蔡徳金編，村田忠禧ほか訳，みすず書房
・蔣介石(1962)『中国のなかのソ連』寺島正訳，時事通信社
・ジョン・バイロンほか(2011)『龍のかぎ爪　康生』(上・下巻)田畑暁生訳，岩波書店
・鄒燦(2013)「盧溝橋事件とその後の中国共産党―対国民党政策の展開と抗日を中心に」『現代中国研究』第32号，中国現代史研究会
・関智英(2019)『対日協力者の政治構想―日中戦争とその前後』名古屋大学出版会
・宗鳳鳴(2008)『趙紫陽―中国共産党への遺言と「軟禁」15年余』高岡正展編訳，ビジネス社
・田中恭子(1996)『土地と権力―中国の農村革命』名古屋大学出版会
・田中仁(2002)『1930年代中国政治史研究―中国共産党の危機と再生』勁草書房
・張良(2001)『天安門文書』アンドリュー・J・ネイサンほか監修，山田耕介ほか訳，文藝春秋
・陳破空(2018)『カネとスパイとジャッキー・チェン―分断される民主化運動と中国の行く末』高口康太訳，ビジネス社
・陳立夫(1997)『成敗之鑑―陳立夫回想録』(上・下巻)松田州二訳，原書房
・西里竜夫(1972)『風雪のうた―私の半生記』熊本民報社
・ピョートル・ウラジミロフ(1975)『延安日記―ソ連記者が見ていた中国革命』(上・下巻)高橋正訳，サイマル出版会
・福本勝清(1996)『中西功訊問調書―中国革命に捧げた情報活動』亜紀書房
・松田康博(2000)「蔣経国による特務組織の再編―特務工作統括機構の役割を中心に」『日本台湾学会報』第2号
・松田康博(2002)「台湾の大陸政策(1950–58年)―『大陸反攻』の態勢と作戦」『日本台湾学会報』第4号
・丸田孝志(1993)「抗日戦争期における中国共産党の鋤奸政策」『史学研究』第199号，広島史学研究会

・丸山昇（2010）「潘漢年について・初稿―一九三〇年代群像の一」（丸山昇『丸山昇遺文集　第3巻（一九八一－二〇〇六）』汲古書院）
・峯村健司（2015）『十三億分の一の男―中国皇帝を巡る人類最大の権力闘争』小学館
・毛里和子（2012）『現代中国政治―グローバル・パワーの肖像（第3版）』名古屋大学出版会
・矢板明夫ほか（2020）「問答無用の蛮行　残る人質を返せ！（蛮行の中国に友誼なし）」『WiLL』2020年1月特大号（第181号）
・矢吹晋ほか（2014）『中共政権の爛熟・腐敗―習近平「虎退治」の闇を切り裂く』蒼蒼社
・湯城吉信（2013）「現代中国社会を批判するインターネット上の替え歌」『大阪府立大学工業高等専門学校研究紀要』第47号
・楊海英（2008）「ジェノサイドへの序曲―内モンゴルと中国文化大革命」『文化人類学』第73巻第3号，日本文化人類学会
・ロジェ・ファリゴ（1999）『最新「中国諜報機関」』永島章雄訳，講談社
・渡辺紫乃（2013）「胡錦濤政権のエネルギー政策過程―政府、共産党、三大石油会社と『石油派』」（日本国際問題研究所『政権交代期の中国―胡錦濤時代の総括と習近平時代の展望』日本国際問題研究所）

・コトバンク、https://kotobank.jp/
・「在日ウイグル人をスパイ勧誘する手口」『ニューズウィーク日本版』2020年9月1日号（第35巻第33号）
・「中共諜報団李徳生訊問調書（警視庁特高第一課，昭和十七年）」（加藤敬事編『続・現代史資料7　特高と思想検事』みすず書房，1982年）
・「中国で拘束された北大教授　嫌疑は新型ミサイルの情報収集か」『選択』2019年11月号，選択出版社
・「中国の刑務所にて，テンジン・デレック（原文ママ）・リンポチェ死去」2015年7月13日更新，ダライ・ラマ法王日本代表部事務所，https://www.tibethouse.jp/news_release/2015/150715_Tulku_Tenzin_Delek_Rinpoche_Dies_150713.html（2021年6月11日最終アクセス）
・「テンジン・デレク・リンポチェ，『爆破事件』の罪で拘束」2002年5月5日更新，ダライ・ラマ法王日本代表部事務所，https://www.tibethouse.jp/news_release/2002/bombing_charge_May05_2002.html（2021年6月11日最終アクセス）
・「2020年3月5日（木）最前線ルポ　新型ウイルスに揺れる中国」ＮＨＫ・クローズアップ現代，https://www.nhk.or.jp/gendai/articles/4394/index.html（2021年6月11日最終アクセス）

・曹仲彬(2009)「羅章龍談被開除党籍的前前後後」『百年潮』2009年第9期
・陳全国(2003)「加強領導班子思想政治建設的重要性與基本要求」『領導科学』2003年第23期
・陳思敏(2015)「喬石與江沢民周永康的不同結局」2015年6月20日更新，大紀元，https://www.epochtimes.com/gb/15/6/20/n4461857.htm（2021年6月11日最終アクセス）
・陳徒手(2011)「五十年代教育革命中的康生」『炎黄春秋』2011年第12期
・叢書集体(1990)『戒厳一日』解放軍文芸出版社
・崔敏(2014)「周永康案的反思與建言」『炎黄春秋』2014年第11期
・鄧力群(2006)『鄧力群自述―十二個春秋(1975~1987)』大風出版社
・杜萌(2008)「賈春旺―共和国第八位検察長印象」『法制資訊』2008年第3期
・樊菊媗(2013)『周永康黒幫』領袖出版社
・馮錫剛(2009)「康生是如何迎合毛沢東的」『福建党史月刊』2009年第1期
・高強(2013)『周永康炸弾―習近平打虎受挫後患無窮』新視界伝媒
・高新(1995)『中共巨頭喬石』世界書局
・戈陽(2015)『周永康獄中自辯書』南風窓出版社
・耿恵昌ほか(1984)「一九八四年美国大選形勢展望」『現代国際関係』1984年第1期
・耿恵昌(1997)「認識世界，保持特色，発展自己―学習鄧小平対外開放理論」『前線』1997年第3期
・耿恵昌(2009)「突出国家安全機関特色　努力深化機関党建工作」『紫光閣』2009年第8期
・耿恵昌(2014a)「全面提昇国家安全工作法治化水平」2014年12月16日更新，中国人大網，http://www.npc.gov.cn/npc/c221/201412/d6fd12cee93549079796969e5d9e5f6c.shtml（2021年6月11日最終アクセス）．初出は『求是』2014年第24期
・耿恵昌(2014b)「與時俱進開創国家安全工作新局面―学習貫徹習近平総書記在中央政法工作会議上重要講話精神」2014年3月16日更新，人民網，http://theory.people.com.cn/n/2014/0316/c83845-24646212.html（2021年6月11日最終アクセス）．初出は『求是』2014年第6期
・顧肖栄(2019)「抗日烽火中従南方中学走出来的学生党員們」『世紀』2019年第6期
・国防部情報局(1979)『戴雨農先生全集』(上・下巻)国防部情報局
・冉中校(2012)「温家宝事件與薄熙来案微妙互動」『亜洲週刊』2012年第45期
・海濤(2012)「党大法大，喬石促薄熙来被“拿下”？」2012年4月7日更新，美国之音，https://www.voachinese.com/a/article-20120407-uncut-news-146522305/951562.html（2021年6月11日最終アクセス）
・韓大慶(1998)「迎接挑戦 把握機遇―訪中国石油天然気総公司総経理周永康」『中国対外貿易』1998年第5期

・韓慧ほか(2015)「維，蔵，蒙族青年與当地漢族的融合研究」『中国青年研究』2015年第3期
・郝在今(2004)「延安第一特務案—塵封六十年的中国反間諜案之謎」『啄木鳥』2004年第12期
・何頻ほか(1997)『中共「太子党」(最新増訂版)』時報文化出版
・何雲峰(2015)「毛沢東與江青—婚姻歴程的三個階段」『毛沢東研究』2015年第3期
・何足道(2014)『周永康案江習大対決』南風窓出版社
・胡平(2020)「整頓政法委 架空郭声琨」『北京之春』2020年9月号，http://beijingspring.com/bj2/2010/140/92202041201.htm (2021年6月11日最終アクセス)
・胡治安(2013)「往時—解決55万人"帽子"問題的歴史波折」2013年11月25日更新，新浪網，http://history.sina.com.cn/bk/ggkfs/2013-11-25/104274881.shtml (2021年6月11日最終アクセス)
・胡治安(2014)「中央専案組人員文革後的遭遇」『炎黄春秋』2014年第9期
・華克之(1995)「風雨話当年」(中共上海市委党史研究室編『潘漢年在上海』上海人民出版社)
・『懐念郁文』編輯組(2015)『郁郁乎文哉—懐念郁文』人民出版社
・黄磊(2017)「1942香港中共大営救」『炎黄春秋』2017年第11期
・黄琦(2006)「従政記録　写在前四川国安庁長陳文清栄昇之際」2006年11月28日更新，大紀元，https://www.epochtimes.com/gb/6/11/28/n1536967.htm (2021年6月11日最終アクセス)六四天網からの転載
・黄孝光(2020)「政法系統"刮骨療毒"」『中国新聞週刊』第961期
・孔丹(2015)『難得本色任天然』米鶴都編撰，三聯書店
・労開准ほか(2014)「解読潘漢年系統」『档案春秋』2014年第7期
・李伝俊ほか(2012)「在中央文革弁事機構的見聞」『炎黄春秋』2012年第11期
・李海文(2013)「華国鋒何時約見李鑫」『百年潮』2013年第2期
・李蒙(2014)「周永康親友圏査辦全記録」『決策與信息』2014年第10期
・李鵬ほか(2010？)『李鵬六四日記真相—附録李鵬六四日記原文』澳亜出版有限公司
・李一氓(1995)「為周恩来闢謡」(中共上海市委党史研究室編『潘漢年在上海』上海人民出版社)
・李永昌(2004)「関與"江浙同郷会事件"的幾個問題」『中共党史研究』2004年第5期
・黎玉(2017)「『黎玉回憶録』十三，山東土改中"搬石頭"的真相」2017年8月24日更新，烽火HOME，http://www.wphoto.net/qianbei/article/ts/show/articleid/12583/ (2021年6月11日最終アクセス)
・梁紅伍(2009)「康生為何揭発江青和張春橋」『報刊薈萃』2009年第10期
・林青山(1996)『康生伝——一個陰謀家的発跡史(第2版)』吉林人民出版社
・凌雲(1993)「『我的前半生』是怎様問世的？」『炎黄春秋』1993年第7期

・凌雲(2004)「懐念公安戦線優秀的領導者徐子栄」『炎黄春秋』2004年第2期
・劉千声(2014)『周永康余党』外参出版社
・劉文定(2016)「“是鬼不是人”的国安部長許永躍」2016年6月27日更新，大紀元，https://www.epochtimes.com/gb/16/6/26/n8038336.htm (2021年6月11日最終アクセス)
・劉習文(1958)「康生伯伯来到了我們学校」『安徽教育』1958年第12期
・盧萩(2015)「沈之岳─潜入延安的軍統王牌特工」『伝奇・伝記文学選刊』2015年第10期
・魯迅(1981)「革命珈琲店」(魯迅『魯迅全集 第4巻』人民文学出版社)
・欒景河(2004)『中俄関係的歴史與現実』河南大学出版社
・羅青長(1996)「潘漢年冤案的歴史教訓」『上海党史研究』1996年第1期
・莫又民(2017)『郭文貴爆料 直指竊国賊』領袖出版社
・牛長振(2017)「“両面人”対新疆穏定的危害」2017年9月29日更新，環球網，https://opinion.huanqiu.com/article/9CaKrnK5onH (2021年6月11日最終アクセス)
・潘漢年(1986)「審奸難─黄金会変銅，忠奸更難分」(潘漢年『潘漢年雑文選』陳漱渝ほか編，百花文芸出版社)初出は『聯合日報晩刊』1946年10月20日付け
・潘漢年(1995a)「関與国民党談判情況給毛沢東等的報告(1936年11月12日)」(中共上海市委党史研究室編『潘漢年在上海』上海人民出版社)
・潘漢年(1995b)「文芸通信─普羅文学題材問題」(中共上海市委党史研究室編『潘漢年在上海』上海人民出版社)
・喬石(2012a)「関於做好政法工作的若干問題(1988年5月)」(喬石『喬石談民主與法制』(上・下巻)人民出版社・中国長安出版社)
・喬石(2012b)「加強社会主義民主和法制　維護社会穏定(1990年2月28日)」(喬石『喬石談民主與法制』(上・下巻)人民出版社・中国長安出版社)
・喬石(2012c)「開動脳筋想辦法　搞好社会治安管理(1988年11月)」(『喬石談民主與法制』(上・下巻)人民出版社・中国長安出版社)
・喬石(2012d)「維護祖国統一　堅決反対分裂西蔵的活動(1989年3月9日)」(喬石『喬石談民主與法制』(上・下巻)人民出版社・中国長安出版社)
・石光剣ほか(2014)『周永康内部案巻』内幕出版社
・唐瑜(1985)「哀思和憶念─潘漢年，董慧同志二三事」(本書編輯組編『回億潘漢年』江蘇人民出版社)
・王凡(2011)『紅色特工─潘漢年伝』三聯書店(香港)
・王健英(2013a)「武胡景烈士被逮捕遭錯殺原因考析」『北京党史』2013年第2期
・王健英(2013b)「武胡景生平存疑問題探討」『党史文苑』2013年第2期
・王琚(1999)「中共特別工作開創者 李克農」『炎黄春秋』1999年第8期(王琚は王珺の誤植か)
・王菊如(2001)「“龍華24烈士”研究的若干問題」『上海魯迅研究』2001年00期
・王珺(2003)「康生在中央社会部」『百年潮』2003年第5期

・王暁明ほか（2008）「周永康―跨領域経験豊富」『党的建設』2008年第1期
・王学亮（2015）「一份撲朔迷離的秘密処決令」『紅岩春秋』2015年第8期
・維克托・烏索夫（Viktor Nikolaevich Usov）（2013）『20世紀30年代蘇聯情報機関在中国』頼銘伝訳，解放軍出版社
・魏小蘭（2007）「“我信天総会亮” ―康生秘書談“沙韜事件”」『百年潮』2007年第9期
・翁衍慶（2018）『中共情報組織與間諜活動』新鋭文創
・呉法憲（2008）『呉法憲回憶録（第3版）』（上・下巻）香港北星出版社
・呉小佩ほか（1995）「潘漢年帯我們過封鎖線」（中共上海市委党史研究室編『潘漢年在上海』上海人民出版社）
・呉興唐（2015a）「喬石與中聯部」『党政論壇（幹部文摘）』2015年第8期
・呉興唐（2015b）「深情思念憶喬石」『当代世界』2015年第7期
・呉越（2012）「潘漢年主持上海政法工作二三事」『炎黄春秋』2012年第2期
・夏継誠（2016）「汪精衛身辺的中共“臥底”」『党史博覧』2016年第8期
・夏自釗（2013）「晋昇路線図」『決策』2013年第7期
・弦音（2013）「抗戦時期“中共秘密接触日軍高層”真相」『蘭台内外』2013年第6期
・暁蔚（2012）「趙健民遭康生迫害始末」『党史縦横』2012年第3期
・謝黎萍（1995）「第二次国共合作談判的中共代表」（中共上海市委党史研究室編『潘漢年在上海』上海人民出版社）
・修来栄（2011）『陳龍伝（第2版）』群衆出版社
・徐長発ほか（2013）『中共元老院』明鏡出版社
・徐平（2018）「中国人民武装警察部隊，歴史上有過哪些体制調整？」『中国国防報』2018年1月4日付け
・徐慶全（2020）「李鑫最早提出解決“四人幇”問題動議考」『広東党史與文献研究』2020年第2期
・徐行（2014）「陳雲如何看待党史重要人物」『党史文苑』2014年第17期
・許永躍（1996）「正確処理改革，発展，穏定的関係 在改革和発展中做好穏定工作」『探索與求是』1996年第4期
・閻長貴（2013）「康生的秘書談康生―黄宗漢談話瑣憶」『炎黄春秋』2013年第2期
・閻明復（2005）「我看康生」『領導文萃』2005年第8期
・揚帆（1985）「抜雲見日慰忠魂―悼念潘漢年同志」（本書編輯組編『回億潘漢年』江蘇人民出版社）
・揚帆（1989）『揚帆自述』群衆出版社
・楊継縄（1998）『鄧小平時代―中国改革開放二十年紀実』（上・下巻）中央編訳出版社
・楊銀禄（2012）「秘書眼中的江青與康生的関係」『共産党員』2012年第2期
・葉漢風（1998）「従喬石的失勢談起」『北京之春』1998年1月号，http://beijingspring.com/bj2/1998/200/20031211131034.htm（2021年6月11日最終アクセス）
・葉茂之ほか（2014）『中国国安委―秘密拡張的秘密』明鏡出版社

・尹騏(1993)「一椿歴史謎案─潘漢年会見汪精衛」『炎黄春秋』1993年第7期
・尹騏(1996)『潘漢年伝(修訂本)』中国人民公安大学出版社
・尹騏(2002)「江青復仇和揚帆蒙冤」『炎黄春秋』2002年第1期
・尹騏(2011)『潘漢年的情報生涯』人民出版社
・于継増(2014)「潜伏上海的“全能特工”劉人寿」『党史博采(紀実)』2014年第2期
・于健ほか(2011)『平凡人的不平凡・沈之岳(増訂版)』沈之岳先生百年誕辰紀念会
・余汝信(2011)「康生的另一面」『華夏文摘 増刊』第791期，2011年3月8日更新，http://www.cnd.org/cr/ZK11/cr623.gb.html (2021年6月11日最終アクセス)
・曽彦修(2009)「才徳反差巨大的康生」李晋西整理『炎黄春秋』2009年第2期
・張定元(2014)「做好“訪恵聚”工作 維護新疆穏定」『克拉瑪依学刊』2014年第4期
・張傑(2020)「習近平的延安整風将淪為政治遊戯」『北京之春』2020年8月号，http://beijingspring.com/bj2/2010/140/823202054738.htm (2021年6月11日最終アクセス)
・張尚金(2016)「親歴董亦湘冤案平反始末」『炎黄春秋』2016年第10期
・張嵩山(1994a)「一個中央専案組長的懺悔」『炎黄春秋』1994年第9期
・張嵩山(1994b)「與狼共舞的日子(下) ──一個専案組長的懺悔」『雨花』1994年第7期
・張雲(1997)『潘漢年伝奇(第2版)』上海人民出版社
・趙天驕(2017)「喬石─母親就是我最好的老師」『現代婦女』2017年第5期
・趙先(1985)「所謂“鎮江事件”的始末」(本書編輯組編『回億潘漢年』江蘇人民出版社)
・鄭義(1996)『中共特務頭子』陳方妙主編，南書房文化事業有限公司
・鄭義(1999)『中共情報首長』暁冲主編，夏菲爾国際出版公司
・鐘金燕(2014)「中共政法委制度的歴史考察」『中共党史研究』2014年第4期
・周海濱(2015)「李立三夫人李莎生前回憶中共高層」『名人伝記(上半月)』2015年第10期
・駐馬店市地方史誌編纂委員会(2001)『駐馬店地区誌』(上・下巻)中州古籍出版社
・朱少偉(2019)「潘漢年的滬上編輯生涯」『档案春秋』2019年第7期
・朱習華ほか(1998)「管好国土資源　為可持続発展作貢献─訪国土資源部部長周永康」『紫光閣』1998年第5期
・宗春丹(2018)「沈黙者凌雲」『中国新聞週刊』第854期

・百度百科、https://baike.baidu.com/
・「陳全国─従河南曽経最年軽的県委書記到新疆党委書記」2016年8月29日更新，大河網，https://4g.dahe.cn/news/20160829107406757(2021年6月11日最終アクセス)
・「陳文清卸中紀委副書記　被伝将任国安部長」2015年5月26日更新，大紀元，

https://www.epochtimes.com/gb/15/5/26/n4442775.htm（2021年6月11日最終アクセス）
・「創多個“最年軽”紀録的陳文清」2016年11月7日更新，新京報，
http://www.bjnews.com.cn/news/2016/11/07/422454.html（2021年6月11日最終アクセス）
・「耿恵昌官方簡歴超簡単“研究機構”任職経歴因何被刪？」2016年12月10日更新，阿波羅網，https://www.aboluowang.com/2016/1210/848606.html（2021年6月11日最終アクセス）
・「耿恵昌去職　習攻破国安部堡塁(完整版)」2016年12月17日更新，大紀元，
https://www.epochtimes.com/gb/16/12/16/n8600109.htm（2021年6月11日最終アクセス）
・「耿恵昌同志簡歴」2013年3月更新，人民網，http://politics.people.com.cn/n/2013/0325/c351134-20904002.html（2021年6月11日最終アクセス）
・「国安部特務頭子捅掉江系老巣総参情報部」2012年9月8日更新，大紀元，
https://www.epochtimes.com/gb/12/9/8/n3677856.htm（2021年6月11日最終アクセス）
・「国安部長耿恵昌高票連任　秘密切割周永康」2013年3月18日更新，大紀元，
https://www.epochtimes.com/gb/13/3/18/n3825032.htm（2021年6月11日最終アクセス）
・「国家安全部部長許永躍」2000年3月17日更新，人民網，
http://www.peopledaily.com.cn/item/zgjgk/jl/xuyongyue.html（2021年6月11日最終アクセス）
・「掲秘兪正声兄兪強声叛逃美国間諜案内幕」2012年8月26日更新，大紀元，
https://www.epochtimes.com/gb/12/8/25/n3667906.htm（2021年6月11日最終アクセス）
・「凌雲同志逝世」2018年5月13日更新，人民網，http://cpc.people.com.cn/n1/2018/0513/c87393-29984751.html（2021年6月11日最終アクセス）
・「美国研究所簡介」2021年3月16日更新，国際関係学院外語学院，
https://waiyuxueyuan.uir.cn/c/2021-03-16/616161.shtml（2021年6月27日最終アクセス）
・「迫害法輪功主犯賈春旺罪状公告」2015年6月12日更新，大紀元，
https://www.epochtimes.com/gb/15/6/12/n4455857.htm（2021年6月11日最終アクセス）
・「斎景和反革命案北京市中級人民法院刑事判決書(1983)中刑字第101号」2019年6月16日更新，維基文庫，https://zh.wikisource.org/wiki/齐景和反革命案北京市中级人民法院刑事判决书(2021年6月11日最終アクセス）
・「喬石籲給政法委　動大手術」2012年3月29日更新，『新紀元』第268期，
https://www.epochweekly.com/b5/268/10594.htm（2021年6月11日最終アクセス）
・「喬石與同済大学」2015年6月18日更新、同済大学、https://www.tongji.edu.cn/

info/1031/6311.htm（2021年8月15日最終アクセス）
・「全国政法隊伍教育整頓試点工作啓動」2020年7月9日更新，人民網，http://qh.people.com.cn/n2/2020/0709/c182757-34144812.html（2021年6月11日最終アクセス）
・「人物誌」『長三角』2008年第4期
・「晩年陳雲與鄧小平：心心相通―訪国家安全部部長，原陳雲同志秘書許永躍」『百年潮』2006年第3期
・「西南政法大学―法学界的黄埔軍校！可惜牠的名声與実力並不相符！」2019年1月30日更新，捜狐，https://www.sohu.com/a/292369238_100078052（2021年6月11日最終アクセス）
・「肖捷曽是国税総局最年軽局長　被評努力超常人」2016年11月8日更新，環球網，『京華時報』より転載，https://finance.huanqiu.com/article/9CaKrnJYtAA（2021年6月11日最終アクセス）
・「『新疆的労働就業保障』白皮書（全文）」2020年9月17日更新、中華人民共和国国務院新聞弁公室、http://www.scio.gov.cn/zfbps/32832/Document/1687588/1687588.htm（2021年9月3日最終アクセス）
・「夜話中南海―鄧小平到死没有原諒的中共情報頭子凌雲」2019年12月23日更新，自由亜洲電台，https://www.rfa.org/mandarin/zhuanlan/yehuazhongnanhai/gx-12232019155520.html（2021年6月11日最終アクセス）
・「郁文同志逝世　享年87歳」2013年2月7日更新，人民網，http://cpc.people.com.cn/n/2013/0207/c87393-20463732.html（2021年6月11日最終アクセス）
・「中共中央批転中央紀律検査委員会関於康生・謝富治問題的両個審査報告（1980. 10. 16）」（約翰・西西弗斯『資深獄吏―康生與「文革」（Ⅳ巻）』西西弗斯文化出版，2016年）
・「中国抓的日本間諜怎麼越来越多了？専家解読」2017年9月26日更新，環球網，https://mil.huanqiu.com/article/9CaKrnK5lna（2021年6月11日最終アクセス）上観新聞より転載
・「中華人民共和国最高人民法院　刑事判決書　一九六二年度刑一字第一号」（彭樹華『潘漢年案審判前後』中国青年出版社，2010年）
・「周永康活摘器官的秘密」2015年6月12日更新，大紀元，https://www.epochtimes.com/gb/15/6/12/n4455866.htm（2021年6月11日最終アクセス）
・「周永康―郷村少年到国級高官的非常人生」2021年4月19日更新，中国歴史網，https://m.86lsw.com/whgs/mingren/xiandai/96394.html（2021年6月11日最終アクセス）
・「周永康洩密罪可能致其死罪，馬建・郭文貴疑捲入」2015年4月3日更新，博聞社，https://bowenpress.com/news/bowen_735.html（2021年6月11日最終アクセス）

・Adrian Zenz ほか（2017）Chen Quanguo : The strongman behind Beijing's securitization strategy in Tibet and Xinjiang, 2017年9月21日更新, *China Brief*, vol. 17, no.12, https://jamestown.org/wp-content/uploads/2017/09/CB_17_12.pdf?x31108（2021年6月11日最終アクセス）
・Adrian Zenz（2020a）Coercive labor in Xinjiang : Labor transfer and the mobilization of ethnic minorities to pick cotton, 2020年12月更新, Newlines Institute for Strategy and Policy, https://newlinesinstitute.org/wp-content/uploads/20201214-PB-China-Cotton-NISAP-2.pdf（2021年6月11日最終アクセス）
・Adrian Zenz（2020b）Xinjiang's system of militarized vocational training comes to Tibet, 2020年9月28日更新, *China Brief*, vol.20, no. 17, https://jamestown.org/wp-content/uploads/2020/09/Read-the-09-28-2020-CB-Issue-in-PDF-rev2.pdf?x31108（2021年6月11日最終アクセス）
・Benedict Rogers（2019）The nightmare of human organ harvesting in China, 2019年2月5日更新, *The Wall Street Journal*, https://www.wsj.com/articles/the-nightmare-of-human-organ-harvesting-in-china-11549411056（2021年6月11日最終アクセス）
・Darren Byler（2018）Why Chinese civil servants are happy to occupy Uyghur homes in Xinjiang, 2018年11月10日更新, CNN, https://edition.cnn.com/2018/11/09/opinions/uyghur-home-visit-opinion-intl/index.html（2021年6月11日最終アクセス）
・James A. Millward（2019）Between the lines of the Xinjiang papers, 2019年11月20日更新, *The New York Times*, https://www.nytimes.com/2019/11/20/opinion/china-xinjiang-documents.html?_ga=2.212032724.1131377262.1619938861-1095743069.1615354212（2021年6月11日最終アクセス）
・Nate Schenkkan ほか（2021）Out of sight, not out of reach : The global scale and scope of transnational repression, 2021年2月更新, Freedom House, https://freedomhouse.org/report/transnational-repression（2021年6月11日最終アクセス）
・Wei Gu（2014）Rich Chinese in reach of new U.S. tax law, 2014年7月3日更新, *The Wall Street Journal*, https://www.wsj.com/articles/rich-chinese-in-reach-of-new-u-s-tax-law-fatca-1404404713（2021年6月11日最終アクセス）

・China: Draconian repression of Muslims in Xinjiang amounts to crimes against

humanity, 2021年6月10日更新, Amnesty International, https://www.amnesty.org/en/latest/news/2021/06/china-draconian-repression-of-muslims-in-xinjiang-amounts-to-crimes-against-humanity/（2021年6月11日最終アクセス）
・Concluding observations on the combined fourteenth to seventeenth periodic reports of China（including Hong Kong, China and Macao, China）, 2018年8月30日更新, UN Committee on the Elimination of Racial Discrimination, https://tbinternet.ohchr.org/Treaties/CERD/Shared%20Documents/CHN/CERD_C_CHN_CO_14-17_32237_E.pdf（2021年6月11日最終アクセス）
・Self-proclaimed Uyghur former Chinese spy shot by unknown assailant in Turkey, 2020年11月3日更新, Radio Free Asia, https://www.rfa.org/english/news/uyghur/spy-11032020175523.html（2021年6月11日最終アクセス）
・The architect of China's Muslim camps is a rising star under Xi, 2018年9月28日更新, Bloomberg, https://www.bloomberg.com/news/articles/2018-09-27/the-architect-of-china-s-muslim-camps-is-a-rising-star-under-xi（2021年6月11日最終アクセス）
・The origin of the 'Xinjiang model' in Tibet under Chen Quanguo: Securitizing ethnicity and accelerating assimilation, 2018年12月19日更新, International campaign for Tibet, https://savetibet.org/the-origin-of-the-xinjiang-model-in-tibet-under-chen-quanguo-securitizing-ethnicity-and-accelerating-assimilation/（2021年6月11日最終アクセス）
・'Their goal is to destroy everyone': Uighur camp detainees allege systematic rape, 2021年2月2日更新, BBC, https://www.bbc.com/news/world-asia-china-55794071（2021年6月11日最終アクセス）

柴田哲雄（しばた・てつお）
1969年、名古屋市生まれ。中国現代史研究者。2001年、京都大学大学院人間・環境学研究科博士後期課程単位取得退学。博士（人間・環境学、2003年京都大学）。
主な著書に『協力・抵抗・沈黙―汪精衛南京政府のイデオロギーに対する比較史的アプローチ』（成文堂、2009年）、『中国民主化・民族運動の現在―海外諸団体の動向』（集広舎、2011年）、『習近平の政治思想形成』（彩流社、2016年）などがある。朝日新聞社の「論座Ronza」などで、中国政治、日本政治・外交に関する時事評論を定期的に発表している。

朝日選書 1025

諜報《ちょうほう》・謀略《ぼうりゃく》の中国現代史《ちゅうごくげんだいし》
国家安全省《こっかあんぜんしょう》の指導者《しどうしゃ》にみる権力闘争《けんりょくとうそう》

2021年10月25日　第1刷発行

著者　柴田哲雄

発行者　三宮博信

発行所　朝日新聞出版
〒104-8011　東京都中央区築地5-3-2
電話　03-5541-8832（編集）
03-5540-7793（販売）

印刷所　大日本印刷株式会社

Published in Japan by Asahi Shimbun Publications Inc.
ISBN978-4-02-263113-8
定価はカバーに表示してあります。